浙江省新型重点专业智库宁波大学东海研究院成果

海洋资源环境演化与东海海洋经济丛书

中国东海
可持续发展研究报告
海岸带生态环境跨域治理卷

马仁锋　窦思敏　龚虹波　著

Sustainable Development in East China Sea
Governance of Ecosystem in Coastal Zones

海洋出版社

2019年·北京

图书在版编目（CIP）数据

中国东海可持续发展研究报告．海岸带生态环境跨域治理卷/马仁锋，窦思敏，龚虹波著．—北京：海洋出版社，2019.11

ISBN 978-7-5210-0319-2

Ⅰ.①中…　Ⅱ.①马…②窦…③龚…　Ⅲ.①东海–海岸带–生态环境–环境综合整治–研究–中国　Ⅳ.①P722.6②X321.2

中国版本图书馆 CIP 数据核字（2019）第 030816 号

责任编辑：赵　武　黄新峰
责任印制：赵麟苏

海洋出版社　出版发行

http://www.oceanpress.com.cn

北京市海淀区大慧寺路 8 号　邮编：100081
北京朝阳印刷厂有限责任公司印刷　新华书店发行所经销
2019 年 11 月第 1 版　2019 年 11 月北京第 1 次印刷
开本：787 mm×1092 mm　1/16　印张：15.5
字数：320 千字　定价：60.00 元
发行部：62132549　邮购部：68038093　总编室：62114335
海洋版图书印、装错误可随时退换

总　序

　　海岸带是地球系统中陆地、大气、海洋系统的界面，是物质、能量、信息交换最频繁、最集中的区域之一，海岸带同时又是人口与经济活动的密集带和生态环境的脆弱带，资源环境问题的冲突特别尖锐。国际地圈生物圈计划（IGBP）和全球环境变化人文因素计划（IHDP）都把海岸带的陆海相互作用（LOICZ）列为核心计划之一。

　　海岸带由于其特殊的地理位置，作为人类活动最为活跃的地带之一，深受大陆和海洋各种物质、能量、结构和功能体系的多重影响，对于其研究一直以来是一个备受各个国家和学术界关注的话题。加之近年来人类活动不合理的开发和利用海岸带，使得海岸带成为了一个人为的生态脆弱区。2001 年，IGBP、IHDP 和世界气候研究计划（WCRP）联合召开的全球变化国际大会，把海岸带的人地相互作用列为重要议题。此外，进入 21 世纪以后，GIS、RS 和 GPS 等技术被更多的运用到海岸带的研究中。和传统的技术相比，3S 技术能更快、更准确、更及时地获取海岸带资源环境状况的实时信息，也更能及时地反映海岸带土地利用、景观格局变化甚至海洋污染程度的最新变化，在海岸带资源演化监测和海洋社会经济研究中发挥着巨大的作用。

　　随着海岸带开发利用的深入，农牧渔业的发展、盐田的围垦、城市围海造地、码头工程和海岸建设、港内水产养殖等人类活动都将影响原有流场状况，改变自然岸线，影响景观生态资源环境。一旦流场或风浪条件发生变化，岸线地形、地貌及沉积特征就将发生改变，岸线功能、空间及景观资源也将发生相应变化，使海岸带地区的生态功能发生不可逆的变化。鉴于海岸带地区在人类生存和发展中的重要地位，各国政府对海岸带地区的研究均相当重视，海岸带调查工作在世界范围内的开展为沿海地区的景观格局演变研究积累了大量的科学资料，陆海相互作用研究已成为地球系统研究中的重要方向。因此，加强海岸带地区资源环境演化及其与沿海社会经济发展的关系研究，对我国海岸带资源环境的持续利用具有十分重要的意义。

东海是由中国大陆、中国台湾、琉球群岛和朝鲜半岛围绕的西北太平洋边缘海，东海与太平洋及邻近海域间有许多海峡相通，东以琉球诸水道与太平洋沟通，东北经朝鲜海峡、对马海峡与日本海相通，南以台湾海峡与南海相接。地理位置介于 21°54′N~33°17′N，117°05′E~131°03′E 之间。东海东北至西南长度 1 300 km，东西宽 740 km，总面积 7.7×10^5 km^2。平均水深 370 m，多为水深 200 m 以内的大陆架。东海濒临中国东部的上海、浙江、福建和台湾 1 市 3 省。东海区域具有包括上海港和宁波–舟山港在内的丰富而又相对集中的港口航道资源，位于全国前列的海洋渔业资源，丰富多彩的滨海及海岛旅游资源，开发前景良好的东海陆架盆地油气资源，具有多宜性的广阔滩涂土地资源，理论储量丰富的海洋能资源。东海区海岸带开发有着悠久的历史，发展海洋经济具有得天独厚的条件。

改革开放以来，随着对海洋经济的重视，东海区的海岸带资源不断得到开发，包括上海、浙江、福建和台湾在内的东海区海洋经济综合实力不断增强。进入 21 世纪，东海区各省市海岸带开发与海洋经济发展面临新的机遇，同时具备建设海洋经济强省的良好基础。2011 年，浙江海洋经济建设示范区规划获得国务院批复。同年，浙江舟山群岛新区建设规划获得国家批复。2012 年，国务院正式批准《福建海峡蓝色经济试验区发展规划》，福建海洋经济发展上升为国家战略，面临新的重大历史机遇。2013 年，中国（上海）自由贸易试验区正式成立。可见无论是从国家层面还是到各省市政府都十分重视与关注东海区的海洋经济发展，东海区的海洋经济发展也取得了很多成就。

在东海区海洋经济快速发展的同时，东海区海洋资源环境与社会经济发展研究也取得了大量的成果，有力地支撑着东海区海洋经济的持续发展与增长。尽管如此，目前的研究还缺少东海区海洋资源环境与海洋经济发展态势的展示平台与成果，对于海洋资源环境与海洋经济发展研究还缺乏理论框架，存在不系统、不规范，数据不统一等问题，远不能适应东海区海洋社会经济持续发展的需要。因此，加强东海区海洋资源环境与海洋社会经济发展态势研究对东海区海洋经济的持续发展具有十分重要的意义。

本报告着眼于海洋资源环境经济学、海洋经济地理"人海地域系统"

思想，通过对东海区海岸带资源开发与社会经济研究文献的梳理，从海洋资源环境支撑角度对东海区海洋经济发展历程及发展态势进行解释和实证检验，从海岸带生态环境跨域治理、海岸带土地利用、海岛人口与聚落变迁、海岸带景观与港湾资源演化、海洋经济发展等方面对东海区海岸带资源环境开发利用现状、存在问题及其与沿海地区社会经济发展的关系进行详细的分析，研究资源环境制约下的东海区海洋经济的特色与竞争力的形成机理，为提升东海区海洋资源环境保护，促进东海区海洋社会经济持续发展提供决策参考。本报告对促进"人类活动对近海生态系统与环境的影响"研究的深入具有重要的理论意义。同时，对促进东海区海岸带资源环境的持续利用也具有重要的现实意义。

　　本报告是浙江省哲学社会科学重点研究基地（浙江省海洋文化与经济研究中心）、浙江省新型重点专业智库（宁波大学东海研究院）、宁波市高等学校协同创新中心（宁波陆海国土空间利用与治理协同创新中心）以李加林、马仁锋为首席专家，龚虹波、李伟芳、王益澄、乔观民等为核心成员的、以地理学为主体的跨学科研究团队近5年潜心研究的阶段性成果。

前　言

　　海洋是地球表层空间重要组成部分，人类海洋利用活动是人海相互作用关系的基本内涵。人类的海洋利用活动按照与人类活动所主要依存的陆地空间距离关系，可初步划分为海岸带利用、海湾及边缘海利用、远洋海域利用、离岸海岛利用四种海洋国土经略范畴。作为复杂、系统、开放的海岸海洋资源环境利用活动，海岸海洋利用活动深刻改变着人海关系和地域生态环境系统。海岸带所蕴藏丰富之生物与景观资源具有高度敏感性与脆弱性，一经破坏，除难以恢复外，亦将降低海洋生物生产力，造成环境灾害，影响海岸生态环境平衡。过去随着人口增长、经济发展与国防管制放宽，沿海地区之空间利用渐趋多元，同时开放生态环境敏感地区、产业发展、交通运输、景观游憩、国防安全等的功能空间。然而各自的事业开发规划未能整合考虑海岸土地及资源之特性，以致发生海岸土地竞用、超限利用、不当利用等问题凸显，使海岸多功能利用、资源维护、生态栖地保存、生物多样性维护、国土安全等均面临重大威胁。

　　一个不太经常被注意到的事实是，尽管被广泛认为是陆地文明的典范，但中国其实是地球上海岸线最长的国家之一。过去30多年来中国经济发展最快的地区都位于东部沿海，而现在，政策制定者更是把目光投向了蓝色的大海。海洋经济也许比陆地经济有着更大发展空间：2006—2010年，包括海洋渔业、海运等在内的海洋经济占中国经济总量1/10，其中沿海11省区市却占了近1/6；2011—2015年，中国海洋经济年增长率为8.1%，高于7.8%的全国国民经济增长率。2012年9月，第一部全国性的海洋经济发展"十二五"规划，海洋经济重要性的提升引人注意，同样引人注意的还有中国政府对近海环境退化的担忧。2017年5月，《全国海洋经济发展"十三五"规划（2016—2020）》中除了持续规划海洋经济发展外，也着重加强生态环境治理，并针对近年过渔的问题增加规范与治理方式。中国的第二个海洋经济发展五年规划显示，海洋的危机和机会从未像现在这样受到重视，规划进一步确定了中国的海洋策略和生态治理路线。

此前多年，由于沿海湿地开发、入海河流污染等原因，中国近海环境质量持续恶化，根据《中国海洋环境质量公报》，严重污染海域面积（劣于第四类海水水质）直到 2016 年仍在 12%~17% 间波动。除了海洋污染，过度捕捞也导致近海渔业资源大幅减少，许多传统渔场消失。为此，海洋"十三五"规划明确提出"加强海洋环境综合治理"，意味着今后陆域经济活动也将越来越受海洋环境能力的限制。此外，规划强调到 2020 年近岸海域水质优良比例要从 2004 年的 50% 提升到 70%、大陆自然岸线保有率大于35%，这两项量化目标是规划的约束性目标，将与沿海各地官员考核挂钩。由此，中国政府正式出台了一系列管理制度，例如海洋功能区划、重点海域排污总量控制、近岸海域水质评估考核、海上污染物排放许可证制度、海洋主体功能区规划、海洋生态红线等，这显示出中国政府治理近海环境污染的决心。

本卷在梳理海岸生态环境管理与治理思想脉络基础上，刻画中国东海长三角海岸海洋环境现状与趋势，诊断长三角海岸带生态环境问题及其根源，甄别长三角海岸带生态环境已有跨域管理体系的优劣，构建跨域主导的中国东海海岸带生态环境治理方略与行动工具。本卷认为长三角海岸带跨区域生态环境治理的逻辑起点是多元主体间的利益冲突，逻辑终点是理顺不同尺度区域的政府、市场、社会的复杂主体关系及其整合机制。本卷探索性地将治理中利益主体的不同和利益逻辑关系的复杂性、制度化实践的可能性，作为分析和诠释不同尺度的区域主体关系及其治理海岸带生态环境机制结构的主线。其中，跨省、直辖市的海岸带生态环境治理是建立在府际关系的理论框架下，涉及中央政府对管辖国土的政府间关系的协调以及相同层级政府间的协作；跨（陆-海）功能区的陆向、海向污染治理则既涉及府际关系、又需要考虑海岸海洋生态环境保护政策的整体性与网络性问题，也面临一定的国家海洋权益的冲突；跨（滨海）乡镇的海岸带生态环境管理是地级市、县级行政单元范围内最易操作，却又是需横跨多部门协力攻克的难题，突破路径在于依托国家正在推进的县域"多规合一"，实现海岸带地区生态环境管理遵循一个共识的指导思想、一套统合的基础数据、一套可衔接的技术标准、一张可传递的目标指标表、一张统领的空间布局图、一个共享的规划信息管理平台、一套统一的规划体系。

　　本卷由马仁锋负责提纲拟定、撰写与统稿等工作，宁波大学法学院公共管理系龚虹波教授参与了第一、二章的相关写作，本人指导的宁波大学地理与空间信息技术系人文地理学专业硕士研究生窦思敏、候勃、张悦参与了相关章节数据整理、初稿撰写工作。在最终成稿阶段，正值本人开始为期一年的英国 University of Leeds（Social Justice，Cities，Citizenship，School of Geography，Faculty of Environment）访学生活，感谢合作导师 Dr. Paul Waley、房东 Mr. Lin，以及 Dr. Zhu、Dr. Wu、SJCC Research Group 等伙伴的关照和帮助。

　　本卷缘起于 2016 年 12 月-2017 年 12 月马仁锋主持完成的 2017 年度长三角城市经济协调会研究课题"长三角海岸带生态环境共治机制"的专题研究，并得到浙江省海洋文化与经济研究中心省社科规划重点课题"东海区海岸带资源与社会经济发展报告"（16JDGH005）的资助。本卷部分研究成果还得到国家自然科学基金"治理网络对海湾环境治理绩效的影响机制及制度重构——以美国坦帕湾和中国象山港为例"（71874091）、浙江省自然科学基金"水资源管理政策网络的类型、影响因素和运作机制"（LY17G030011）和浙江省社科规划项目"水环境治理政策网络的比较研究——美国佛罗里达州和中国宁波的四个案例"（18NDJC095YB）的资助。

　　本卷以海岸带生态环境跨域治理机制为科学问题，是一个跨经济地理学国土空间管理、资源环境经济学生态补偿、公共管理学的城镇发展管理等领域的交叉论题，加之本人的水平有限，书中难免有不足之处，敬请从事这一领域的专家、学者和广大读者及时给予指正。

著者

目　录

第一章 绪 论

海岸带既是陆地向海洋延伸的陆海相互作用最强烈的地带，又是复杂、动态的地球表层自然系统，也是高强度人类活动和全球气候变化双重影响下的空间单元①。随着经济发展及陆域资源不断消耗，沿海地区居民对资源利用重心逐渐由陆域转向海岸海洋，海岸海洋资源的可持续利用已引起沿海国家或地区的普遍重视。随着全球化进程的深入发展，全球化体现在科技、政治、军事、安全、航运、环境等方面多层次、多方位地交互影响着海岸海洋资源环境的利用与争夺，海岸海洋资源环境的损害程度日益严重。尽管全球各国政府与非政府组织，甚至企业、居民都逐渐意识到海岸海洋生态环境治理的重要性，但滨海国家或地区海岸海洋生态环境治理问题远未解决。

近年来，中国海岸带地区受到不同程度的污染，影响了海岸带地区发展。从我国东海区（长三角）海岸带污染现状、成因、国际管理借鉴和协同防治措施等方面出发，系统研判东海区海岸带生态环境治理的状况，构建适宜治理思路与协同举措有助于推进东海区更好地探索、践行中国海洋生态文明示范。

第一节 背 景

一、海岸带生态环境发展态势

"海岸带"是沿海地带，一般包括受陆地影响的海洋和受海洋影响的陆地。但人类对海岸带的认识和定义经历了一个漫长的过程（表1-1）。概而言之，海岸带概念争论的焦点在于向陆、向海的界线如何确定，标志物是什么。

---

① 骆永明. 中国海岸带可持续发展中的生态环境问题与海岸科学发展［J］. 中国科学院院刊，2016，31（10）：1133-1142.

表 1-1   海岸带定义发展过程

时间	定义
早期	海岸带或海岸是指沿海的狭窄陆地，Johnson D. W. 于 1919 年提出的海岸概念，是指高潮线之外的陆地部分的海岸①
20 世纪 50—80 年代	海岸带的通常界定为包括水下和水上两部分，如中国 1980—1995 年进行的 "全国海岸带和海涂资源综合调查" 中使用的海岸带用的范围是向上陆地为沿岸 10 km，向海达到水深 20 m
20 世纪 80 年代—21 世纪	海岸带陆海相互作用（LOICZ）核心项目计划委员会（CPPC）于 1991 年成立。对于 LOICZ 计划的目标而言，海岸带是指从沿海平原、河口、三角洲、浅海大陆架一直延伸到大陆边缘的地带，大致相当于晚第四纪时期，由于海平面波动而交替被海水淹没和暴露于海水之外的地区②
21 世纪初期	联合国 2001 年 6 月启动的《千年生态系统评估》项目中，将海岸带定义为 "海洋与陆地的界面，向海洋延伸至大陆架的中间，在大陆方向包括所有受海洋因素影响的区域

无论海岸带的范围如何界定，它在全球经济、社会和政治上的重要性都是毋庸置疑的。它是人类开发利用海洋的重要前沿地区，人类海洋相关活动大部分发生在该地带。大型海岸带生态系统每年通过食品、贸易、旅游、娱乐、海岸线对洪水和侵蚀的防护等方面带来的福利为全球经济提供巨大的收入，为社会经济发展和人类的福祉作出了贡献③。但是，海岸带已出现海域滩涂大面积污染、渔业资源枯竭等生态危机。海岸带是陆域要素与海域要素交叉耦合和相互作用地带，是地球表层独具特色的区域，也是一个敏感的过渡带。因此，探究海岸带生态环境的治理，有助于推动海洋经济和海岸海洋环境的协调发展，践行海洋生态文明。

（一）海岸带生态环境影响因素

海岸带生态环境受自然因素与人为因素双重驱动，一旦超越海岸海洋生态系统自身承载能力，将破坏海岸生态平衡，威胁海岸海洋生态系统健康。

1. 自然因素

海洋灾害。灾害主要有风暴潮、灾害性海浪、海冰、赤潮和海啸五种（表 1-2），主要威胁海上及海岸带，危及自岸向大陆广大纵深地区的城乡经济及人民生命。

---

① Johnson Douglas Wilson. Shore processes and shoreline development［M］. New York：Wiley, 1919：584
② 董健. 我国海岸带综合管理模式及其运行机制研究［D］. 青岛：中国海洋大学, 2006.
③ 温源远，李宏涛，杜譞，周波 . 2016 年全球环境发展动态及启示［J］. 环境保护, 2017（14）：62-65.

表1-2　海洋灾害种类

海洋灾害种类	定义	危害
风暴潮	风暴潮是由台风、温带气旋、冷锋的强风作用和气压聚变等强烈的天气系统引起的海面异常升降现象，又称风暴增水或气象海啸	对海洋生物，沿海地区的人、畜、树木、房屋、建筑、港口产生破坏
海啸	由水下地震、火山爆发或水下塌陷和滑坡所引起的巨浪	
灾害性海浪	海洋中由风产生的具有灾害性破坏的波浪，其作用力每平方米可达 30~40 t	
海冰	海洋上一切的冰	使沿海港口和航道封冻，给沿海经济及人民生命财产安全造成危害
赤潮	海洋浮游生物在一定条件下暴发性繁殖引起海水变色的现象，它也是一种海洋污染现象	海洋生物不能正常生长、发育、繁殖，导致一些生物逃避甚至死亡，破坏了原有的生态平衡

2. 人为因素

人为因素主要有外来物种入侵、人为污染（排废）、全球变暖（二氧化碳、一氧化碳、氮氧化物的排量增加）、淡水减少（上游水域修建工厂）、水产养殖、栖息地丧失（围垦造田及石油开采）等（表1-3）。

控制和预防海岸带污染是保护海洋物种及其生态系统的前提条件，控制海岸带污染是确保海岸带生态环境健康的主要措施。尽管影响海岸带环境的因素较多，但是大多研究证明陆源海洋环境污染是导致海洋污染的主要因素[①]。世界范围70%~80%的海洋污染来源于陆地活动。陆源海洋环境污染主要是由人类在陆地上和海岸带上所从事的行为所导致，这些行为主要包括日常生活行为、工业生产行为和农业生产行为。但是人们难以确定陆源海洋环境污染的所有污染源，因为陆源海洋环境污染本质上较为复杂，不仅陆源海洋环境污染的污染源较多，而且难以发现。

① HASSAN D. Protecting the marine environment from land-based source of pollution— towards effective international cooperation [M]. England：Ashgate Publishing Lted, 2006：2- 3.

表 1-3　海岸带生态环境影响人为因素类型

人为因素	影响方式	危害
外来物种入侵	一些物种由原生存地借助于人为作用或其他途径移居到另一个新的外来入侵物种生存环境并在新的栖息地繁殖并建立稳定种群	生态系统是经过成百上千年的长期演化而形成的，外来物种的入侵构成对生态秩序、生态平衡、环境要素、生物多样性或生态景观的改变或破坏
人为污染	陆源污染（污水排放、海洋倾废）	陆地向海域排放污染物，造成或者可能造成海洋环境污染
	船舶污染（海洋事故）	因船舶操纵、海上事故及经由船舶进行海上倾倒致使各类有害物质进入海洋，海洋生态系统平衡遭到破坏，尤其油轮碰撞后的石油泄露将产生巨大的生态和经济损失
	水产养殖	投饵过量及养殖种类产生的粪便，造成海底及海水的有机污染加重；引进养殖种类，一旦逃逸后可能会对当地生态系统产生严重的影响；养殖设施使养殖区及其毗邻水域流场发生改变
	海洋石油开发	海洋石油开发可能有意外漏油、溢油、井喷等事故的发生，此外，开发过程中会人为将钻井船和采油平台的废弃物和含油污水不断地排入海洋
	海洋、海岸工程建设	海洋、海岸工程不同程度的对海洋生态系统产生或好或坏的影响
全球变暖	由于二氧化碳、甲烷、一氧化氮等温室气体的增加所导致的全球温度的上升，致使海平面及海水温度上升	海平面的上升加速海岸带侵蚀，致使原有的滨海湿地的生境面积缩小。海水温度的升高对海洋生物产生直接的影响
淡水减少及淤泥量增加	随着淡水输入量减少，使得近海海域盐的浓度发生变化。近海海水中泥沙量增加，水中的悬浮物减少了光对水中海草、珊瑚和其他沿海生命体的照射	盐浓度的变化将对其较为敏感的海洋生命产生威胁。海洋植物的健康可能会在缺失阳光及厚重的淤泥中受到影响
栖息地丧失及改变	由于围塘养殖、农田开垦及石油开发等人为活动导致大片滨海湿地生境改变或丧失	湿地和近岸海域的生物种类呈现减少趋势，鸟类的生存空间进一步压缩，栖息种类和迁徙时间发生变化，将不适宜多种经济生物和珍稀动物的栖息与生长

（二）我国海岸带生态环境问题发展态势

海洋和陆域的环境条件截然不同，形成了各具不同特点的两套生态系统。近岸海域是海岸带的组成部分,是陆地系统与海域系统相互耦合的复合地带。我国近岸海域污染越来越严重,已影响到整个社会的可持续发展。通过河流输送、大气沉降、养殖投放及废物排放等多途径,营养盐等生源要素大量输入,使近海富营养化加剧,引发低氧区扩大、有害藻华、水母及绿潮暴发等严重的近岸海域生态灾害。根据国家海洋局调查,我国大部分地区近岸海域水环境污染范围不断扩大,2010—2015 年间我国近岸海域各类水质处于波动状态,第二类水质占比最大,第四类及劣四类水质占比逐渐减少,可见海洋环境正逐步改善(图 1-1)。通过分析 2011—2015 年我国近岸海域水质类别分布变化(图 1-2)可知,海湾较普通沿海地区海水污染严重。沿海省份中上海、江苏第一二类水占比极低,第四类及劣四类水范围不断扩大。江苏省水质明显变差且自南向北逐步扩散。

我国近岸海域的主要污染物如无机氮、活性磷酸盐和石油类等 80% 以上来自陆源排污,2015 年我国 415 个直排海污染源污水排放总量为 $63.1×10^8$ t,其中氨氮 $1.5×10^4$ t、总磷 3 126 t。陆源污染物入海总量逐年上升,入海排污口达标率仅为 52%,导致近 $20×10^4$ km^2 海域污染,污染面积居高不下。

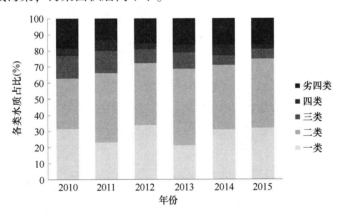

图 1-1 我国 2010—2015 年近岸海域水质占比变化趋势

(来源:2010—2015 年《中国近岸海域环境质量公报》)

海岸带水体环境质量直接反映了海洋生态环境健康程度,此外海岸带生态环境问题还表现在以下几方面:① 人工海岸线无序增长,自然海岸线消失惊人。在过去的 70 年,中国大陆人工岸线的长度由 20 世纪 40 年代初期的 $0.33×10^4$ km 上升至 2014 年的 $1.32×10^4$ km[①]。自然岸线长度及比例的锐减、空间破碎化导致滨海重要生态系统损失严重,蓝碳储量及增汇潜力大幅度减少;② 滨海湿地面积大幅萎缩,海岸蚀退和河口

---

① Wu T, Hou X Y, Xu X L. Spatio-temporal characteristics of the mainland coastline utilization degree over the last 70 years in China [J]. Ocean & Coastal Management, 2014 (98): 150-157.

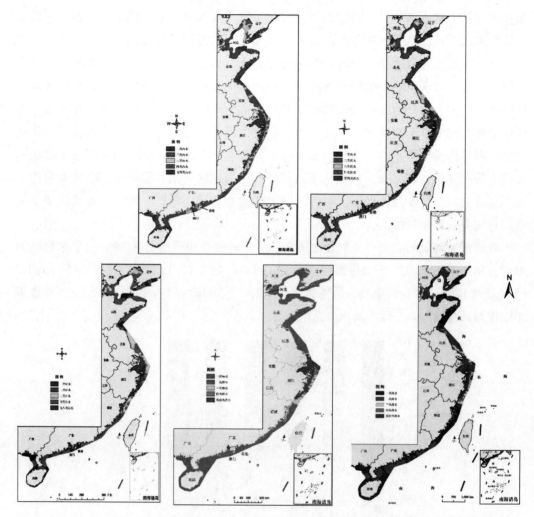

图 1-2　我国 2011—2015 年近岸海域水质类别分布

（来源：《2015 年中国近岸海域环境质量公报》）

淤积加剧，生态系统功能严重受损，滨海土地资源和港口受损严重。据国家海洋局统计，仅到 2008 年我国不同规模的围填海面积以 285 km² a⁻¹ 的速度增加，大量红树林消失，大面积珊瑚礁遭到破坏，大规模的围填海，不仅减少滨海湿地生境面积，改变水动力，而且加剧海岸线侵蚀；③ 沿海地区淡水资源缺乏和土壤次生盐渍化及湿地退化，此现象是由于海岸带地下水超采，海（咸）水入侵加速，多发于我国北方海岸带地区①。

① 骆永明. 中国海岸带可持续发展中的生态环境问题与海岸科学发展 [J]. 中国科学院院刊, 2016, 31 (10)：1133–1142.

二、中国东海（长三角）海岸带生态环境亟待治理

中国大陆 11 个沿海省、自治区和直辖市的面积约占全国陆地国土面积的 13%，却集中了全国 50% 以上的大城市、40% 的中小城市、42% 的人口和 60% 以上的国内生产总值[①]。海岸带地区具有重要的经济地位和经济价值，如港口、火力或核能发电厂、休闲和度假地，近岸也是重要的经济鱼类的栖息地，如果近岸水体受到污染，海岸带赋存的使用价值自然会随之降低，甚至丧失使用功能。海岸带各活动之间存在着相互的影响[②]，如果海洋生态环境中某要素流或要素流组合发生变化，会对人类社会经济发展带来很大的影响。如由于气候变暖，海平面上升，海岸带加速侵蚀，使海岸地区的生化循环受到冲击，进而对海岸地区造成广泛的长期影响，包括气候干旱、土壤退化与侵蚀、主要河流沉积物搬运能力的下降以及河流的改道等，而这些变化又将深刻影响人类生产生活。

从人海关系视角看，一方面反映了海洋对人类社会的影响与作用，另一方面表征了人类对海洋的认识与把握，突出人海相互作用过程中的彼此响应和反馈[③]。人类活动与海洋之间的互感互动可以用正、负反馈两个过程加以表述。这种正反馈是一种熵减过程，在推进人类对海洋的开发向纵深发展的同时，也加速海洋系统进化；而负反馈是一种熵增过程，人类无序无度开发海洋资源环境，不注重生态环境效益，造成海洋污染。海洋系统功能、结构及其自循环过程遭到破坏，进而导致海洋资源枯竭，生态环境恶化，最终限制人类社会的发展（图 1-3）[④]。人类生产和生活所产生的污染已严重改变了海岸带的环境质量状况，所造成的环境影响使包括人类在内的生物生存与发展存在严重危机。海岸带的"无序、无度、无偿"开发不但造成了环境和生态的破坏，还导致了国家海岸带资源的浪费和大量流失。要实现可持续发展目标，必须建立起自组织行为与人类组织行为之间的结合机制。一方面既促进海洋系统的资源、环境等要素实现充分开发利用，满足经济增长、社会发展的需要；另一方面又应当不突破海洋系统承载力的极限，保证海洋系统的动态平衡与可持续的生产力[⑤][⑥]。所以，人类合理地开发利用海洋资源、保护海洋环境，才能形成良性循环，使经济建设和生态环境保护同步推进。

从我国海岸带生态环境变化趋势可知，我国海岸带生态环境虽然得到重视和缓解，

① 徐胜. 我国战略性海洋新兴产业发展阶段及基本思路初探 [J]. 海洋经济, 2011 (1)：6-11.

② 王瑾. 典型海岸带综合管理模型及其管理对策研究 [D]. 北京：北京化工大学, 2005.

③ 韩增林, 刘桂春. 人海关系地域系统探讨 [J]. 地理科学, 2007, 27 (6)：761-767.

④ 孙才志, 张坤领, 邹玮. 中国沿海地区人海关系地域系统评价及协同演化研究 [J]. 地理研究, 2015, 34 (10)：824-1838.

⑤ 曾键, 张一方. 社会协同学 [M]. 北京：科学出版社, 2000.

⑥ 高乐华. 我国海洋生态经济系统协调发展测度与优化机制研究 [D]. 青岛：中国海洋大学, 2012.

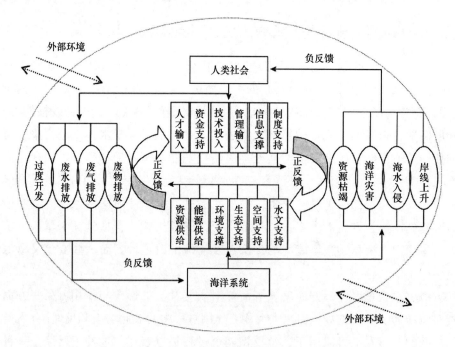

图1-3　人海关系地域系统协同演化机制①

但仍在恶化，尤其是浙江、上海及江苏南部地区，近岸海域第四类及劣四类海水占比近五年持续位于全国最高，且范围仍在不断扩大，长三角区域生态环境的总体状况并没有得到根本性改变，亟待解决难题众多。首先，长三角内部缺乏坚实有力的生态环境合作机制，松散型的行政磋商，缺乏强有力的组织保证和财政保障，跨界生态环境保护的总体规划、任务分解和重大政策难以落实。当各行政区的经济社会发展与跨界的环境保护、生态建设产生矛盾时，牺牲的往往是区域生态环境整体利益。其次，生态环境保护处于条块分割的状态。虽然长三角"两省一市"都有各自的生态环境保护规划和主体功能区规划，但整个长三角还没有形成以生态和资源为基础的协调统一的主体功能区规划。因此，苏浙沪在产业的准入及淘汰标准、生态环境的补偿和保护范围方面均有差别。最后，长三角区域缺乏有约束力的联合执法机制。跨界的生态环境质量监测、评价体系还不完善，统一执法的目标、法规和标准还有待建立，联合执法的权威性有待加强。为此，建立具有决策系统、执行系统、监测系统和咨询系统的综合性长三角区域生态环境合作共治机制成了当务之急。

①　孙才志，张坤领，邹玮. 中国沿海地区人海关系地域系统评价及协同演化研究 [J]. 地理研究，2015，34（10）：1824-1838.

第二节　海岸带生态环境治理的内涵与逻辑

海岸带生态环境治理不仅仅针对陆域及海域环境的治理，更是处理各系统（生态系统、社会系统、经济系统）和行业之间的矛盾。海岸带生态环境共治的基本框架是由政府、企业、公民、社会组织、媒体等多元主体所构成的网络化合作体系（图1-4）①。此外，政府内部还存在自上而下的纵向及政府内各部门间横向治理网络。海岸带生态环境共治的内涵即政府位于中心位置，对其他主体起到调节、引导和规范的作用。企业、公众、社会组织、媒体等则对政府进行监督，在人力物力等方面参与辅助政府，并且在政府协调下进行双向协作。海岸带生态环境共治需要法规制度保障机制，合作与协调机制，信息共享机制，资源保障机制，监督维护机制，绩效考核机制的支撑。

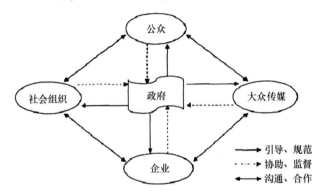

图1-4　多元主体参与模式基本逻辑框架图

一、海岸海洋环境治理的理论脉络

外部性理论一方面揭示了市场经济活动中一些低效率资源配置的根源，另一方面又为如何解决环境外部不经济性问题提供了可供选择的思路②。海洋环境污染是一种典型的外部不经济现象，探讨海洋环境外部不经济性产生的原因以及分类、外部性理论对海洋环境治理的作用，对海洋资源环境的可持续利用具有重要意义③④。

公共物品的非竞争性和非排他性特征⑤会导致公共物品的供给不足或"公地的悲

　　① 杨振姣，董海楠，姜自福．中国海洋生态安全多元主体共治模式研究［J］．海洋环境科学，2014，22（1）：130-137.
　　② 赵淑玲，张丽莉．外部性理论与我国海洋环境管理的探讨［J］．海洋开发与管理，2007，24（4）：84-91.
　　③ 毛显强，钟瑜，张胜．生态补偿的理论探讨［J］．中国人口·资源与环境，2002，12（4）：38-41.
　　④ 沈满洪，何灵巧．外部性的分类及外部性理论的演化［J］．浙江大学学报（人文社会科学版），2002，32（1）：152-160.
　　⑤ 王金南．环境经济学：理论、方法、政策［M］．清华大学出版社，1994.

剧"。海洋生态系统与海洋环境资源属公共资源，海洋生态环境的污染或破坏具有极端的外部性特征①。个人或单位在对海洋资源环境使用过程中造成了海洋生态环境的破坏和生境的退化，而这部分损失却被其他社会成员共同分摊。公共物品与外部性是构成环境经济学理论基石的两大重要概念。海洋环境具有公共物品的供给普遍性和消费非排他性两大特征，而任何改善或破坏公共物品的行为都会产生外部性。因此，从经济学角度分析，这是海洋生态资源作为公共物品的负外部性的结果，也是海洋生态环境问题产生的根源。因此，亟需从外部性理论出发，探讨海洋环境外部不经济性产生的原因及分类。而从资源环境约束的角度出发，海洋环境治理对于海洋生态资源保护以及海洋的可持续利用具有重要的现实意义②③。

　　环境权与区域环境公正理论是海洋环境治理的法学理论依据。环境权是我国宪法赋予公民的一项基本人权，为公民环境权益保护制度的设立提供了宪法上的依据④。它要求任何主体在发展经济和从事其他活动时从保护公民权利的角度出发，保护环境，防止环境污染和破坏。环境公正作为一种新兴的正义观在一定程度上突破了传统正义观念的范畴，其更多地关注由于环境问题而导致的整体环境不公正现象⑤，即在所有与环境有关的行为和实践中不同国家、民族、阶层的人都享有合理的权利，承担合理的义务，受到公正的待遇。然而在实际的海洋开发利用过程中，不同国家、不同区域、不同利益主体之间在获取海洋所带来的经济利益与生态利益时必然存在各种矛盾冲突⑥。因此，法学视角下的海洋环境治理势必关注不同主体间在利用与保护海洋环境时所形成的国家关系、社会关系、利益关系与法律关系的博弈与调整⑦，以保护公民的环境权并达到区域环境公正。

　　环境管理是当代公共管理研究领域的一个重要议题，也是当代政治生态学、生态经济学、环境与资源经济学、环境政策以及可持续性科学等诸多交叉研究领域的一个

　　① 汪劲. 环境法学 [M]. 北京大学出版社, 2014.
　　② 纪玉俊. 资源环境约束、制度创新与海洋产业可持续发展——基于海洋经济管理体制和海洋生态补偿机制的分析 [J]. 中国渔业经济, 2014, 32 (4): 20-27.
　　③ 龚虹波. 海洋政策与海洋管理概论 [M]. 海洋出版社, 2015.
　　④ 刘乃忠. 跨区域海洋环境治理的法律论证维度 [J]. 中外企业家, 2015 (34): 215-216.
　　⑤ 李小苹. 生态补偿的法理分析 [J]. 西部法学评论, 2009 (5): 13-16.
　　⑥ 罗汉高. 关于构建海洋环境保护中生态补偿法律机制的思考 [J]. 中共山西省直机关党校学报, 2015 (2): 63-67.
　　⑦ 汪劲. 环境法学 [M]. 北京大学出版社, 2014.

核心概念①②。通过对国际和国内环境管理研究的宏观考察，可以发现，环境管理范式实际上经历了从环境管理到参与式管理，再到治理的变迁过程。传统环境管理着重关注具体管理技术、政府规制行为以及产权划分等对环境问题的影响，而参与式管理突出地方知识的重要性和公众参与环保的力量，环境治理则强调通过多元组织参与解决复杂环境问题③④⑤⑥⑦⑧。"管理"与"治理"在参与者、目标、过程等方面都有本质不同，由管理迈向治理是政府治道的升华和趋势。改革政府主导模式、转变政府职能是从管理到治理的核心和关键⑨。

二、海岸海洋环境治理的基本要素

1982年《联合国海洋法公约》的签署是国际海洋管理领域划时代的重大事件，海洋环境管理正是在此基础上发展起来的。J. M. 阿姆斯特朗和P. C. 赖纳在《美国海洋管理》中认为海洋环境管理是法律和行政的控制，包括国家对海洋水质和各种物质的入海处置、一定区域范围内的渔业活动、某些水域中船舶运输方式、外大陆架油气生产以及其他许多事务。目前国内多采用鹿守本归纳的定义：海洋环境管理是以海洋环境自然平衡和持续利用为宗旨，运用行政管理、法律制度、经济手段、科技政策和国际合作等方式，维持海洋环境的良好状况，防止、减轻和控制海洋环境破坏、损害或退化的行政行为⑩。龚虹波⑪认为海洋环境管理可从狭义和广义两个层次进行理解：狭义的角度，海洋环境管理是海洋环境保护部门采取各种有效措施和手段控制海洋污染的行为；广义的角度，海洋环境管理是以政府为核心主体的涉海组织为协调社会发展

① Brandes O M, Brooks D B. The soft path for water in a nutshell [R]. A joint publication of Friends of the earth Canada, Ottawa, ON, and the POLIS project on ecological governance, University of Victoria, Victoria, BC Revised Edition August 2007.

② UNEP (2008). International environmental governance and the reform of the United Nations. Meeting of the forum of environment ministers of Latin America and the Caribbean, Santo Domingo, Dominican republic：http://www.pnuma.org/forumofministers/16-dominicanrep/rdm07 tri _ International Environmental Governance_ 29 Oct2007. pdf.

③ 杨立华. 构建多元协作性社区治理机制解决集体行动困境——一个"产品–制度"分析（PIA）框架 [J]. 公共管理学报，2007，4（2）：6-23.

④ Di C A, Marzia B, Stefania M, et al. NGO diplomacy：the influence of nongovernmental organizations in international environmental negotiations [J]. Global Environmental Politics, 2008, 8（4）：146-148.

⑤ Hukkinen J. Institutions, environmental management and long-term ecological sustenance [J]. Ambio, 1998, 27（2）：112-117.

⑥ Brady G L. Governing the Commons：The Evolution of institutions for collective action [J]. American Political Science Association, 1993, 8（86）：569-569.

⑦ Smith Z A. The environmental policy paradox [M], Routledge. 2012.

⑧ Yang L. Scholar-participated governance：Combating desertification and other dilemmas of collective action [J]. Journal of Policy Analysis & Management, 2009, 29（3）：672-674.

⑨ 王琛伟. 我国行政体制改革演进轨迹：从"管理"到"治理"[J]. 改革，2014（6）：52-58.

⑩ 鹿守本. 海洋管理通论 [M]. 北京：海洋出版社，1997.

⑪ 龚虹波. 海洋政策与海洋管理概论 [M]. 北京：海洋出版社，2015.

与海洋环境关系、保持海洋环境的自然平衡和持续利用，而综合运用各种有效手段、依法对影响海洋环境的各种行为进行的调节和控制活动。对于海洋环境管理的研究，多强调政府的主体地位。

随着海洋资源开发利用程度日益提高，利益主体日益多元，利益关系日趋复杂，传统的管理方式已与社会经济发展明显不适应。如何解决管理实体繁杂、利益主体众多而导致的既相互依赖又互相冲突的海洋问题？在治理理念兴起下，海洋治理便成为一种有效的管理手段①②③。治理是一种多中心、高参与度的管理模式，要想达到治理目标必须实现治理主体多元化，最终建立一种公共事务的管理联合体。海洋治理是指为了维护海洋生态平衡、实现海洋可持续开发，涉海国际组织或国家、政府部门、私营部门和公民个人等海洋管理主体通过协作，依法行使涉海权力、履行涉海责任，共同管理海洋及其实践活动的过程④。全球海洋环境治理是指在国际层面，各个国家及国际组织作为海洋管理者，通过国际合作和协商，制定和实施具有国际法约束力的法律以及其他具有软法性质的政策、计划、战略等，以实现海洋可持续发展的目标，解决在海洋开发和利用过程中出现的各类问题⑤。

随着海洋治理理念的兴起，海洋治理框架日趋成熟。海洋治理框架由管理体制、法律法规及实施机制构成⑥⑦。其中，管理体制是指确保海洋管理中所有利益相关者之间能够协调与合作的行政机制；法律法规包括国际和区域性公约、协定、行动计划及与之紧密关联的国家相关法律法规；实施机制是指制度内部各要素之间彼此依存、有机结合和自动调节而形成的内在关联和运行方式。目前，这一治理框架已广泛而明确地存在于国际、区域及国家层面的海洋治理实践之中。

海洋治理的基本特征包括治理主体多元化、依法治海、治理主体之间的伙伴关系、自治模式和多元治理等5个方面。海洋环境治理是指政府、企业和公众等主体，为实现海洋环境的自然平衡和可持续发展，相互协商、良好合作、分享权力、共同整治海

---

① 王琪，刘芳．海洋环境管理：从管理到治理的变革［J］．中国海洋大学学报（社会科学版），2006（4）：1-5.

② 初建松，朱玉贵．中国海洋治理的困境及其应对策略研究［J］．中国海洋大学学报（社会科学版），2016（5）：24-29.

③ Joanna Vince, Elizabeth Brierley, Simone Stevenson, et al. Ocean governance in the South Pacific region: Progress and plans for action［J］. Marine Policy, 2017（79）：40-45.

④ 孙悦民．海洋治理概念内涵的演化研究［J］．广东海洋大学学报，2015（2）：1-5.

⑤ Long R. Legal aspects of ecosystem-based marine management in Europe［J］. Ocean Yearbook Online, 2011, 26（1）：417-484.

⑥ B. Francois. Ocean governance and human security: ocean and sustainable development international regimen, current trends and available tools. Hiroshima, Japan: UNITAR Workshop on human security and the sea, 2005.

⑦ Juan Luis Suárez de Vivero, Juan Carlos Rodrı　guez Mateos. New factors in ocean governance: From economic to security-based boundaries［J］. Marine Policy, 2004, 28（2）：185-188.

洋环境事务，以期达到调整效果的过程①。

　　从海洋环境管理到海洋环境治理，体现了主体特征、工作方法与权力运行向度的变化②。海洋管理大多以政府及其行政管理部门或其他具有国家公权力的部门为主体。而海洋治理的主体则呈现多元化趋势，还包括除政府外的各种机构、公众等，并形成多元合作、互动互通的新型关系。在工作方法上，海洋管理带有明显"管"的特征和强制性。而海洋治理则由多元治理主体法律和各种非国家强制性契约，具有明显的民主协商性特征。从权力运行向度上来看，海洋管理的权力运行向度是一元的，即是"自上而下"的，由海洋管理的主体发号施令，下属机构和个人根据指示行事。而海洋治理的权力运行是多向度的，即在更为宽广的海洋公共领域中既可自上而下、又可自下而上或是平行等多向度开展的海洋治理工作。

　　从全球海洋环境治理的层级看，海洋环境治理可分为国际海洋治理、国家海洋治理和全民参与海洋治理等3个层次③。国际海洋治理强调涉海国家和实践主体自觉维护海洋生态平衡，相互尊重海洋权益，综合协调海洋渔业资源配置等，通过协商、合作来共同建设和谐海洋。国家海洋治理就需要通过建立健全涉海法律制度，依法治海，形成良性的海洋治理机制，实现这一治理系统的自我运行、自我制约以及自我修正。公民参与海洋治理能够提高全民的海洋意识和责任，促使公民自觉维护海洋权益和环境等。

　　目前，全球海洋治理的概念逐渐得到广泛应用，在很多国际文件中，海洋治理模式有着各式各样的表述或称谓，例如综合海洋管理（Integrated Oceans Management）、生态方法（Ecosystem Approach）、基于生态的治理（Ecosystem-Based Management）、海洋保护区域（Marine Protected Areas）、海洋空间规划（Marine Spatial Planning）。它们的核心理念都是各种人类活动对海洋环境所累积的压力促使一项综合治理方式的生成，因此它们都可以被认为是基于海洋生态系统下人类采取的一种综合的治理模式④⑤。

　　传统管理的主体是指社会公共机构，而治理的主体已不只是社会公共机构，也可以是私人机构，还可以是公共机构和私人机构的合作，范围涉及全球层面、国家层面和地方性的各种非政府非营利组织、政府间和非政府间组织、各种社会团体甚至私人部

　　①　宁凌，毛海玲．海洋环境治理中政府、企业与公众定位分析［J］．海洋开发与管理，2017，34（4）：13-20.

　　②　全永波，尹李梅，王天鸽．海洋环境治理中的利益逻辑与解决机制［J］．浙江海洋学院学报（人文科学版），2017，34（1）：1-6.

　　③　孙悦民．海洋治理概念内涵的演化研究［J］．广东海洋大学学报，2015（2）：1-5.

　　④　Long R. Legal aspects of ecosystem-based marine management in Europe［J］．Ocean Yearbook Online，2011，26（1）：417-484.

　　⑤　Donald F Boesch. The role of science in ocean governance［J］．Ecological Economics，1999，31（2）：189-198.

门在内的多元主体的分层治理①。

　　海洋环境治理强调政府与公众的合作和社会参与主体的多元化。因此，为有效治理海洋环境、实现海洋环境的可持续发展，必须处理好海洋环境治理主体间的矛盾，建立有效的、多元主体共同参与的海洋环境治理模式②。政府作为海洋环境治理的核心主体，承担着掌舵者、服务者和调节者的角色。政府需要协调与企业、公众的关系，将企业、公众的个体行为目标引向政府总体目标的发展方向③。企业作为治理的重要主体之一，承担着积极参与者的角色。企业作为海洋环境污染的主要影响者，是政府的主要干预对象，同时也是海洋环境保护的重要支撑力量和生产力量。公众参与是社会治理的主流趋势，公众承担着参与者和监督者的角色。公众由于是环境负外部性发生时的直接受害者，其改变环境状况的内在动力强烈，能够与政府、企业一起分担保护环境的责任和目标，积极参与海洋环境的治理活动。政府与企业、政府与公众、公众与企业间存在相互作用的关系，三者相互依赖、相互影响、相互合作，共同组成规范运转的海洋环境治理网络④。政策网络的结构安排、成员间的作用方式直接影响着政策的执行。只有结构合理、行为适当，政策网络才能发挥出应有的功效⑤。根据治理主体地位的不同，形成不同的海洋环境治理模式。杜辉认为若从政府与公众的关系角度看，主要有权威型环境治理和合作公共治理2种模式⑥。传统的海洋环境治理模式包括末端治理模式、循环回收利用模式、清洁生产模式⑦。传统海洋环境治理模式是在工业文明视角下过度追求经济利润造成严重海洋环境污染和生态破坏的情况下所形成的被动海洋环境治理，在治理目标、治理手段和治理主体方面都不符合生态文明要求的海洋环境主动治理。由于海洋环境治理涉及政府、企业和公众等多方力量，加之海洋环境政策作用的对象复杂多变，其需求的内容、形式存在着诸多不同，这就要求海洋环境政策在供给方式、手段安排上要形式多样，使各经济主体有着选择的余地。当前运用较多的海洋环境治理模式为以政府为主导的命令-控制型管理模式、政府主动引导型管理模式和政府与企业协商合作型管理模式⑧。

　　由于海洋自身的流动性、开放性等特征，全球海洋治理的主体主要包括各国政府、

① 王琪，刘芳.海洋环境管理：从管理到治理的变革 [J].中国海洋大学学报（社会科学版），2006（4）：1-5.
② 宁凌，毛海玲.海洋环境治理中政府、企业与公众定位分析 [J].海洋开发与管理，2017，34（4）：13-20.
③ 王琪，何广顺.海洋环境治理的政策选择 [J].海洋通报，2004，23（3）：73-80.
④ 宁凌，毛海玲.海洋环境治理中政府、企业与公众定位分析 [J].海洋开发与管理，2017，34（4）：13-20.
⑤ 王琪，何广顺.海洋环境治理的政策选择 [J].海洋通报，2004，23（3）：73-80.
⑥ 杜辉.论制度逻辑框架下环境治理模式之转换 [J].法商研究，2013（1）：69-76.
⑦ 赵志燕.生态文明视阈下海洋环境治理模式变革研究 [D].青岛：中国海洋大学，2015.
⑧ 王琪，何广顺.海洋环境治理的政策选择 [J].海洋通报，2004，23（3）：73-80.

企业、非政府组织、国际组织、国际间非政府组织、跨国企业、个人等，上述各类主体根据自身的角色、地位对于全球海洋治理发挥不同的作用①。王琪等将全球海洋环境治理的主体概括为主权国家、国际政府间组织、全球公民社会组织、跨国公司与普通公民等4类②。主权国家是全球海洋治理的基本主体，各种国际涉海政策和行动最终需要主权国家来加以落实；国际政府间组织在确定治理目标、协调各国行动、调解国际争端等活动中起着基础性的作用，有效弥补着主权国家治理能力的不足。全球公民社会组织不仅仅在于直接参与各项活动，更在于通过广泛的宣传和引导，不断增强各国民众的海洋意识和参与能力；跨国公司与普通民众分布分散且力量有限，往往需要借助或依附于其他主体。在全球海洋环境治理中，需要发挥治理主体多元化的特色，不仅依靠主权国家政府，还需要发挥国际各种组织的作用，通过强制性的法律和软法性质的文件，作用于多元化的客体内容。

传统的海洋环境管理把客体看作海洋环境。而海洋环境治理理念的出现，其客体内容和范围都发生了根本变化③。海洋环境治理的客体不再是指单一的海洋环境，而是指影响海洋环境的各种人类活动与行为。影响海洋环境的行为主要有政府行为、市场行为和公众行为。政府行为是国家的管理行为，包括制定海洋环境管理的政策、法律、法令、规划并组织实施等。市场行为是指各种市场主体包括企业和生产者个人在市场规律支配下，进行商品生产和交换的行为。公众行为则是指公众在日常生活中诸如消费、居家休闲、旅游等方面的行为。全球海洋治理的客体是全球海洋治理所指向的对象，即全球海洋治理要治理什么。从总体上看，全球海洋治理的客体是已经影响或者将要影响全人类共同利益的全球海洋问题，主要包括海洋安全、海洋环境、海洋资源的开发与利用、全球气候变化、海洋突发事件的应急处理等五个方面的问题④⑤。这些问题很难依靠单个国家得以解决，而必须依靠双边、多边乃至国际社会的共同努力。

三、海岸海洋环境治理的法律制度

海洋法的理论基础源于历史发展过程中形成的区域性管理方式。因此，海洋治理

---

①　黄任望. 全球海洋治理问题初探 [J]. 海洋开发与管理, 2014, 31 (3)：48-56.

②　王琪, 崔野. 将全球治理引入海洋领域——论全球海洋治理的基本问题与我国的应对策略 [J]. 太平洋学报, 2015 (6)：17-27.

③　王琪, 刘芳. 海洋环境管理：从管理到治理的变革 [J]. 中国海洋大学学报（社会科学版），2006 (4)：1-5.

④　黄任望. 全球海洋治理问题初探 [J]. 海洋开发与管理, 2014, 31 (3)：48-56.

⑤　王琪, 崔野. 将全球治理引入海洋领域——论全球海洋治理的基本问题与我国的应对策略 [J]. 太平洋学报, 2015 (6)：17-27.

主要基于主权原则和自由原则①②③。主权原则是促使沿海国家管辖权的扩张，而自由原则则确保海洋的公共区域不被占用且可自由使用。基于这两个原则，海洋被分成两个部分，第一个部分是临近沿岸的海洋空间，它服从于国家领土主权的约束。第二部分则是超出国家管辖权的海洋区域，它适用于自由原则④。前者明确存在于领海、专属经济区之中，而后者位于公海范围之内。这种区分方式在国家实践中固定下来，并且这种海洋的二分法是被 1930 年国际法编纂会议所确认，是符合现在海洋法一般秩序要求的。1982 年的《联合国海洋法公约》是海洋综合治理理念出现的开端，《海洋法公约》将全球海洋划分为五种不同的类别，即内水、领海、群岛水域、专属经济区和公海，另外也创设了海洋领域的其他制度。因此服从于国家主权原则的作用，整个海洋区域是被联合国以《海洋法公约》为表现的法律文件划分成多种类型的海洋空间加以管理和开发。尽管《海洋法公约》对于综合治理的规定也仅局限于原则性的提倡，无法用强制性的规范进行监督。此后，1992 年颁布的《二十一世纪议程》《生物多样性公约》《保护东北大西洋海洋环境公约》和 1995 年颁布的《鱼类种群协定》等国际性文件或条约⑤，其条款内部都一定程度上强调海洋环境治理的重要性，但由于不是专门立法，在适用范围上有着很大的限制。

全球海洋治理立法注重国际习惯与公约相结合，如在海洋环境治理方面，不得允许本国排放入海的污染物对其他国家的海洋利益造成损害⑥⑦⑧。虽然在实际执行上，国际习惯法对于管辖权的规定不足以维持有效的污染防治行为。正是因为国际习惯本身属性的缺失，国际社会更多的还是依赖具有法律约束力的条约形式来执行。尽管我们有大量的国际海洋协定，但缔约方数量有限，所以协议的影响是有限的。而建立秘书处执行报告制度、委员会审查、同行评审、专家审评组、协助执行的特别基金等都有助于提高国际海洋条约的执行效力⑨。此外，全球海洋治理立法注重生态保护与预防

---

① O'Connell B D P, Shear E B I A. The international law of the sea［M］. Clarendon Press, 1982.

② Katherine Houghton. Identifying new pathways for ocean governance：The role of legal principles in areas beyond national jurisdiction［J］. Marine Policy, 2014（49）：118-126.

③ Nina Maier, Till Markus. Dividing the common pond：regionalizing EU ocean governance［J］. Marine Pollution Bulletin, 2013（67）：66-74.

④ Rosenne S. League of nations conference for the codification of international law（1930）［J］. American Journal of International Law, 1975, 70（4）：894.

⑤ 刘峻华. 国际海洋综合治理的立法研究［D］. 济南：山东大学, 2016.

⑥ Haas P M. Prospects for effective marine governance in the NW Pacific region 1［J］. Marine Policy, 2000, 24（4）：341-348.

⑦ Klaus Töpfer, Laurence Tubiana, Sebastian Unger, Charting pragmatic courses for global ocean governance［J］. Marine Policy, 2014（49）：85-86.

⑧ Robert L. Friedheim. Ocean governance at the millennium：where we have been—where we should go［J］. Ocean & Coastal Management, 1999, 42（9）：747-765.

⑨ 邵钰蛟. 论国际海洋环境污染治理立法的有效性［J］. 法制与社会, 2016（32）：9-10.

损害相结合、注重立法执行与监督相结合，海洋综合治理模式在立法中需要考虑相关联制度的统一和实施。避免制度层面的重叠、分歧就需要通过缔约国大会这样的机构统一相关法律规则，建立由大会主导的制度协调机制①。综合治理的立法工作同样需要考虑制度的可执行性，它关系到综合性海洋治理制度在实施层面的效力。应该说，国际海事组织、粮农组织、联合国教科文组织和联合国环境署等组织在海洋治理方面发挥的作用已越来越明显②。传统模式的国家主权属性仍然是海洋法的理论核心，而另一方面综合治理机制却也展现了有效性的一面，有助于弥补传统模式的缺点，也是《海洋法公约》所要求的方式，因此在海洋法体系中这两种制度是并列存在的，只有充分考虑传统模式的利益争夺点，才可以恰到好处的采取综合模式，它的作用是传统机制无法达到的③。

尽管海洋治理国际立法实践存在碎片化现象、法律效力薄弱，但世界各国在海洋环境治理法制建设研究方面仍取得了大量研究成果。Annick 认为海洋治理作为一种新兴理念，拥有法律要素、政治要素、组织要素和能力要素四个方面。它们分别起着政策、行动实施的保障，国家层面的合作和协调，行政管理机制的建设和必要的财政支持等作用。Yoshifumi Tanaka 指出分割式管理制度和综合治理制度截然不同的性质影响着国家和国际社会的行动，认为二者的共存和合作是今后海洋法研究的核心所在④。Markus 等探讨了欧盟海洋治理实践相关机制的构造和运行特征⑤。Lawrence Juda 分析了美国、加拿大和澳大利亚在国家层面的海洋综合治理制度建设。Tiffany C. Smythe 等以新英格兰海洋规划框架为例，探讨了空间规划对海洋治理的作用⑥。Glen Wright 以新兴海洋可持续能源工业为例，探讨了工业化海洋的治理问题⑦。我国学者提出，完善的法律法规体系是海洋生态环境治理的基本前提⑧，需要以国际海洋生态环境保护相关法律、条例为基础和前提，借鉴美国等海洋发达国家有关海洋生态保护环境的经验⑨，进行我国海洋生态环境法律体系和综合管理机制建设。刘家沂指出，政府作为海洋生态

---

① 林千红，洪华生. 构建海洋综合管理机制的框架 [J]. 发展研究，2005（9）：40-41.

② Myron and Moore. Current maritime issues and the international maritime organization [M]. Brill, 1999：98-123.

③ 刘峻华. 国际海洋综合治理的立法研究 [D]. 济南：山东大学，2016.

④ Tanaka Y. Zonal and integrated management approaches to ocean governance：reflections on a dual approach in international law of the sea [J]. International Journal of Marine & Coastal Law, 2004, 19（4）：483-514.

⑤ Basil Germond, Celine Germond-Duret. Ocean governance and maritime security in a placeful environment：The case of the European Union [J]. Marine Policy, 2016（66）：124-131.

⑥ Tiffany C. Smythe. Marine spatial planning as a tool for regional ocean governance? An analysis of the New England ocean planning network [J]. Ocean & Coastal Management, 2017（135）：11-24.

⑦ Glen Wright. Marine governance in an industrialised ocean：A case study of the emerging marine renewable energy industry [J]. Marine Policy, 2015（52），77-84.

⑧ 张式军. 海洋生态安全立法研究 [J]. 山东大学法律评论，2004（00）：106-116.

⑨ 蔡先凤，张式军. 我国海洋生态安全法律保障体系的建构 [J]. 宁波经济：三江论坛，2006（3）：40-42.

环境保护的主体，应由相关海洋行政部门的专业机构制定详细的海洋生态保护措施，树立以生态系统保护为理念的管理模式①。黎昕指出政府应该积极引导公众保护海洋生态环境的意识，逐步构建有利于海洋生态环境保护的价值体系②。陈莉莉基于多中心治理理论，以长三角近海海域环境治理为例，提出构建有利于政府、公众、企业、非政府环境保护组织合作的制度环境以实现长三角海域环境治理③。国内外对海洋综合治理的研究和实践，更偏重于对现有的实践行动做出分析和评价，对国家层面综合治理内涵的认识较为系统与完整，而对于国际海洋综合治理的制度建设还有待发展。

四、海岸海洋环境治理的尺度与模式

海洋的流动性、整体性等特点决定了海洋环境治理全球合作的必要性。治理理论也为海洋环境治理的国际合作行为提供了理论基础和可行方案。治理理论的核心之一就是合作，这与海洋环境治理的国际合作精神不谋而合④。重大的公共危机要求全球共同面对，而海洋环境治理天然的全球性和较大治理难度要求必须实现国际间的通力合作。海洋公共危机治理，需要各国在求同存异、互惠互利的基础上构建全球合作的治理框架④。第三次联合国海洋法会议（UNCLOS）对国际海洋综合治理有着极其深远的影响。会议规范了国际社会使用海洋区域的多种用途，并且一定程度上促使各国政府更多的按照一体化视角来考量各自的海洋权益⑤。第三次联合国海洋法会议所推动的谈判进程为之后国家海洋综合治理之路提供了开创性的思路和阶段性的成果⑥⑦。全球海洋治理在实施路径上可通过主体间的信任机制构建、跨国家的"区域海"制度实施、完善海洋污染刑法规范等措施，以推进海洋环境跨区域治理的制度化水平提升，如南太平洋地区的海洋环境治理⑧⑨。东南亚海域是一个大国利益聚集、各类海洋挑战凸显、域内国家矛盾重重的区域，海洋治理难度极大。面对诸多挑战，近年来东盟沿着一体

① 刘家沂. 生态文明与海洋生态安全的战略认识 [J]. 太平洋学报, 2009 (10): 68-74.

② 黎昕. 社会结构转型与我国生态安全体系的构建 [J]. 福建论坛 (人文社会科学版), 2004 (12): 108-113.

③ 陈莉莉, 景栋. 海洋生态环境治理中的府际协调研究——以长三角为例 [J]. 浙江海洋学院学报 (人文科学版), 2011, 28 (2): 1-5.

④ 陈洁, 胡丽. 海洋公共危机治理下的国际合作研究 [J]. 海洋开发与管理, 2013, 30 (11): 39-43.

⑤ Juan L. Suárez de Vivero, Juan C. Rodríguez Mateos. Ocean governance in a competitive world. The BRIC countries as emerging maritime powers—building new geopolitical scenarios [J]. Marine Policy, 2010, 34 (5): 967-978.

⑥ Yoshifumi Tanaka, Zonal and integrated management approaches to ocean governance, Marine and coastal law, 2004. p3.

⑦ Julien Rochette, Raphaël Billé, Erik J. Molenaar. Regional oceans governance mechanisms: A review [J]. Marine Policy, 2015 (60): 9-19.

⑧ Joanna Vince, Elizabeth Brierley, Simone Stevenson, et al. Ocean governance in the South Pacific region: Progress and plans for action [J]. Marine Policy, 2017 (79): 40-45.

⑨ 全永波, 尹李梅, 王天鸽. 海洋环境治理中的利益逻辑与解决机制 [J]. 浙江海洋学院学报 (人文科学版), 2017, 34 (1): 1-6.

化的路径多渠道入手开展区域海洋治理。东盟的海洋治理行动呈现出三个特点：各成员国协商一致、归属于一体化进程下的功能合作、区域外部大国共同参与。Crutchfield James 指出，保护海洋环境必须通过有效的国际合作来治理陆源污染①。在全球海洋治理的过程中，以不同类型的主体为区分标准，可将全球海洋治理的实现方式分为以下四种，即主权国家合作方式、国际政府组织主导方式、国际非政府组织补充方式和国际规制的强制作用方式②。随着海洋环境问题的日益突显，海洋环境治理逐渐成为国际组织、政府和社会关注的政治话题，并且已经上升为国家安全治理的重要组成部分。从海洋生态安全治理的外部性特征出发，将海洋生态安全治理与国家发展战略相结合，对海洋生态安全治理现代化具有重要意义③。当然，在海洋环境治理中，非政府组织凭借自己的灵活性、民间性、非营利性等特点能代替政府提供部分职能，与政府优势互补，提供无缝隙的海洋公共服务，形成多元治理主体格局④。在实际过程中，全球治理各主体之间的利益博弈、国际合作主体间的协调问题、国际合作主体间的不平等、国际规制的权威性不足以及国际组织的作用有限等因素严重影响了海洋环境全球治理工作的效果⑤⑥。

　　由于海洋环境污染的跨区域性，跨区域政府间协调治理理论被引入海洋环境治理法制建设中⑦⑧。协同治理理论在理论与现实中的运用为解决海洋环境治理领域的政府职责"碎片化"问题提供了一条新的思路，海洋环境治理的整体性要求分散化治理主体之间的协同⑨。鲍基斯曾指出，海洋环境具有流动性、开放性、三维性特征，这使得其自然环境与行政边界缺乏有机联系，从而增加海洋管理的复杂性⑩。海洋环境的这种特征使其在开发过程中更易产生连带影响，某一区域海洋的开发利用，不仅影响本区域内的自然生态环境和经济效益，而且必然影响到邻近海域甚至更大范围内的生态环

---

① Crutchfield J. The marine fisheries - A problem in international-cooperation ［J］. American Economic Review, 1964, 54 (3): 207-218.

② 王琪, 崔野. 将全球治理引入海洋领域——论全球海洋治理的基本问题与我国的应对策略 ［J］. 太平洋学报, 2015 (6): 17-27.

③ 杨振姣, 孙雪敏, 罗玲云. 环保 NGO 在我国海洋环境治理中的政策参与研究 ［J］. 海洋环境科学, 2016, 35 (3): 444-452.

④ 俞越鸿. 试论非政府组织在海洋综合治理中的作用 ［J］. 法制与社会, 2015 (32): 186-187.

⑤ Basil Germond, Celine Germond-Duret. Ocean governance and maritime security in a placeful environment: The case of the European Union ［J］. Marine Policy, 2016 (66): 124-131.

⑥ 全永波. 区域合作视阈下的海洋公共危机治理 ［J］. 社会科学战线, 2012 (6): 175-179.

⑦ Gunnar Kullenberg. Human empowerment: Opportunities from ocean governance ［J］. Ocean & Coastal Management, 2010, 53 (8): 405-420.

⑧ 蒋静. 泛珠三角区域跨界水污染治理地方政府合作模式研究 ［D］. 贵州: 贵州大学, 2009.

⑨ 刘爽, 徐艳晴. 海洋环境协同治理的需求分析: 基于政府部门职责分工的视角 ［J］. 领导科学论坛, 2017 (11): 21-23.

⑩ 鲍基斯, M. B, 孙清. 海洋管理与联合国 ［M］. 海洋出版社, 1996.

境和经济效益①。府际管理突破了建立等级制官职和分类权力层次的层级限制，将整个行政组织体系视为网络状组织②。府际管理有利于海洋环境治理观念的更新，海洋治理需要将视野从单一政府扩展到横向和纵向的政府间关系，政府与企业，社会团体和市民之间的关系。府际管理有利于建立海洋公共物品与服务供给的多中心多层次制度，有利于处理好海洋环境治理方面政府间存在竞争与合作中出现的问题③④。海洋跨区域治理需要参考治理体系中治理主体、功能与手段，明确海洋跨区域的内涵，区分海洋跨区域治理在海域与陆域、国内与国际、政府与社会等视角的治理功能，并在整体性治理理论基础上确定海洋治理的制度性构建，在制度创建上运用"区域海"的概念确定海洋跨区域治理的制度框架⑤⑥。从我国的实际情况看，需要理顺管理体制，建立一个更具权威性的海洋行政管理机构以加强海洋综合治理，进行有效的海洋综合治理还需要各省、市建立一支强大统一的海洋执法力量，并提高各级政府加强海洋综合治理的自觉性和积极性⑦。

区域海洋管理是适应海洋治理发展的新模式⑧。从利益层次角度对区域海洋管理的利益相关者进行利益解构，分析海洋治理中各主体的利益需求，通过海洋管理中的政府间依赖、构建政府与非政府组织间的伙伴关系，发挥各管理主体的功能，形成一种区域海洋管理视域下的海洋管理合作与协调治理的有效模式。Dong Oh Cho 评价了韩国海洋环境治理政策在海洋治理中的作用⑨。区域海洋管理过程实际上也是区域利益相关者平衡利益关系的过程⑩。秦磊以海洋区域管理中发生的实际案例为基础，揭示了部门间组织机构职能协调问题的复杂形态和背后的深层原因，认为部门间组织机构职能协调问题的表现类型包括目标差异型、边界争端型、管理重叠型、消极响应型⑪。其形成原因主要有碎片化的组织结构、海区层面的跨部门协同机制尚不够有力、海洋管理制度体系有待进一步健全以及部门主义行政文化的消极影响。如何有效构建区域海洋管

---

①　王琪，何广顺．海洋环境治理的政策选择［J］．海洋通报，2004，23（3）：73-80.

②　戴瑛．论跨区域海洋环境治理的协作与合作［J］．经济研究导刊，2014（7）：109-110.

③　Sung Gwi Kim. The impact of institutional arrangement on ocean governance：International trends and the case of Korea［J］. Ocean & Coastal Management，2012（64）：47-55.

④　戴瑛．论跨区域海洋环境治理的协作与合作［J］．经济研究导刊，2014（7）：109-110.

⑤　Erik Olsen，Silje Holen，Alf Håkon Hoel. How integrated ocean governance in the Barents Sea was created by a drive for increased oil production［J］. Marine Policy，2016（71）：293-300.

⑥　全永波，尹李梅，王天鸽．海洋环境治理中的利益逻辑与解决机制［J］．浙江海洋学院学报（人文科学版），2017，34（1）：1-6.

⑦　赵淑玲，张丽莉．外部性理论与我国海洋环境管理的探讨［J］．海洋开发与管理，2007，24（4）：84-91.

⑧　全永波．区域合作视阈下的海洋公共危机治理［J］．社会科学战线，2012（6）：175-179.

⑨　Dong Oh Cho. Evaluation of the ocean governance system in Korea［J］. Marine Policy，2006（30）：570-579.

⑩　全永波．区域合作视阈下的海洋公共危机治理［J］．社会科学战线，2012（6）：175-179.

⑪　秦磊．我国海洋区域管理中的行政机构职能协调问题及其治理策略［J］．太平洋学报，2016，24（4）：81-88.

理机制，对利益相关者进行利益的合理平衡和治理，是当前区域海洋管理的一个重要问题。因此，需要通过确定利益相关者的权利和利益层次、明确利益相关者利益冲突的法律适用、调整公共政策、协调区域政府间的利益关系等方面展开研究。当然，海洋生态环境府际协调治理中仍面临着部分地方政府跨区域合作治理观念严重滞后、跨区域海洋生态环境合作治理体制不完善与跨区域海洋生态环境合作治理法律保护不完善等问题①。

在全球海洋环境治理中，我国逐渐加大了开发利用海洋资源和维护海洋权益的力度。进入 21 世纪后，我国参与全球海洋治理的范围与程度不断扩展，并对全球海洋治理的价值、规制、结果及评判等发挥了一定作用，已经成为"力量有限的核心主体之一"②，以后仍需大力发展我国的海洋实力、极力提升我国参与全球海洋治理制度设计的能力，持续增强我国在国际海洋事务中的话语权。目前，我国海洋环境治理落后，需针对海洋环境治理存在的治理主体权责配置、治理政策执行、治理整合机制和治理信息共享机制的"碎片化"现象，对海洋生态环境治理体制的职权结构体系、海洋行政执法体制、沟通协调机制和信息沟通机制进行整体性优化，以实现海洋生态环境治理的高绩效③。借鉴西方发达国家海洋环境治理的先进经验，从海洋生态安全基础治理、用海治理、措施治理三大主要方面进行制度改革与完善，探索形成主体多元、手段多样、海陆统筹、多方协调配合的现代化海洋生态安全治理体系④⑤。

五、海岸海洋环境治理的全球-地方化挑战

尽管当前研究对海洋环境治理的理论基础有了较为明晰的认识，并在海洋环境治理实践中取得了一定成就，但由于海洋环境治理的理论和实践研究历史较短，从不同角度看海洋环境治理研究均存在一些不足之处：从海洋环境治理演化脉络看，对海洋环境管理到参与式管理再到治理的演化脉络仍缺乏深入的分析，对海洋环境治理主体、客体、功能等构成要素的概念及内涵等仍未形成共识；从海洋环境治理的层序体系看，当前对全球范围内海洋环境治理的层级结构及其相互关系的认识仍有不足，特别是对中国参与全球环境治理的参与程度及参与方式等的研究相当缺乏。从环境治理的形成

---

① 陈莉莉，景栋．海洋生态环境治理中的府际协调研究——以长三角为例［J］．浙江海洋学院学报（人文科学版），2011，28（2）：1-5.

② 王琪，崔野．将全球治理引入海洋领域——论全球海洋治理的基本问题与我国的应对策略［J］．太平洋学报，2015（6）：17-27.

③ 张江海．整体性治理理论视域下海洋生态环境治理体制优化研究［J］．中共福建省委党校学报，2016（2）：58-64.

④ 张继平，熊敏思，顾湘．中澳海洋环境陆源污染治理的政策执行比较［J］．上海行政学院学报，2013（3）：64-69.

⑤ 杨振东，闫海楠，杨振姣．中国海洋生态安全治理现代化的微观层面治理体系研究［J］．海洋信息，2016（4）：46-53.

机制看，当前研究缺乏以国家为分析单元的全球海洋环境治理利益相关者博弈机制的分析，这在一定程度上影响着全球海洋环境治理的实施。从中国参与全球海洋环境治理的立法实践看，研究更多的是关注国内跨区域的海洋环境治理问题及相关机制体制的建设，对全球海洋环境治理制度的分析研究不足，一定程度上导致中国在参与全球海洋环境治理中的被动局面。

在全球海洋环境治理背景下，我国参与全球海洋环境治理及形成我国特色的海洋环境治理体制机制研究，可在以下几个方面展开，以取得拓展和突破的空间：

（一）全球海洋环境治理演化脉络与类型体系划分

尽管海洋环境管理向海洋环境治理转变已被学术界所接受，并进入实践阶段，但是，当前对全球海洋环境治理的缘起、现状与态势仍需进一步分析，以厘清不同阶段海洋环境治理的主体、互动机制、治理手段等的异同，识别全球海洋环境治理的本质与逻辑。并围绕全球海洋环境治理主体表征地区的尺度性，对全球海洋环境治理类型进行探索性的划分，在此基础上围绕全球海洋环境治理的出发点差异（事前–预防、事中–干预、事后–补偿），划分全球海洋环境治理类型的亚类体系。

（二）全球海洋环境治理的层序体系及中国话语权甄别

我国参与全球海洋治理的范围与程度不断扩展，并对全球海洋治理的价值、规制、结果及评判等发挥了一定作用，但是台湾问题、南海问题、中美关系问题等的存在，使得我国作为新兴大国远未能从根本上改变全球海洋治理体系的现状，发挥重要的作用。而这方面的研究也是当前所欠缺的。因此，可进一步通过对全球海洋环境治理的尺度传导性的研究，解析其组织结构、功能类型、覆盖地域、成员组织的角色及其变迁等，进而勾勒全球海洋环境治理的层序体系。识别中国在全球型、大洋型、国家型全球海洋环境治理层序体系中的角色、提议或倡议的成员组织协同度、效用等，研判中国参与相关全球海洋环境治理层序体系的利弊与改进方略。

（三）全球海洋环境治理利益相关者博弈机制分析

海洋在资源和战略上的重要价值，使得世界沿海国家加大了对海洋环境的重视程度和治理力度。海洋的自然特性决定了国际社会共同治理海洋环境成为一种必然的政策选择。尽管国内外对全球化背景下海洋环境合作治理已有一定研究，但对海洋环境治理中全球利益与国家利益、国家间的利益博弈研究仍较少，影响了全球环境治理政策的执行及实施效果。因此，亟需廓清全球海洋环境治理的利益主体并明确各主体边界；在明晰利益主体异质性和层级特征的基础上构建不同利益主体之间的"层级"关系和"网络"结构；从全球层面、国家层面构建全球海洋环境治理的层序结构，以降低全球海洋环境治理的传导成本。研究着力于全球型、大洋型海洋环境治理体系的目标、路径与抓手，分析其驱动机制与多边博弈逻辑。

（四）中国参与全球海洋环境治理的法律体系建设及体制机制优化

鉴于目前海洋环境治理的法律体系不够完善，影响到我国参与全球海洋环境治理及国内海洋环境问题的解决。因此，应该进一步加强与我国对接相关全球型或大洋型海洋环境治理组织的现状体系的研究，识别我国参与相关全球型或大洋型海洋环境治理组织的法律障碍，形成参与相关全球型或大洋型海洋环境治理体系的行动策略。并加强对我国海洋环境治理结构设计与内在运作机制的研究，优化海洋环境治理结构、功能及手段。

第三节　中国东海（长三角）海岸带生态环境治理的研究思路

本书以中国东海区长三角海岸带为研究区域，聚焦和检视长三角地区海岸带生态环境问题的制度根源，探究长三角地区海岸带生态环境治理的制度性成因，诊断长三角海岸带生态环境治理改革的重点领域，构建长三角地区海岸带生态环境的治理抓手与操作策略，系统诠释中国东海区海岸带生态环境治理的可持续机制。

全书围绕中国东海（长三角）海岸带"海陆向生态环境现状与趋势——环境问题及其制度成因——构建治理思路及工具体系"主线进行研究，形成了如下主要研究内容：

（1）海岸带生态治理的社会经济时代挑战与构建理论基础，形成本书第一、二章。首先，研判了海岸带生态环境发展趋势，重点分析中国东海（长三角）海岸带生态环境在全国层面面临的困境。其次，系统梳理了海岸带生态环境治理的自然属性、社会经济属性、国内外经验、主流理论观点，探讨长三角海岸带从管理到治理、可借鉴治理思路与模式、跨域治理主线等。

（2）中国东海（长三角）海岸带特征、陆海向生态环境趋势与问题根源研究形成本书第三、四章。一是综合海岸带概念与范围界定标志物，并结合国家东海区管理特征选取并划定长三角海岸带范围。二是利用长三角海岸带陆向、海向的生态环境指标数据，分析长三角海岸带陆海向生态环境现状特征；重点利用海湾、近岸水域生境要素与地区生产总值（海洋生产总值、工业废水排放）之间相关性，甄别长三角地区海岸带生态环境问题的成因。

（3）中国东海（长三角）海岸带生态环境治理的现状、治理障碍、跨域治理路径与策略研究，形成本书第五至七章。首先，围绕国家海岸带地区行政管理体制、涉海法规剖析和反思当前海岸带生态环境的管理特点与存在的问题。其次，系统梳理和审视长三角城市经济协调会主导的长三角海岸带生态国家合作管理的亮点。第三，从治理的视角解析长三角海岸带生态环境亟待突破的关键问题和面临的障碍，尤其是基于政府作为前提可以运用的海岸带生态环境共同治理的行动工具有哪些？这些工具又需要何种路径和策略予以实施？

（4）中国海岸带生态国家跨域治理行动构想研究。本章基于中国东海（长三角）海岸带生态国家共治的案例研究，总结并提出中国海岸带生态环境跨域治理的行动构想：一是构建中央与地方府际合作体制；二是签订地方自治团队跨区域协议；三是营造政府—企业—社会的策略性伙伴关系。

第二章 海岸带生态环境治理的理论与实践

海岸带生态环境治理既是国家生态文明体系建设的重要组成部分，也是跨行政区治理体系构建的重要内容。海岸带生态环境治理因跨区域、多主体参与的特性，在当前国家和地方治理实践中仍面临着严重的制度困境，尤其是机制不完善、制度供给不足始终是制约海岸海洋污染治理的根本原因。海岸带生态环境治理存在跨区域的特征，而跨区域因在区域界线、利益主体、影响因素等方面存在诸多不同，治理的制度建构需要在治理大框架内形成相应的逻辑基础支持。本章系统梳理了海岸带生态环境治理的自然和经济社会属性、国内外海岸带生态国家共同治理实践经验、海岸带生态环境治理的主流思想及其演进，诠释海岸带生态环境治理的多层序跨区域治理逻辑基点。

第一节 海岸带生态环境治理的自然属性

海岸带是海陆交互作用最直接和最强烈的生态环境脆弱地区，也是开发利用强度最高的区域之一。我国滨海地区正面临着快速城镇化进程，人口和经济的高度集聚不可避免地引发了一定程度的生态退化、资源衰竭以及灾害频发等，单纯从生态、地理、城市规划都难以应对滨海开发的复杂问题，建立多种研究视角的有机联系，将生态文明贯穿于滨海地区的开发建设之中，并促进海陆统筹的城镇化发展。[①] 在这样的发展环境下，就需要知道并掌握海岸带生态环境治理的相关自然属性，根据其具有的自然属性，才能对海岸带的生态环境进行综合治理。

一、海岸带海陆自然要素的互通性

海域生态系统以及陆域生态系统通过气候过程、地貌过程、生物过程以及人类活动过程形成了海陆交互作用，使海岸带海陆自然要素进行相互连通，各要素之间相互交换，构成了海岸带海陆自然要素的互通属性。

---

① 龚蔚霞，张虹鸥，钟肖健. 海陆交互作用生态系统下的滨海开发模式研究 [J]. 城市发展研究, 2015, 22 (1)：79-85.

（一）水循环

水循环（图2-1）通常也称为"水分循环"或"水文循环"，是指水在地球上、地球中以及地球上空的存在及运动情况。地球的水处于不停地运动中，并且不停地变换着存在形式，从液体变成水蒸气再变成冰，然后再循环往复。水循环已经持续了几十亿年，地球上的所有生命都依赖于水循环才得以生存发展。

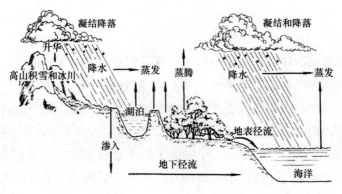

图2-1　水循环示意图①

海洋是一个开始水循环的绝佳地方。太阳驱动着整个水循环，首先使海洋里的水升温，一部分水变成水蒸气，蒸发到空气中。淡水湖和江河中同样也存在着蒸发现象。在陆地上，从植物和土地上蒸腾的水分同样也变成水蒸气，蒸发到空气中。空气中少量的水来自于升华，也就是由冰和雪直接蒸发变成水蒸气，完全省略了融化过程。上升的气流将水蒸气带到大气层中，在大气层中由于温度较低，水蒸气又凝结后变成云。气流驱使着云围绕地球运动，云颗粒互相碰撞、不断扩大并且变成降水从空中落下。有些水分以雪的形式降落，可堆积变成冰帽和冰川。当春回大地气候变暖时，雪通常会融化，积雪融水沿地面形成融雪径流。虽然大部分降水都回到海洋，但仍有一些降落到了陆地上，由于地心引力，沿地表流动形成地表径流。

一些地表径流汇入江河，并且作为河川水流进入大海，还有一些在江河湖泊中集聚为淡水。但是，并不是所有的径流都汇入了地表水体。有很多都浸入了地面（渗透）。有些水渗透到深层地下，重新补充地下蓄水层（饱和地下岩层），长期以来，含水层便储存了大量的地下淡水资源。有些地下水滞留在地表，并且能够作为地下水流出，渗流回地表水体和海洋，有些地表水会碰到地面上的孔缝，变成淡水泉。然而水会随着时间不停地运动，有一些重新回到海洋，"结束"了水循环，但是同时又开始了新一轮的水循环。水循环分海陆间大循环、海上内循环以及陆地内循环三种类型（表

① 秦大河．中国气候与环境演变［N］．光明日报，2007-07-05（010）．

2-1）。

表 2-1　水循环的类型

水循环类型	发生空间	循环过程及环节	特点	水循环的意义
海陆间大循环	海洋与陆地之间交互	蒸发、水汽输送、降水、地表径流、下渗、地下径流	最重要的水循环类型、使陆地水得到补充、水资源得以再生	1. 维持了全球水的动态平衡，使全球各种水体处于不断更新状态 2. 使地表各圈层之间，海陆之间实现物质迁移和能量交换 3. 影响全球的气候和生态 4. 塑造地表形态
海上内循环	海洋与海洋上空之间	蒸发、降水	携带水量最大的水循环，是海陆间大循环的近十倍	
陆地内循环	陆地与陆地上空之间	蒸发、植物蒸腾、降水	补充陆地水体的少量水	

水循环沟通了海陆之间的物质交换，使得水资源一直处于不断更新的状态，海陆之间实现了物质的迁移和能量的交换，完成了海岸带海陆自然要素的互通性，沟通了海洋与陆地之间的交流合作。但是与此同时，这样的物质能量交换也使得海岸带的治理难上加难，随着水循环的不断进行，水体中的污染物也会在海洋与陆地之间不断进行交换，故海岸带生态环境的综合治理不能只拘泥于海洋或者仅局限于陆地，要在一个动态的环境下进行海陆联合治理，以达到海岸带生态环境综合治理的目的。

（二）海陆风

因海洋和陆地受热不均而在海岸附近形成的一种有日变化的风系。在大气气流微弱时，白天风从海上吹向陆地，夜晚风从陆地吹向海洋。前者称为海风，后者称为陆风，合称为海陆风。日间陆地受太阳辐射增温，陆面上空空气迅速增温而向上抬升，海面上由于其热力特性受热慢，上空的气温相对较冷，冷空气下沉并在近地面流向附近较热的陆面，补充陆面因热空气上升而造成的空缺，形成海风；夜间陆地冷却快，海上较为温暖，近地面气流从陆地吹向海面，称为陆风，这就是海陆风（图 2-2）。

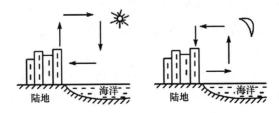

图 2-2　海陆风

海陆风因仅受一天的热力差异影响，能量微弱，风力不大，范围也小，一般仅深入陆地 20~50 km，又称滨海风。海风对抑制中午暑热，调节气候有很好的作用。我国拥有千万人口以上的上海市颇得海陆风的恩惠。

城市风（图 2-3）是指在大范围环流微弱时，由于城市热岛而引起的城市与郊区之间的大气环流：空气在城区上升，在郊区下沉，而四周较冷的空气又流向市区，在城市和郊区之间形成一个小型的局地环流，称为城市风。由于城市风的存在，城区的污染物随热空气上升，往往在城市上空笼罩着一层烟尘等形成的穹形尘盖，使上升的气流受阻，污染物不易扩散，所以上升的气流转向水平运动，到了郊区下沉，下沉气流又流向城市的中心。如果城市的四周有工厂，这时工厂排出的污染物一并集中到城市的中心，致使城市的空气更加混浊。所以城市风在某种情况下能加重市区的大气污染。例如日本北海道的旭川市，人口仅 20 万，城市郊区是山地丘陵，市区为平地，在市郊周围的山地区域建了工厂，本意是想让市区避开空气污染源。结果事与愿违，城市风使市郊的烟尘涌入市区，反而使没有污染源的市区污染浓度比有污染源的郊区高出了 3 倍左右，造成了市区的严重污染。

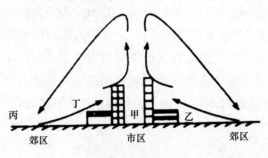

图 2-3　城市风

山谷风的形成原理跟海陆风类似（图 2-4）。白天，山坡接受太阳光热较多，成为一只小小的"加热炉"；而山谷上空，同高度上的空气因离地较远，增温较少。于是山坡上的暖空气不断上升，谷底的空气则沿山坡向山顶补充，称为谷风。这样便在山坡与山谷之间形成一个热力环流。到了夜间，山坡上的空气受山坡辐射冷却影响，"加热炉"变成了"冷却器"；而谷地上空，同高度的空气因离地面较远，降温较少。于是山坡上的冷空气因密度大，顺山坡流入谷地，称为山风。谷底的空气因汇合而上升，形成与白天相反的热力环流。

以水平范围来说，海风深入大陆在温带约为 15~50 km，热带最远不超过 100 km，陆风侵入海上最远 20~30 km，近的只有几公里。以垂直厚度来说，海风在温带约为几百米，热带也只有 1~2 km；只是上层的反向风常常要更高一些。至于陆风则要比海风浅得多了，最强的陆风，厚度只有 200~300 m，上部反向风仅伸达 800 m。在中国台湾省，海风厚度较大，约为 560~700 m，陆风为 250~340 m。在城市风、山谷风以及海

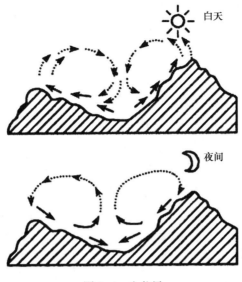

图 2-4　山谷风

陆风的共同作用下，使得陆地污染物与海洋污染物进行了交换与循环，使得海陆自然要素进行了互通与交换，让海岸带的治理变成了区域性的共治问题以及大范围的治理问题。

（三）沿海风暴（台风/飓风）

台风是指形成于热带或副热带 26℃ 以上广阔海面上的热带气旋。世界气象组织定义：中心持续风速在 12 级至 13 级（即 32.7~41.4 m/s）的热带气旋为台风或飓风。台风发源于热带海面，那里温度高，大量的海水被蒸发到了空中，形成一个低气压中心。随着气压的变化和地球自身的运动，流入的空气也旋转起来，形成一个逆时针旋转的空气漩涡，这就是热带气旋。只要气温不下降，这个热带气旋就会越来越强大，最后形成了台风。根据近几年来台风发生的有关资料表明，台风发生的规律及其特点主要有以下几点：一是有季节性。台风（包括热带风暴）一般发生在夏秋之间，最早发生在 5 月初，最迟发生在 11 月。二是台风中心登陆地点难准确预报。台风的风向时有变化，常出人意料，台风中心登陆地点往往与预报相左。三是台风具有旋转性。其登陆时的风向一般先北后南。四是损毁性严重。对不坚固的建筑物、架空的各种线路、树木、海上船只，海上网箱养鱼、海边农作物等破坏性很大。五是强台风发生常伴有大暴雨、大海潮、大海啸。六是强台风发生时，人力不可抗拒，易造成人员伤亡。

在我国沿海地区，几乎每年夏秋两季都会或多或少地遭受台风的侵袭，因此而遭受的生命财产损失也不小。作为一种灾害性天气，可以说，提起台风，没有人会对它表示好感。然而，凡事都有两重性，台风是给人类带来了灾害，但假如没有台风，人类将更加遭殃。科学研究发现，台风具有以下几种好处：其一，台风为人们带来了丰沛的淡水。台风给中国沿海、日本沿海、印度、东南亚和美国东南部带来了大量的雨水。其二，靠近赤道的热带、亚热带地区受日照时间最长，干热难忍，如果没有台风来驱散这些地区的热量，那里将会更热，地表沙荒将更加严重。同时寒带会更冷，温带将会消失。我国将没有昆明这样的春城，也没有四季常青的广州，"北大仓"、内蒙古草原亦将不复存在。其三，台风最高时速可达 200 km 以上，所到之处，摧枯拉朽。巨大的能量可以直接给人类造成灾难，但也全凭着这巨大的能量流动使地球保持着热平衡，使人类安居乐业，生生不息。其四，台风还能增加捕鱼产量。每当台风吹袭时翻江倒海，将江海底部的营养物质卷上来，鱼饵增多，吸引鱼群在水面附近聚集，渔获量自然提高。据统计，包括我国在内的东南亚各国和美国，台风降雨量约占这些地区总降雨量的 1/4 以上，因此如果没有台风这些国家的农业困境将不堪设想；此外台风对于调剂地球热量、维持热平衡更是功不可没，众所周知热带地区由于接收的太阳辐射热量最多，因此气候也最为炎热，而寒带地区正好相反。由于台风的活动，热带地区的热量被驱散到高纬度地区，从而使寒带地区的热量得到补偿，如果没有台风就会造成热带地区气候越来越炎热，而寒带地区越来越寒冷，自然地球上温带也就不复存在了，众多的植物和动物也会因难以适应而将出现灭绝，那将是一种非常可怕的情景。

（四）填海造地

填海造地是指把原有的海域、湖区或河岸变为陆地。对于山多平地少的沿海城市，填海造地是一个城市发展的契机，增加了城市建设和工业生产用地，有效制造平地，以供市区发展，扩大耕地面积，增加粮食产量。同时，美化了海岸线，改善了沿海景观。但是，填海造地这种无中生"土地"的做法必然会对周围的环境造成一定的影响。填海造地除了直接破坏所填海域的生态系统服务外，还影响相邻生态系统的服务，如填海造地会改变海域的水动力条件，减少纳潮量，从而增加泥沙淤积，影响港口航运业发展，降低相邻海域的海水水质，引起相邻海域的生境退化等。[①] 同时，填海造地引起了巨大的海陆自然要素的交换，沿海地区的城市使用"劈山取土"的方式进行填海造地。开发未确定使用权的国有荒山，向县以上土地行政主管部门提出申请。一次性开发土地 10 ha 以下的，由县人民政府批准；10 ha 以上 35 ha 以下的，由市人民政府批准；35 ha 以上 600 ha 以下的，由省人民政府批准。开发农民集体所有的荒山，向县土地行政主管部门提出申请，报县人民政府批准。按上述方式取得土地使用权的，土地

① 彭本荣，洪华生，陈伟琪，等．填海造地生态损害评估：理论、方法及应用研究［J］．自然资源学报，2005（5）：714-726．

使用者应到申请土地行政主管部门办理土地登记，由批准人民政府颁发土地使用证书。因挖损造成土地破坏的，需进行复垦。无条件复垦，应根据破坏土地的面积和程度，按省标准，向申请土地行政主管部门缴纳土地复垦费；有条件复垦，但复垦后验收不合格的，仍按上述标准补交土地复垦费。[①] 填海造地就将陆地区域的土壤及物质成分通过机械物理搬运的方式，进入到了海岸带的资源环境区域之中，与近海海域的物质进行了融合与交换。与此同时带来的后期影响便是：陆地荒山将其具有的有益物质以及有害物质，均输送到了海岸带区域，随着时间的推移与近海海域的发展变化，可能会形成"蝴蝶效应"造成不可预估的环境影响。

（五）海岸侵蚀

海岸侵蚀是指在自然力（包括风、浪、流、潮）的作用下，海洋泥沙支出大于输入，沉积物净损失的过程，即海水动力的冲击造成海岸线的后退和海滩的下蚀。海岸侵蚀现象普遍存在，中国70%左右的砂质海岸线以及几乎所有开阔的淤泥质岸线均存在海岸侵蚀现象。海平面上升是引起岸线内移的首要因素，海平面上升导致海水内灌，通过不断地撞击与侵蚀，导致海岸线向内迁移。同时近代气候的变异和海平面上升将引起风暴潮灾害的频度和强度的增加，有人认为近百年来东南沿海和渤海莱州湾地区风暴潮频度已经较前增大，其对于海岸的侵蚀作用具有突发性和局部性的特征。同时，人为的影响也导致了海岸泥沙亏损岸滩侵蚀。人为对于一些人工挖沙造成海岸侵蚀的例子数不胜数，海岸工程的实施也会使沿岸漂沙遇突堤式海岸工程会在其上游一侧形成填角淤积，而在下游一侧形成侵蚀。海岸的侵蚀使得陆域海岸带的泥沙等物质融入海水，形成与填海造地同样的物质流向，形成海陆的物质流动体系。

（六）红树林以及鸟类迁徙

红树林的生长繁殖过程以及鸟类等两栖生物的迁徙活动，使得海陆间的物质进行了循环与交换，有益的物质得到了扩散的同时有害的物质也进行了传播。红树林群落主要生活在以赤道为中心的热带及亚热带淤泥深厚的海滩上，在海陆交界的潮间带形成壮阔的海上森林，森林在潮起潮落的过程中经受着海水不断的冲刷。由于海陆交界处的生存环境非常特殊，红树林形成了一些独特的特征来适应这种特殊的生存环境。红树林最奇妙的特征是所谓的"胎生现象"，红树林中很多植物的种子还没有离开母体的时候就已经在果实中开始萌发，长成棒状的胚轴。胚轴发育到一定程度后脱离母树，掉落到海滩的淤泥中，几小时后就能在淤泥中扎根生长而成为新的植株，未能及时扎根在淤泥中的胚轴则可随着海流在大海上漂流数个月，在几千里外的海岸扎根生长。

---

① 《中华人民共和国土地管理法实施条例》1998年12月27日国务院令256号发布.

红树林是发育在特殊环境下的生物群落，因此典型的红树林植物种类并不是很多，而由于红树林植物可以借助海流传播后代，只要海域相通，相距遥远的红树林可以有相似的组成。红树林为热带海鸟提供了栖息地，红树林群落中的植物种类虽然不多，但红树林却养育了为数众多的动物。红树林下的淤泥是蟹类、弹涂鱼等多种动物的家园，红树林的树干和树枝是很多介壳动物的栖身之所，红树林的树冠则是热带海鸟的领地。在东南亚加里曼丹岛的红树林中，有长相奇特的长鼻猴，雄猴长有巨大的鼻子，食蟹猴是东南亚另一种出现在红树林中的猴子。在恒河入海口处的桑达班红树林则是现存虎最多的地方之一，那里也有世界上唯一现存的食人虎，人与虎之间形成了一种奇妙的关系。

（七）人类居住

人类的生活居住对于海陆自然要素的交换具有很重要的影响。古人云"靠山吃山，靠海吃海"，沿海的居民一年四季来往于陆地与近海区域范围，常年进行海上作业。在近海内进行大面积的养殖与捕捞以维持平时的日常生活开支。这样常年的作业活动，使得海陆物质进行有序无序的交换与循环。近海水产养殖的过程中，人类将生物繁殖体、饲料饵料以及日常防病药物带入了近海的海域中。随着生物繁殖体不断地繁殖长大，陆域来源的物质演化为体内物质存留或以排泄物的形式排放入饲养海域中。当生物繁殖体足够大可售卖时，由陆地进入海域中的一部分物质将随着生物体的打捞又回到陆域范围内。人类这样的生活方式不断循环，使得陆域与近海海域的物质形成了交换与流通。

（八）沿海产业发展及海陆运输

沿海地区的产业发展沟通了海陆之间的物质交换，虽然说这种物质传递是一种负面的传递，但是这无疑也是一种物质传递的方式。沿海的生产企业以及港口运输，都成为了物质交换的关键节点。沿海的生产企业，在生产制造的过程中，或多或少会将工业废水排放至近海海域中，对近海的海域造成了不同程度上的污染。同时，港口运输也使得海陆物质进行了交换与传递，船舶将海洋物质运输至陆域，同时不可避免的将船舶油污留在了海域中，使生态环境被污染。同样，海陆运输也对海陆间的物质交换做着巨大的"贡献"。海陆间的交通运输使得海域的物质到了陆域，陆域的物质到了海域，形成了物质的循环与流动。

二、海洋洋流的流动性以及海水的立体性

洋流（图 2-5）又称海流，是海洋中除了由引潮力引起的潮汐运动外，海水沿一定途径的大规模流动。引起海流运动的因素主要动力是风，也可以是热盐效应造成的

海水密度分布的不均匀性。前者表现为作用于海面的风应力,后者表现为海水中的水平气压强梯度力。加上地转偏向力的作用,便造成海水既有水平流动,又有垂直流动。其中盛行风是风海流的主要动力。由于海岸和海底的阻挡和摩擦作用,海洋在近海岸和接近海底处的表现与在开阔海洋上有很大的差别。

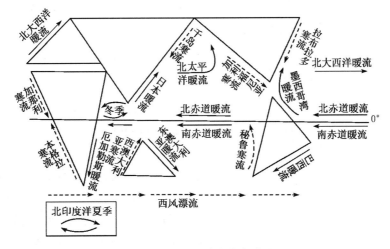

图 2-5　世界洋流分布图

洋流是地球表面热环境的主要调节者。洋流可以分为暖流和寒流。若洋流的水温比到达海区的水温高,则称为暖流;若洋流的水温比到达海区的水温低,则称为寒流。一般由低纬度流向高纬度的洋流为暖流,由高纬度流向低纬度的洋流为寒流。海轮顺洋流航行可以节约燃料,加快速度。暖寒流相遇,往往形成海雾,对海上航行不利。此外,洋流从北极地区携带冰山南下,给海上航运造成较大威胁。

洋流按成因分为风海流、密度流和补偿流。

风海流:亦称吹送流,在风力作用下形成的漂流。盛行风吹拂海面,推动海水随风漂流,并且使上层海水带动下层海水流动,形成规模很大的洋流,叫做风海流。世界大洋表层的海洋系统,按其成因来说,大多属于风海流。大气运动是海洋水体运动的主要动力。陆地形状和地转偏向力也会对洋流方向产生一定影响。大洋中深度小于二三百米的表层为风漂流层,行星风系作用在海面的风应力和水平湍流应力的合力,与地转偏向力平衡后,便生成风漂流。行星风系风力的大小和方向,都随纬度变化,导致海面海水的辐合和辐散。一方面,它使海水密度重新分布而出现水平压强梯度力,当它和地转偏向力平衡时,在相当厚的水平层中形成水平方向的地转流;另一方面,在赤道地区的风漂流层底部,海水从次表层水中向上流动,或下降而流入次表层水中,形成了赤道地区的升降流。

大洋表层生成的风漂流,构成大洋表层的风生环流。其中,位于低纬度和中纬度处的北赤道流和南赤道流，在大洋的西边界处受海岸的阻挡，其主流便分别转而向北和向南流动，由于科里奥利参量随纬度的变化（β-效应）和水平湍流摩擦力的作用，形成流辐变窄、流速加大的大洋西向强化流。每年由赤道地区传输到地球的高纬地带的热量中，有一半是大洋西边界西向强化流传输的。进入大洋上层的热盐环流，在北半球由于和大洋西向强化流的方向相同，使流速增大；但在南半球则因方向相反，流速减缓，故大洋环流西向强化现象不太显著。

大洋表层风生环流在南半球的中纬度和高纬度地带，由于没有大陆海岸阻挡，形成了一支环绕南极大陆连续流动的南极绕极流。

密度流：在密度差异作用下引起。不同海域海水温度和盐度的不同会使海水密度产生差异，从而引起海水水位的差异，在海水密度不同的两个海域之间便产生了海面的倾斜，造成海水的流动，这样形成的洋流称为密度流。大洋上的结冰、融冰、降水和蒸发等热盐效应，造成海水密度在大范围海面分布不均匀，可使极地和高纬度某些海域表层生成高密度的海水，而下沉到深层和底层。在水平压强梯度力的作用下，作水平方向的流动，并可通过中层水底部向上再流到表层，这就是大洋的热盐环流。

补偿流：因为海水挤压或分散引起。当某一海区的海水减少时，相邻海区的海水便来补充，这样形成的洋流称为补偿流。补偿流既可以水平流动，也可以垂直流动，垂直补偿流又可以分为上升流和下降流，如秘鲁寒流属于上升补偿流。海流对海洋中多种物理过程、化学过程、生物过程和地质过程，以及海洋上空的气候和天气的形成及变化，都有影响和制约的作用。

故了解和掌握海流的规律、大尺度海-气相互作用和长时期的气候变化，对渔业、航运、排污和军事等都有重要意义。总体来说，暖流增加温度和湿度，寒流降低温度和湿度。对气温的影响：洋流使低纬度的热量向高纬度传输，特别是暖流的贡献。洋流对同纬度大陆气温的影响：暖流经过的大陆沿海气温高，寒流经过的大陆沿海气温低。对降水和雾的影响：暖流上空有热量和水汽向上输送，使得层结不稳定、空气湿度增大而易产生降水。而寒流产生逆温，层结稳定，水汽不易向上输送，蒸发又弱，下层相对湿度有时虽然很大，但只能成雾，不能成雨。寒暖流交汇的海区，海水受到扰动，可以将下层营养盐类带到表层，有利于鱼类大量繁殖，为鱼类提供诱饵；两种洋流还可以形成"水障"，阻碍鱼类活动，使得鱼群集中，往往形成较大的渔场，世界四大渔场（图2-6）及洋流成因如下：北海道渔场（位于日本北海道岛附近，日本暖流和千岛寒流交汇）；北海渔场（位于欧洲北海，北大西洋暖流与极地东风带带来的北冰洋南下冷水交汇）；秘鲁渔场（海岸盛行东南信风，导致上升补偿流）；纽芬兰渔场（加拿大纽芬兰岛附近，墨西哥湾暖流和拉布拉多寒流交汇）。洋流的存在使地球表面的海洋一直处于物质的交换状态，同时增加了海水的立体性，使浅层海水与深层海水不停地进行着物质与能量的交换。

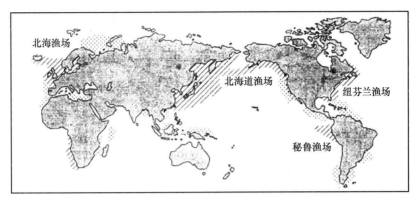

图 2-6 世界四大渔场

第二节 海岸带生态环境治理的社会经济属性

一、财政分权与海岸带生态环境治理

在央地关系的分权与集权不断调整的制度变迁过程中，形成了政治集权与经济分权的中国特色治理模式。中央政府宏观上主导央地关系的调整与权力结构的配置，在中央政府的激励约束下，地方政府拥有了管理地方经济事务的较大自主权，在地方经济发展与环境治理方面发挥了重要作用。在此基础上，逐渐形成了中央与地方政府间的纵向央地关系以及地方政府间的横向府际关系为一体的"条块"型经济与环境管理体制[1]。

在财政分权体制下，我国地方政府在环境污染治理领域存在着财政与事权不匹配，环保事权与支出责任的不适应；环保转移支付使用效率低下以及地方政府官员环保绩效考核落实不到位等问题，导致地方政府在环境污染治理中缺乏动力与压力，是造成我国环境污染问题无法得到根本解决的原因之一[2]。

环境污染治理具有明显的公共物品特征，财政分权对环境污染治理的影响不是直接的，而是通过影响政府行为而实现的，沿着我国财政体制变迁路径，可以清晰地看到我国地方政府环境污染治理行为的变化。在统收统支时期，中央政府具有绝对的调控地方政府的权力，而随着财政分权程度的变化，各级政府之间的相互制约能力也发生着变化，尤其是分税制改革后，地方政府拥有了一定的收入和支出权力，地方政府获得了促进地方经济增长的动力。同时，中央政府对地方政府的激励会带来地方政府

---

① 陈关金. 财政分权视角下的环境污染问题研究［D］. 广州：暨南大学，2014.
② 袁华萍. 财政分权下的地方政府环境污染治理研究［M］. 北京：经济科学出版社，2016.

之间的竞争，地方政府为了获取财政资源和政治晋升机会更加注重环境污染治理、社会保障投入以及吸引要素流入。在环保目标的指引下，环境污染治理的成效能够影响官员的绩效考核，从而改变地方政府官员行为，推动财政体制改革①。环境资源作为公共物品，由于"搭便车"问题的存在，会造成"公地悲剧"效应。此外环境问题具有负外部性，环境治理需要不同地区的协调和配合，而这在实践中往往使环境治理绩效受到抑制。一些中国学者开始使用财政分权指标替代环境分权指标，研究政府行为及其对环境质量和环境状况的影响；且逐渐注重财政分权在中国情境下的"政治集权与经济分权"融为一体的治理模式和激励机制。

在环境污染治理中，中央政府与地方政府有着不同的利益目标和行为选择。中央政府从全局利益出发，改善全社会的环境问题，促进经济社会、资源、环境的协调发展，而在目前的财税体制中的地方政府其利益目标在于地方短期内的经济发展，在环境污染治理中将地方短期利益最大化作为行为准则。

随着财政分权体制改革的不断推进，中央政府与地方政府之间关系模式由"命令—控制"模式向"互动—妥协"模式转变。② 地方政府利用自身优劣势与中央政府谈判以获得更多的财政补贴或优惠政策。正是由于中央政府与地方政府之间存在着污染治理的不完全信息问题，地方政府在获取中央政府相关支持的同时，将采取"不作为"或者消极政策执行等策略，包括放松污染企业监管，减少环保投入等异化行为③。

因此，在海岸带环境污染治理过程中，要积极协调中央与地方政府之间的利益冲突，平衡中央与地方政府的利益关系，促进两者合作关系的形成。协调中央和地方政府利益冲突需要在合理划分中央与地方环境事权、财政的基础上，建立绿色政绩考核系统，充分考虑海洋环境污染及污染防治的外溢性特征，建立横向生态转移支付制度和生态治理问责制度，进一步完善海洋生态补偿体系。

二、地方利益至上性与海岸带生态环境治理

Breton（1996）认为，在社会发展和环境政策上，地方政府会产生一种所谓的底部竞争。因为环境治理具有较强的外部性，地方政府增加对环境的投资将会改善周围其他地区的环境，由于这种底部竞争的存在，各个地区就不愿意增加相应的财政支出去解决自己区域的环境污染问题。李猛（2010）通过实证研究发现，中国环境状况逐渐严重的原因是在环境监管过程中，地方政府存在以放松环境监管而增加其他财政支出的竞争行为，以期促进该地区的 GDP 快速增长。孙伟增和罗党论（2014）利用中国省

---

① 贾俊雪. 中国财政分权、地方政府行为与经济增长 [M]. 北京：中国人民大学出版社，2015.
② 余敏江. 生态治理中的中央与地方府际间协调：一个分析框架 [J]. 经济社会体制比较，2011（2）：148 -156.
③ 袁华萍. 财政分权下的地方政府环境污染治理研究 [M]. 北京：经济科学出版社，2016.

份的相关数据对环保考核、地方官员晋升和环境治理进行研究，他们认为以环境治理和能源利用效率为核心的考核能够促进中国经济增长的可持续性。李胜兰等（2014）运用DEA方法测算了中国30个省的区域生态效率，研究表明地方政府在环境规制的制定和实施行为中存在明显的相互"模仿"行为，同时环境规制对区域环境生态效率具有"制约"作用①。

对于地方政府竞争，Breton（1996）给出了一个比较全面的定义，它指的是在一个国家中，不同区域的政府通过利用税收、环境政策、教育、医疗、福利等手段大量吸引资本、劳动力等流动性要素，以此来增强各个地区的竞争优势的行为。我国中央政府采用GDP作为评估官员政绩的主要标准，这种评估标准同时与官位晋升的考核方案挂钩。因此，地方政府之间的竞争就不再简单的是对地区经济发展的鼓励，地方官员为了促进GDP的增长从而有利于官位的晋升，就会盲目招商引资，通过降低环境保护政策的标准以期实现短期收益最大化，种种行为严重扭曲了包括环境治理投资在内的关乎民生的公共产品的供给。

第三节 国内外海岸带生态环境共治经验与启示

一、国外海岸带生态环境共治经验

（一）国外海岸带综合管理现状

国际组织和沿海国家日益关注和重视海岸带综合管理，密切关注海岸带、合理开发海岸带、依法管理和保护海岸带，已成为一股不可阻挡的时代潮流。自20世纪70年代以来，越来越多的沿海国家和地区将海岸带视为一个特定的区域和独立系统，并制定出专门法规、规划及自成体系的管理机构，对海岸带实施"综合开发、合理保护、最佳决策"管理。在这方面美国的海岸带管理很具代表性②。

美国的海岸带问题在20世纪60年代以前仅仅停留在学术界的研究阶段。40年代初，是单独研究的起源阶段，50年代中期，进入基础研究阶段。60年代中期进入海岸带调查阶段。政府机构、各大学和私人企业积极地从事海岸带调查和成立各种协会是这一阶段的显著特点。60年代后期进入海岸带开发和管理的阶段，这一阶段的一个重要特点是加强海岸带立法。1972年10月，美国通过了第一个海岸带管理法，1973年在美国国家海洋大气局设立了联邦海岸带办公室，1974年开始执行第一个海岸带管理规

---

① 管芳芳，韩瑜. 财政分权下政府竞争对环境治理的影响［J］. 税收经济研究，2016，21（2）：87-95.
② 张灵杰. 美国海岸带综合管理及其对我国的借鉴意义［J］. 世界地理研究，2001（2）：42-48.

划。美国的海岸带管理很重要的一点就是从联邦到地方分级制定海岸带管理法，确立联邦政府和州政府分别在海岸带管理中的职能，从而很好的明确了中央和地方的管理范围及权限，保证了中央与地方在各自的职权范围内有效实施海岸带管理，在短短的几年里，美国的海岸带管理取得了显著成绩。美国拥有的具有海上综合执法能力的海岸警备队，是一支强大、高效、权威的执法队伍。

韩国对海岸带管理体制进行了改革，海洋水产部把原来松散型的海岸带管理转变为高度集中型管理，克服了行业管理存在的弊端，实现了海岸带发展战略、政策和规划统筹制定，加强了海岸带立法的综合和协调，推进了海岸带环境保护管理工作，提高了行政管理和服务质量。并从考虑海岸角度看待海岸带资源开发的观点，引进了海岸带综合管理的概念，把它作为管理海岸资源与环境的创新模式。加拿大通过强化海岸带管理部门的职权提高海岸带管理的权威和管理能力，从而保证了海岸带管理的协调、统一。法国1983年成立了海洋国务秘书处，结束了12个与海洋有关的部门之间的相互竞争状态，对法国的海洋事业发展起到了促进作用①。但是，也应该看到，世界上还有一些国家的海岸带管理状况不容乐观，特别是经济不发达国家和地区，这些国家和地区在对海岸带的认识、政策和法律的制定、管理体制和运行机制的建立、区划和规划的编制等方面与一些经济和海洋强国相比，还有很大的差距，还有很长的路要走。

（二）国外海岸带管理体制的模式及特点

海岸带的开发与管理一直是全世界研究的热点。随着开发的进程和人们对海岸带资源体系认识的加深，海岸带管理活动也随之相伴产生并不断发展，以适应海岸带开发利用与保护的需要。世界上最早提出海岸带综合管理的是美国，早在20世纪30年代，美国人 J. M. 阿姆斯特朗和 P. C. 赖特，就提出了对伸展到大陆架外部边缘的海洋空间和海洋资源区域采用综合管理方法，随后世界各国开始重视了对海岸带周围活动的管理。从美、加、英、法、俄、澳、日、韩及印度、印度尼西亚这些或海岸带经济规模较大、或海岸带科技较为先进、或海岸带事业比较发达的国家来看，国家海岸带管理体制大致存在3种管理模式：集中管理型、半集中管理型和松散管理型。

1. 集中管理型模式

实行集中管理型模式的国家，其国家的海岸带综合管理已经从组织上具备了现代海岸带管理的特征。尽管各国海岸带主管部门的职责范围及管理的侧重点不同，有些职能可能还没有到位，但已能充分反映出这些国家实施海岸带综合管理的客观需要，代表着海岸带管理发展到高级阶段的必然趋势。

集中管理型模式的特点是：第一，有专职、高效的国家海岸带管理机构，海岸

① 王志远等. 渤黄海区域海洋管理 [M]. 北京：海洋出版社，2003：10.

管理职能覆盖海岸带管理的各方面；第二，有健全、完善的海岸带管理体系；第三，有较为系统和完善的国家海岸带法律法规及海岸带政策；第四，有统一的海上执法队伍；第五，管辖范围包括海岸带和海域。这一类国家有美国、法国、加拿大、印度尼西亚和韩国等。

2. 半集中管理型模式

实行半集中管理型模式的国家，尽管还没有建立海岸带职能部门，但通过高层次、有效的政策协调也能达到海岸带综合管理的目的，是实现海岸带综合管理的另一种途径，是向集中管理型模式的过渡。

半集中管理型模式的特点是：第一，全国没有统一的海岸带管理职能部门，海岸带管理职能分散在多个部门；第二，建有海岸带工作的协调机构，负责协调解决涉海岸带部门间的各种矛盾；第三，已经建立了统一的海上执法队伍。这一类国家有日本和澳大利亚等。

3. 松散管理型模式

实行松散管理型模式的国家，由于海岸带管理工作分散在政府各部门之中，又没有统一的执法队伍，使管理效率和效果受到影响。

松散管理型模式的特点是：第一，全国没有统一的海岸带管理职能部门，海岸带管理分散在较多的部门，海岸带管理力度不大；第二，没有统一的法规、规划、政策等；第三，没有统一的执法队伍。这一类国家有俄罗斯、英国等。

（三）国外海岸带共同治理启示

1. 提高公民海洋意识

可以说海洋意识的缺失是目前我国所面临的大多问题的根源。首先，在我国海岸带领域研究者人数较少；其次，很多人对海洋的关注只限于外国与我国的领土争议，而对于海岸带和海洋所面临的挑战、作用、潜在价值及对于我国的巨大意义知之甚少[①]。因此，公民的海洋意识亟待提高。就我国国情而言，我们应该采取以下措施：第一，加强我国海洋教育。从少年抓起，进行海洋意识教育，在中、小学教学中添加海洋内容，培养海洋情结。第二，通过非正式教育提高公众海洋意识。举办一些非正式的、有趣的项目和活动，如在科技馆等公共场所定期举办海洋方面的科技展览等，来加强文化宣传。第三，把海洋方面的内容完整地加入大学教育的基础课程或标准课程，作为大学阶段的基础必修课程。

---

① 左平，邹欣庆，朱大奎. 海岸带综合管理框架体系研究 [J]. 海洋通报，2000，19（5）：55-61.

2. 统一协调机制

海岸带管理的成效在很大程度上取决于各领域利益关系的处理与协调。基于海岸带综合管理事务的复杂性，对其进行综合管理也就成为必然选择。美国海岸带管理的成功经验启示我们，更应该建立一个符合我国国情的国家高层次统一协调机制。美国的国家海洋委员会主席由政府高级官员担任，负责监督国家海洋政策的实施，避免分工的重复与交叉，协调各涉海机构的政策、计划、职责。由于海洋资源的有限性、脆弱性、生态性及国家所有的产权性等特征，决定了海洋资源整体的不可分割性，因而国家必然应从政策、法律及战略角度进行协调，建立统一的涉海管理部门，由国家海洋局统一管理。

海岸带综合管理应该以海岸带资源及海洋权益整体利益为基点，充分发挥政策的导向及协调作用，平衡地区和产业在海岸带中的关系①。原因如下：其一，法规制定和利益关系协调大多偏重于人文学科的理论分析，而缺乏与海岸带和自然过程变化及相关评价等研究领域的结合，难以准确把握人与自然、人与人及地域与地域之间关系；其二，海岸带是一个统一的生态系统，对各种资源的开发和利用是相互联系的，如果仅依靠行业的单项管理根本不可能解决彼此的矛盾；其三，因区域自然和人文过程变化的利益冲突消长及动态协调机制的研究不足，政策法规制定以及利益关系协调应注重与其他研究领域的相互衔接与结合。因而需要用综合的手段进行海岸带管理，才能达到维护海岸带协调、稳定、持续发展的目的。

3. 完善海岸带法律体系

海岸带权利的行使、权益的维护、开发和科学研究活动等都应有国内法律制度作为保障②。我国的海洋法体系因缺乏充分的《宪法》依据，致使我国海洋法体系本身在我国法律体系中的重要性难以体现出来。现行的法律层次较低，规章、法规性质的法律较多，使得其结构缺乏合理性、完整性及协调性。再次，如与《联合国海洋法公约》相对应，我国还有十个左右的领域应正式颁布相应的法律制度。最后，作为对我国海岸带综合管理能起到主导作用的《海岸带管理法》，虽呼吁多年，但却迟迟未能出台③。

① 俞可平. 治理与善治 [M]. 北京：社会科学文献出版社，2000：136-140.
② 盛洪. 为什么制度重要 [M]，郑州：郑州大学出版社，2004：185-189.
③ 姚丽娜. 我国海岸带综合管理与可持续发展 [J]. 哈尔滨商业大学学报（社会科学版），2003，70（3）：98-101.

二、国内海岸带生态环境共治经验

（一）渤海区域共治经验

区域共治不仅是在外国行之有效的海岸带管理经验，亦是我国官方文件所接受的海岸带管理办法①，而且也是解决渤海海岸带生态环境问题的最好管理方案。而对渤海实施区域共治的组织形式是建立具有综合管理功能的渤海综合管理委员会。

以往的渤海治理及环境保护从总体上来说是不成功的，主要原因之一就在于没有一个一体化的专门的管理机构对渤海实施综合管理。渤海已经和正在遭受的多重损害不仅非单一行政部门或单一执法部门所能阻止和弥补，也非多个分头行动的部门靠分别的执法活动所能救治，只有通过综合管理才能奏效。这种综合管理主要包括三方面内容：一是对渤海、海岸带、近岸陆域管理做一体化的思考。渤海海陆之间存在着依存关系，脱离这种依存关系的单纯的陆上活动和海里活动都难以解决渤海海岸带生态环境问题。渤海水体覆盖的空间与海岸带、近岸陆域这三部分的集合构成了一个完整的渤海生态系统。必须把渤海视为一个环境整体，按照生态系统完整性的要求管理这个环境整体。二是对渤海海岸带的污染防治、资源可持续利用、生态保护实施综合管理。三是环渤海省市的协调行动：不管是部门之间的协调、地方之间的协调，还是部门之间、地方之间的双重协调都比分头行动更有利于渤海环境治理。现行管理体制下的任何一个部门都无法在自己的管理活动中把渤海连同海岸带、近岸陆域等当成一个整体来对待。对渤海实施综合管理的组织形式只能是建立具有综合管理功能的渤海综合管理委员会。由这个组织机构统一安排发展与保护两类事情，发展与保护的矛盾才能得到妥善的解决。

（二）珠三角区域共治经验

在环境管理中更多地利用经济手段是市场经济机制下的必然趋势，也是当前一个亟待研究的新领域。1992 年 8 月 10 日，我国颁布了《中国环境与发展十大对策》，其中第七条明确提出，要 "运用经济手段保护环境"，并指出："随着经济体制改革的深入，市场机制在我国经济生活中的调节作用越来越强，企业经营机制也在逐步发生变化。因此，各级政府应更多地运用经济手段来达到保护环境的目的。" 1994 年 3 月 25日国务院讨论通过的《中国 21 世纪议程》明确提出要 "有效利用经济手段和市场机制" 促进可持续发展和环境保护，说明在市场化改革进程中加强环境保护经济手段研究的现实性和必要性，也说明本书对实践具有较强的指导意义和应用前景。潘岳提出

---

① 国家海洋局. 中国海洋 21 世纪议程 [M]. 北京：海洋出版社，1996.

了一个针对环保问题的系统性解决方案——他将之称为"环境经济政策体系"。他认为,环境经济政策体系是解决环境问题最有效、最能形成长效机制的办法,是宏观经济手段的重要组成部分,更是落实科学发展观的制度支撑。这些都表明,在市场经济体制改革和发展中,广泛运用多种形式的经济手段保护环境纳入了国家的环境管理计划中。

在珠三角这样一个工业化和城镇化高度发达的区域,通过以改革排污权交易制度和排污收费制度、完善环境补贴制度等为主要内容的环境经济政策手段刺激企业重新考虑生产成本和改进技术,以此改善和解决珠三角城市群面临的棘手的环境问题,时机已经相对成熟;同时,结合珠三角城市群具体环境问题的特点综合利用和灵活选择其他的环境政策手段。

参照珠三角区域共治经验,加强环境保护各种经济手段的应用研究,如加强对开放经济中环境经济手段的效应分析、将各种经济手段作为一个系统整体研究,并将经济手段与法律手段、行政手段等配套综合研究等等,将为经济社会的可持续发展发挥积极的作用。

三、国内外海岸带生态共治经验评述

我国对海岸带的认识水平和层次并不落后于国外,技术发展水平也基本与国外保持同步。在从理论到实践方面,国外却远远地走在了前面,无论是在海岸带的边界问题还是在立法、管理机构、海岸带功能区划和规划等各方面,因此加强海岸带从理论到实践的进程和力度,是今后海岸带综合管理的一个重要内容。

美、加、法、日、韩等国海岸带综合管理各具特点,其成效与经验对于我国的海岸带综合管理具有良好的借鉴作用。世界各发达国家都十分重视国家海岸带政策的制定,制定政策的主体或者是专门委员会,或者是海洋管理部门。海岸带政策一旦制定,就会得到政府有力的推行,作为海岸带管理的依据和基础,使海岸带管理工作按照既定方针进行,这对至今尚未形成较为完善、系统的海岸带战略和政策体系的我国具有现实的借鉴意义。

(一)海岸带立法

立法对海岸带管理具有非常重要的作用,各经济发达国家在海岸带管理上取得的成效,最关键的就是都有适用于海岸带的专门法律,依靠法律保证海岸带综合管理的顺利实施,形成了海岸带良好的开发秩序,避免了不必要的扯皮和争议。

(二)海岸带资源的开发利用计划

管理成效比较好的国家都有比较完善的、不同层次的海岸带功能区划和实施规划,且都具有极高的权威性，有力地保护了海岸带环境和资源的可持续利用。

（三）海岸带环境和生态的保护

加拿大政府有一个基本原则，当再生性资源的开发利用与非再生性资源在同一海域发生矛盾时，要把保护再生性资源放在首位[①]。这就告诉我们，在资源管理的原则和方法上，要特别重视生态和自然平衡的原则，尽可能避免人为因素直接和间接对生态系统的损害。

（四）管理的协调方面

一个国家或某一地区的海岸带管理不可能靠某一部门的独自努力而完成，必须在政府、产业和社会各界的整体协调下开展。因此，协调中央和地方、政府各管理部门以及各产业间关系、调动和发挥社会各界参与海岸带管理，维护海岸带开发利用秩序的积极性是提高海岸带管理效能的保证。

（五）公众参与意识和途径

要实现海岸带综合管理的目标，必须依靠公众及社会团体的支持和参与。公众、团体和组织的参与方式和参与程度，对管理目标实现的进程有很大影响，公众支持将有益于增强从事海岸带开发利用活动的各对象对海岸带特性和价值的认识，还能提供一个有益的协商和协调机制，促使海岸带持续开发和利用。

第四节　海岸带生态环境治理理论的主流观点

一、海岸带可持续发展

海岸带可持续发展是依靠科技进步，在保护海岸带生态和环境质量不受损害的前提下，合理有效地利用开发海岸带资源，使其既满足当代人的需求、又不对后代人的需求和发展构成危害[②]。海岸带可持续发展是以保护海岸带环境质量和生态系统平衡为基础，以海岸带经济持续增长为条件，以追求世代社会的持续进步为目标，使海岸带资源的开发与当地生产所依赖的自然体系的永续利用能力和存活能力保持平衡，实现资源的可持续利用。因此，海岸带可持续发展追求的不仅仅是经济发展，同时还要强调发展科技以提高海岸带开发利用的效率，实现经济、环境和社会的协

① 王志远等. 渤黄海区域海洋管理 [M]. 北京：海洋出版社，2003：10.
② 金建君，恽才兴，巩彩兰. 海岸带可持续发展及评价指标体系研究 [J]. 海洋通报，2001（20）：61-63.

调发展。

海岸带可持续发展的目标是以保护海岸带生态环境、持续利用资源和实现可持续发展为总体目标，协调海岸带资源利用、经济发展和生态文明建设的关系，通过促进海岸科学的知识创新、技术集成和综合管理，最大程度地减少人类活动的冲击和缓解气候变化的影响，支持我国海岸带的自然可恢复性和社会可持续。海岸带可持续发展四大原则：

（一）公平性原则

海岸带可持续发展的关键是以公平的原则合理分配可利用资源。环境资源的开发利用，都将构成对环境的破坏。因此，应当体现公平原则，谁开发谁就应当保护，谁污染谁就应当负担污染所造成的损失。

（二）持续性原则

持续性原则就是要关注长远利益，应当按照海洋的容纳能力，合理有度地开发利用海域和陆域资源，使海岸带开发利用活动对环境的影响和破坏程度与其自身的恢复能力相适应。

（三）预防性原则

根据海岸带环境的特点，超过海岸带环境承载力的污染将使海岸带环境发生不可逆转的变化。因此海岸带保护最重要的是贯彻预防性原则，有计划地采取综合性治理措施，使海岸带环境在新的条件下形成新的平衡。

（四）统筹性原则

海岸带是由海洋生态系统与陆域生态系统共同构成的一个复合的生态系统，海岸带开发利用过程中所造成的环境和资源的影响和破坏，将随着海岸带物质能量的交换而相互影响，这就决定了海陆一体化发展的必然性，要求海岸带开发利用活动必须统筹兼顾，统一规划，合理布局，综合平衡，保持海岸带经济总量的持续稳步增长[1]。

二、海岸带综合管理

海岸带管理是政府对海岸带地区以及有关的研究、开发利用活动的计划、组织和控制活动。海岸带综合管理的根本目标是实现海岸带和海域的可持续发展。1993

---

[1]　顾红卫.青岛市海岸带环境管理模式研究［D］.青岛：中国海洋大学，2008.

年世界海岸大会有关文献将海岸带综合管理的定义为：是一种政府行为，协调各有关部门的海洋开发活动，应确保制定目标、规划及实施过程尽可能广泛地吸引各利益集团参与，在不同的利益中寻求最佳方案，并在国家的海岸带总体利用方面，实现一种平衡①；美国海洋专家延斯·索伦森把海岸带综合管理定义为：以基于动态海岸系统之中和之间的自然的、社会的以及政治的相互联系的方式，对海岸资源和环境进行综合规划和管理，并利用方法对严重影响海岸资源和环境数量和质量的利害关系集团进行横向（跨部门）和纵向（各级政府和非政府组织）协调。其专著《海岸带管理指南》提出：海岸带综合管理是通过规划和项目开发，面向未来的资源分析，应用可持续概念等检验每一个发展阶段，试图避免对沿海区域资源的破坏②；海洋法专家杰拉尔德·曼贡认为：所谓海岸带综合管理，就是根据各种不同的用途，以战略眼光，站在国家高度进行规划，由中央政府来制定规划，并监督地方政府通过足够的资金来实施③；《中国海洋 21 世纪议程》关于综合管理的定义是：从国家的海洋权益、海洋资源、海洋环境的整体利益出发，通过方针、政策、法规、区划、规划的制订和实施，以及组织协调、综合平衡有关产业部门和沿海地区在开发利用海洋中的关系，以达到维护海洋权益，合理开发海洋资源，保护海洋环境，促进海洋经济持续、稳定、协调发展的目的。

　　海岸带综合管理，重点在于六大方面的综合（表 2-2），其具体目标是：① 形成一种与传统管理不同的综合管理方法，实现部门之间协商、协调的管理体制；② 通过防止生境破坏、污染和过度开发，保护生态过程、生命支持系统和生物多样性；③ 促进资源的合理开发和持续利用④。

表 2-2　海岸带管理综合角度

综合角度	具体内容
部门间的综合 （水平关系）	在海岸带区域进行开发的部门很多，各部门都从自己的需要和利益出发来进行开发利用，部门间在争资源、占空间等方面的矛盾必然加剧，海岸带（海洋）综合管理部门就要协调处理好各个部门之间的关系
政府间的综合 （垂直关系）	政府各自管辖的区域不同、资源状况不同、公众需求不同、所处的位置不同、发挥的作用不同，而且由于海洋污染具有外部性，相邻区划间必会产生冲突和矛盾
区域的综合 （海陆统筹）	海域与陆域资源类型、丰度不同，开发、管理的部门不同，适用的法律、法规不同，这些都会产生一些问题或矛盾，需要进行综合协调

① 周洁. 海岸带综合管理实践的新进展［J］. 海洋信息，2003（4）：17-18.
② 约翰·克拉克，吴克勤等译. 海岸带管理手册［M］. 北京：海洋出版社，2000.
③ 鹿守本. 海岸带管理模式研究［J］. 海洋开发与管理，2001（1）：30-37.
④ 杨金森. 海岸带管理指南基本概念、分析方法、规划模式［M］. 北京：海洋出版社，1999.

续表

综合角度	具体内容
科学的综合 （科研与管理）	海岸带管理涉及多个学科，科学工作者站在不同角度，运用不同分析方法，必定会产生分歧；此外，工作者与决策者之间，由于所处的位置不同，承担的任务不同，看问题的角度不同，他们之间也会产生一些矛盾，也需要进行综合协调
发展与保护 的综合	在开发的同时注意保护，保护海岸带资源不受破坏，保持良好的海洋环境和海洋生态，这就是海岸带综合管理的目的
沿海国家间 的综合	海洋在某些方面是没有国界的，需要国家与国家间密切合作，加强协作，共同开展科学研究，共同保护海洋资源，共同治理海洋污染，共同监测、预报海洋灾害

三、海岸带生态环境综合治理

综合治理模式是指政府通过政策优惠和生态补偿推动企业治理海岸带环境污染和生态破坏，企业在海岸带综合治理中一方面既要运用清洁生产技术治理自身生产过程形成的污染物和废弃物，注重培养生产线员工的治污意识和治污技术，减少人为环境污染。企业通过对生产流程全过程审查和治污，可有效利用资源，保证资源利用最大化，形成污染最小化，是海洋综合治理模式的基本条件。其次，参与周边环境以及区域、国家或全球海岸带环境治理行动，企业厂区环境及企业所在海域环境是构成海洋环境的一个重要组成部分，企业积极治理生产活动及周边环境，就是积极治理海洋环境。因此，企业治理生产活动及周边沿海环境不仅是企业海洋环境保护行为的具体展示，也是企业社会形象提升的具体途径；最后，既要以制度化方式形成企业海岸带环境保护氛围，培养员工海洋环境保护意识，又要积极寻求与政府、非政府组织和社会公民合作，共同治理海岸带环境污染和生态破坏。综合治理模式是以政府为关键治理主体，企业为直接治理主体，非政府组织和社会工作作为协作治理主体的一种运行模式。

在综合治理过程中，政府起主要引导与把控作用，加强生态补偿建设，企业作为主要治理方，要求做到治理自身生产所形成的污染物和废弃物，治理生产活动周边环境，参与区域、国家乃至全球海洋问题的治理，以企业制度化方式培养员工海洋环境保护意识，与政府、非政府组织和社会公民合作，共同治理海洋环境污染和生态破坏。但目前海岸带生态环境综合治理并没有得到很好的实施，政府、政府内各部门、企业、公众等利益主体之间如何协调，尤其是政府与政府、政府内各部门间的冲突仍是亟待解决的难题。

第五节　海岸带生态环境治理思想演进与跨域治理

一、从管理到治理

治理这个词可以"追溯到16世纪"①，但"治理"这一概念到20世纪90年代才成为经济学、政治学、管理学和国际关系等领域研究的重要课题之一。公共治理理论创始人之一的詹姆斯·罗西瑙指出：治理与统治不同，治理指的是一种由共同的目标支持的活动，这些管理的主体未必是政府，也无需依靠国家的强制力量来实现②。较具代表性和权威性的是联合国全球治理委员会对于治理的定义③："治理是个人和公共或私人机构管理其公共事务的诸多方式的总和。它是使相互冲突的或不同的利益得以调和并且采取联合行动的持续的过程。它既包括有权迫使人们服从的正式制度和规则，也包括人民和机构同意的或以为符合其利益的各种非正式的制度安排。"

治理有以下特征：① 治理的目的是调和利益冲突。利益冲突的彻底解决是不可能的，但是通过治理，可以达到减缓、调和利益冲突的目的；② 治理主体多元，治理主体可以是政府、其他公共机构、私人组织，或者这些机构组织之间的合作；③ 治理需要管理对象的参与，私人部门或公民团体组织在治理中承担起越来越多的原来由国家所承担的责任；④ 治理的手段多样。按照治理的理念，在公共事务的管理中，除了政府的权力，还有着其他的管理方法和技术可以使用，这些方法和技术既可以是正式的制度规则，也可以是非正式的制度安排。

二、海岸带生态环境治理思路与模式演进

（一）生产环节角度的治理思路与模式

1. 末端治理模式

在环境问题发现前人类盲目认为自然资源和能源取之不竭用之不尽，工业革命的开启随之带来了巨大的经济收入，但环境问题凸显。20世纪60年代，许多工业化国家已经认识到环境污染的危害，研发运用"废物处理"技术治理污染，开启人类用末端治理模式治理污染的时代。末端治理模式是指污染物和废弃物形成后、进入环境前，通过处理减轻环境危害性的一种治理模式。这种治理模式是对单个生产流程结束后所

---

① 让-皮埃尔·戈丹. 现代的治理，昨天和今天：借重法国政府政策得以明确的几点认识 [M]. 北京：社会科学文献出版社，2001.
② 罗兹. 新治理：没有政府的治理 [M]. 江西：江西人民出版社，1996.
③ 赵景来. 关于治理理论的若干问题讨论综述 [J]. 世界经济与政治，2002（3），75-81.

形成的所有污染物和废弃物进行一定的技术方法处理，达到排放标准后方可排入环境中。末端治理模式实质是减少污染物和废弃物的浓度和数量，并没有消除污染[①]。

2. 循环回收利用模式

19 世纪 40 年代至 70 年代，随着工业革命的不断深化，世界环境问题恶化加剧，加之 1970 年美国发生的石油危机，世界资源能源供应不足，不得不采取废物资源化政策，也就是从一种生产过程形成的污染物和废弃物中提取另一种生产过程的原材料，从而减少污染物和废弃物的排放，节约自然资源和能源，这就是循环回收利用模式。

3. 清洁生产模式

人类在反思工业生产与环境管理的实践中发现，先污染后治理的末端治理模式不仅无法有效改善生态环境治理，还会形成资源能源二次浪费。至此人类为了解决人与自然环境之间不可调和的矛盾，实现人与自然平等和谐发展，出现将污染消灭于生产过程中的清洁生产模式[②]。换言之，清洁生产的实质就是从生产源头削减污染及治理生产、消费和服务过程形成污染的生产流程改善[③]。21 世纪我国提出要建设海洋强国，但我国经济生产处于微笑曲线的两端，多数为资源密集型和劳动密集型产业，资源消耗大且污染排放严重，故我国众多学者通过近 10 年对国际清洁生产实践与中国实际的研究，2003 年开始实施了《清洁生产促进法》，提出适合我国国情更加科学的界定："清洁生产是指不断采取改进设计、使用清洁的能源和原料、采用先进的工艺技术与设备、改善管理、综合利用等措施，从源头削减污染，提高资源利用效率，减少或避免生产、服务和产品使用过程中污染物的产生与排放，以减轻或消除对人类健康和环境的危害"[④]。根据我国海洋环境治理存在的问题及我国传统海洋环境治理模式分析可知，目前我国海洋环境污染和生态破坏未能得到根本改善的主要原因在于海洋环境治理模式不完善，三种传统海洋环境治理均存在弊端（表 2-3）。这三种模式是从生产角度出发的，其中清洁生产模式是目前从生产流程角度来讲最有效的污染治理模式，但也无法根除海洋环境污染，同时海岸带环境问题不止源于陆源污染，所以海洋环境治理需要政府、企业和社会公众的共同参与，换言之，海洋环境治理归根结底需要社会所有公民的共同治理，因此必须以清洁生产为基础，研究适合全民共同参与的海岸带生态环境治理模式。

---

① 赵玉明．清洁生产［M］．北京：中国环境科学出版社，2007.
② 陈舜友．基于博弈论的企业清洁生产研究［D］．杭州：浙江理工大学，2007.
③ 赵志燕．生态文明视阈下海洋环境治理模式变革研究［D］．青岛：中国海洋大学，2015.
④ 卞耀武．中华人民共和国清洁生产促进法释义［M］．北京：法律出版社，2002.

表 2-3 生产环节视角的海岸带生态环境传统治理模式弊端

海洋生态治理模式	弊端
末端治理模式	不利于原材料回收利用和能源节约；经济代价高；企业主动性差
循环回收利用模式	技术发展未能跟上产品种类、成分的发展变化，导致可循环利用的污染物和废弃物数量有限；回收利用效率较低，且过程中还会产生污染物
清洁生产模式	仅仅从一定程度上解决了生产中污染排放问题，但无法从根本上解决海洋环境污染和生态破坏

（二）治理主体角度的治理思路与模式

1. 政府主导治理模式

所谓政府主导模式是指在海岸带生态环境治理中，政府被视为唯一的管制主体，通过依赖其行政性、经济性、法制性等手段，规范社会各界在开发、利用生态环境资源中的行为，并强制其承担相应生态责任①。该治理模式强调发挥政府生态职能部门的主体作用，通过采取自上而下的方式直接操控各种生态环境政策和制度，治理过程完全依赖现行政府的行政体制，从而使得整个生态环境治理具有浓厚的行政色彩②。海岸带生态环境治理需要具备全局性、系统性、协调性和综合性，只有政府才有足够的权威和能力来组织、协调配置各种治理资源。

2. 市场调控模式

市场调控的目的在于通过产权的界定来减少共有物，从而尽可能减少"公地悲剧"发生的广度和深度。而生态环境治理的市场调控模式即指将生态环境这一公共物品私有化，并通过市场这只"看不见的手"，对不同的生态环境资源进行稀缺程度的界定，以此促使人们进行技术革新，合理开发并有效治理生态环境问题的全过程。通过市场化的手段，可以调动大量的社会资本，积极参与海岸带生态环境的治理，弥补政府的海岸带生态环境设施建设资金不足的缺口。市场化将使得海岸带生态环境治理相关企业效率提升与服务质量优化。

3. 企业主动模式

企业为履行保护海岸带生态环境和合理使用资源的社会责任，在发展经济社会的各项活动中，自觉地考虑其行为对海岸带生态环境的影响，并采取相应补救措施尽量

---

① 田千山. 几种生态环境治理模式的比较分析 [J]. 陕西行政学院学报，2012，26（4）：52-57.

② 姜爱林. 城市环境治理的发展模式与实践措施 [J]. 国家行政学院学报，2008（4）：78-81.

降低其产生的负面影响的全部活动，具有治理承诺的自愿性，治理形式的多样性，治理结果的双赢性等特征。这种治理模式减少了海岸带污染源头，降低了污染成本。三种治理模式，以不同治理主体为主导，在进行众多的尝试之后，无论是实践工作者还是理论研究者，均发现这些模式在运行一段时间之后，都会不同程度地陷入困境（表2-4）。

表 2-4　治理主体视角的海岸带生态环境传统治理模式弊端

治理模式	弊端
政府主导治理模式	上下级政府信息不对称；生态环境治理成本高昂；制约其他生态环境治理主体能力的发挥
市场调控模式	市场的不完备性难以克服在生态环境治理中的负外部性问题；"经济人"一般都秉承个人主义和利己主义的道德原则来行事；高昂交易成本的存在影响市场调控模式的效用
企业主动模式	缺乏对非自觉性企业的约束力；缺乏对自觉性企业的评估；容易导致重复建设

三、从海岸带生态环境治理到海岸带生态环境共治

无论是海岸带生态环境治理的政府主导、市场调控还是企业主动，就其三者的本质而言，都为一种单一主体的治理思路，均存在着这样或那样的不足。而多元共治模式则是打破了传统观念的束缚，提出既然政府、市场、社会都可作为治理生态环境的主体，而且各自有不同的手段与机制，那么在生态环境治理中，可以将政府的权威性、高效性，市场回应性、限制性，以及企业的自愿性、多样性等各自优势充分利用，从而提供一种"多元共治"的生态环境治理新范式，使得海岸带生态环境治理存在治理主体多元化、治理过程合作化、治理结构网络化。

海岸带生态环境共治能充分发挥政府、市场、社会等各类治理主体的优势，多元共治既承认政府强权、市场调控、企业自觉的作用，却绝不单独依赖谁，而是主张通过综合性手段来解决生态环境问题。共治效率明显，在明确了维护生态环境这一公共利益是各类治理主体的义务之后，下一步就是治理成本的大家分担。解决跨区域生态环境治理的难题，生态环境的整体性往往因为区域划分的问题被人为分割，多元共治模式不仅可以建立区域政府间的协调机制和竞合意识，还可引入第三方对其达成意向的落实情况进行监督，并通过一定压力使其调整、纠偏①。长江三角洲区域各省市，在各地的发展战略和发展规划中主动互容，将分散的各个地区整合为整体，已经成为各级政府的共识。据有关资料统计从 1997 年到 2018 年，苏、浙、沪两省一市共签订各种

---

① 田千山．几种生态环境治理模式的比较分析 ［J］．陕西行政学院学报，2012，26（4）：52-57．

合作协定近 80 项，并且长江三角洲区域内地方领导高层会议定期召开已经形成制度。这为长三角海岸带生态环境共治机制的形成提供了良好的氛围①。

多元共治也存在着众多问题，首先容易出现治理权利交叠的现象，由于治理结构呈网络状，在此间所构成的"权利体系"是相互联系、相互交织的，因此极有可能造成部分治理权利交叠现象的产生。权利交叠现象并非权利的越界，只是在同一个范围内，权利主体在正常行使权利时，出现与他人的权利界限发生交叠，这种现象极易造成权利冲突。其次存在目标差异的冲突，治理主体的多元也预示着目标的多元。在生态环境治理过程中，政府、市场、公众、社会组织等不同的治理主体，可能存在具有不同的利益诉求和不同的治理目标。因为利益是各主体参与生态环境治理的根本动因，而又由于利益归属的不同，自然就会有不同治理目标之间的冲突。再者多元共治会导致治理问责的困境，由于多元共治强调各主体间关系的相互依赖性，使得政社之间、公私之间的责任边界变得模糊，其结果是难以明确责任主体，最终导致本应由政府承担的公共责任反而出现主体缺位的问题。加之生态环境问题本身就复杂多变，而法律规则的滞后性与不完善性，对问责的对象、内容、依据、程序、时间、标准、范围等也都难以做出明确的规定②。

值得一提的是沿海政府间的合作有利于解决"外部效应"带来的矛盾，有利于区域全面合作，增强区域的整体凝聚力，以便为今后开展更为全面的合作打下坚实基础，优化资源配置，促进区域产业集群发展。然而在共治过程中，地方保护主义，地方政府合作协调机制实现困难，考核评价体系和选拔任用制度的导向偏差，导致地方政府间合作困难，同时政府内各部门各自为政、管理分散且混乱的现象也陷入了区域内部自身治理困境，所以通过实现政府间、政府部门间的纵向优化、横向协调，完善纵横相错的政府治理网络是重点及难点。

四、跨域治理类型与主要理论

"跨域"是自有组织专业分工以来就存在的问题，简单来说就是组织之间合作与竞争（冲突）。跨域也就是指跨领域或跨区域之意，国外学者 Lamont（2002）认为"跨域"包括社会认同、阶级及族群、专业知识或学科、国家单元或空间等四个意涵。吕育诚（2012）进一步指出"跨域"指不同辖区政府部门，或是中央与地方政府间的互动，或是共同处理公共事务的方式，因此跨政府间事务处理也是一种跨域管理概念。在跨域观点下，府际关系除包含了垂直的、水平的政府体系间的互动外，也扩大到公部门与私部门间的互动。现今的公共治理已经不再只是单一事务的处理，其治理方式

---

①　高锋. 我国东海区域的公共问题治理研究［D］. 同济大学，2007.

②　孙百亮. "治理"模式的内在缺陷与政府主导的多元治理模式的构建［J］. 武汉理工大学学报（社会科学版），2010（3）：406-412.

将随着全球化兴起，将以跨不同层级、不同部门、跨专业领域、跨第三部门、公民参与的方式综合呈现。本书将"跨域治理"界定为"跨越两个或两个以上不同领域或区域的政府、组织、部门、非政府组织、私人企业、民间团体、公民等，透过整合、参与分享或资源共享（用），发展或建立彼此间相互信赖关系、以共同合作的方式去面对及解决各种复杂、权责模糊议题的一种公共治理过程"。

跨域治理的发展可追溯自第二次世界大战后，中央政府与地方政府间的府际运作关系，在转换的过程中引爆了重大政策之争议与争夺财政资源紧张关系，细究此现象的原因有二：一是全球化之兴起、信息科技高度应用、国与国间依赖增加、社会经济型态转变等带来的府际间异常化、多元化的复杂问题。二是政府无力解决前述有关府际间异常化、多元化的复杂问题（如日益严重的水资源短缺、污染、防洪、环保、交通、垃圾处理等），且政府财政持续恶化、社会瘫痪失序，造成人民对政府已逐渐失去信心等内在压力，因此激发各国政府深深的自省：在制定及执行全国性政策与地方性事务的过程中，必须与政府之外的公私组织、民间团体建立一种复杂且多层次共同合作治理的关系，而这种共同合作治理的关系显现出国家的政策责任，并非完全掌握于单一政治机构手中，因此促成了中央与地方府际合作的治理、地方与地方跨域治理等跨越政府层级的管理。

学理上，"跨域治理"相似的概念有日本的"广域行政"、英国的"区域治理（regional governance）"或"策略小区（strategic community）"、美国的"都会治理（metropolitan governance）"、德国的事业法人及都会区多元整治法人，其他如协力伙伴（collaborative partnership）、交易成本理论、府际治理、多层次治理、新制度论、博弈理论、新区域主义（new regionalism）、传统改革主义（traditional reformist）、公共选择论（public choice）、府际合作、跨区域协议、策略性伙伴、全方位课责等理论之阐述均与跨域治理理论的演进有着密切的关系。这些共同合作治理观点强调公私部门之合作、跨部门议题之参与，其合作的范围已不限事务执行面，许多的个案所涉及政策层面均已超越原有的权限，为使地方政府更加具备竞争的优势，中央权力下放地方，地方共同参与政策规划与决策，建构中央与地方分权合作、强化地方与地方间跨域管理之协调、国家机关与公民社会间网络治理之联系实属必要（表2-5）。

表 2-5　跨域治理的典型模式

类型	基本内涵	典型特征	适用领域
府际关系	指各级政府间或政府内部单位之间的各种互动，包括不同政府间的横向和纵向的制度、权力、利益关系等	本质上为一种对中央、地方传统纵向权力关系的扬弃，其主要途径及方法有三：传统的中央与地方垂直关系、地方自治团体间协调合作的水平关系、公部门与私部门和第三部门之间的互动网络。其运作的模式可划分成两大种类：垂直互动关系以及水平互动关系。现代国家不论是联邦制或单一制国家，府际关系的好坏都将影响政策的成败	管理、行政区划、灾害防救、交通、垃圾处理、河川整治、排水防洪、管线之埋设、水源用水等各式各样高度复杂且权责模糊的问题
伙伴关系	属于一种运作架构，运作形式种类多元不限。伙伴关系的参与者包括：公部门、私部门、非营利部门和广大公民社会	伙伴关系虽结构松散并涵盖各种关系，但能够驱动利害关系人共同解决问题，参与者必须拥有自己的目的及需求，且可以达成自己共同的目标及利益，才能达成并建立相互之间的合作关系	中央政府与地方政府的伙伴关系；地方政府间的伙伴关系；地方政府与企业部门的伙伴关系；地方政府与非营利组织的伙伴关系
地方治理	源于欧洲对于公民社会与国家之间的对等关系的反思与实践	是一种聚焦于单一地区内的公民、非营利组织、企业与公部门等共同合作解决问题的模式，可为跨越两个或两个以上行政区的合作提供指导	跨越两个行政区且涉及地区内的公部门、居民、地方社团、族群等有关原住民事务及管理等问题

　　跨域治理源自府际关系理论背景，传统的权威统治的方式已无法适应环境、时代的脚步，时代及环境的变化造成人民对公共服务要求愈来愈多，由地方部门与部门之间结盟为策略的伙伴并逐步扩大让更多的私部门、非营利组织及民间社团共同加入，以扩大公共服务的范围。体制理论、交易理论、协力授能理论、政策网络、新制度主义及空间冲突等学说，可用于指导跨域治理（表 2-6）。本书中国东海区海岸带生态环境治理涉及中央与地方（国家海洋局及东海分局、江苏省、上海市、浙江省、福建省、台湾省）、地方与地方（四省一市之间及四省一市内部滨海县/市/区间）、政府与私部门或民间社会（中央、县、乡镇及居民、海岸带利害关系人及海岸带生态环境保护 NGO 等），未来必须透过垂直纵向，水平横向的府际关系及地方治理的基础运作，并以扩大参与协商机制、制定条约或签订协议或建立法律规范彼此约束，建立起资源共享共同合作的伙伴关系，以解决研究中有关海岸带生态环境争议及跨乡镇/县市区/省（市）等空间冲突所产生的复杂事务。

表 2-6　跨域治理的典型理论

类型	内涵	基本特征
体制理论 （Regime Theory）	指在许多行动者之间建立一种属于非正式且相当稳定的关系，以达成持续性的协调与相互利益的满足。是一种接近制度及资源的管道，是一种非正式且相当稳定的团体，每一个参与者都各自拥有命令权，并没有所谓的单一控制指挥中心	体制理论强调权力是被赋予的，体制的建立是在获取并结合行动的能力 从体制观点呈现出行动者间权力分享之意涵。想要解决跨域问题必须带入伙伴关系机制，强化中央与地方、地方与地方的跨区域关系
交易理论 （Exchange Theory）	在组际的网络中，组织团体常常会有资源不足或不确定环境的情形发生，进而导致各组织呈现自愿交换，且是一种基于强化互惠原则下而自然产生的一种互动，使之成为组织想要突破资源限制困境的方式之一	每一个参与者之间资源交换与权力依赖的关系，是一种垂直及水平且属于竞争又合作的多元关系。 在组际网络型态中，资源短缺或不足将会使参与者采取自愿交换的关系，使参与者必须依赖其他团体（如政府单位、私人、第三部门，或利害关系人），参与者甚至为了寻求掌控更多的资源确保其权力地位
协力赋权理论 （Collaborative Empowerment Theory）	协力是一种过程，它涵盖了具有自主性的参与者，彼此的互动透过正式与非正式的协商（negotiation），共同创造出规则并结构化地管理他们的关系，以此方式促使参与者在议题中共同决定和执行，而这种过程结合了分享规范与共同性利益的互动	协力型政府的体制中，所形成的政策是一种协力型的决策制定过程，而非单一问题型决策制定的方式。 协力关系的参与体系是以伙伴为前提，以对等的方式了解彼此的情况，以利之后的对话与合作。协力不管采用何种方式，参加的对象在协力治理的过程中并无主从之分，合作的对象双方必须共存共荣，任何一方都可以做协调及整合的工作

类型	内涵	基本特征
政策网络理论（Policy Network Theory）	将网络视为一组连结行动者群的稳定关系，参与的行动者都享有共同的利益，且必须体会到合作是达成共同目标的最佳途径。政策网络包括政策制定部门中参与政策规划与执行的所有行动者，彼此在不同层级并努力去解决问题。 基础为政策社群（policy community）和议题网络（issue network），指政府机关与各种不同的政策社群对于某些特定的政策议题，所形成的不同政策领域（policy domains）之间的互动关系	运用网络的治理与传统科层体制或市场竞争机制的统治方法有别，此种良好的网络关系具有自主性及自我治理能力，也就是政府无法再任意支配，它必须透过新的技术与方法来领航。 政策网络除了资源外还须考虑议题性质并加以分类。特别是具有高度专业或较具共识、争议较低的政策时，应朝向政策社群的方式；而争议性高，应采取议题网络的方式
新制度主义（New Institutionalism）	新制度主义系一种对传统制度主义及行为主义的反省而兴起的理论，在政治学发展的"后行为主义"阶段，为了考察现实的实际需求及受到"国家中心论"影响，强调制度是一种规则网络，替个人或组织化的群体建构出不同秩序下各种可能产生的现象，可减少集体决策过程因缺乏核心策略所引发的动乱	新制度主义企图以新的观点去解释制度性的安排如何影响、塑造、调和社会的抉择，也就是说制度理论主要涵盖的层面包括：共同生产、多重的利害关系人、公私合伙、民营化、外包化，及日渐模糊不易区别的公私领域事务
空间冲突理论	是地方治理发展失能来源之一，例如经济产业与生活环境对立、行政功能与经济空间矛盾、中央机关与地方政府步调无法一致等。 空间经济学指出任何经济活动都需发生在特定空间中，市场失灵也不例外，市场失灵与空间因素相结合就会形成空间失灵	在环境规划上，"空间"可用来吸收、扩散、隔离、稀释，也就是如果空间使用不当，将形成累积及复合的反效果，反而形成环境侵略空间。使用不当系指空间的集中或高密度使用，因而减少了原有的承载能力造成各种问题发生。主要成因：生产空间与生活空间的不兼容；行政空间与功能空间的不兼容；官僚地盘主义压缩虚拟的合作空间

第三章 中国东海区海岸带及其
长三角样带

海岸线是描述海陆分界重要的地理要素，其具有独特的地理形态和动态特征，国际地理数据委员会（International Geographic Data Committee）将海岸线作为认定地表要素的 27 个要素之一①。随着社会经济的快速发展，20 世纪以来国家经济发展重心越来越偏向沿海地区，同时全球已有超过 50% 的人口居住在离海岸线 100km 的带状区域内②，海岸带成为了国家发展与人民生产、生活的重要地区，成为了国家经济增长的核心发展区与动力区。同时，人类对海岸线、海岸带逐渐加强的利用程度，迫使海岸线发生着大于自然状态的速度与强度的生态环境变化。海岸线与海岸带的剧烈变化，给全球沿海各国的经济和生态环境带来巨大的挑战与发展矛盾。其中，包括海岸带土地资源的锐减、土地承载力的快速下降、海水的倒灌入侵、人工海岸线的扩张利用、湿地资源的侵占与破坏、淡水资源的紧张、海陆间的水沙供给失衡、海岸带近岸水域的污染、海岸带地面沉降、风暴潮的灾害、海域富营养化程度的加深等严峻的问题陆续出现。沿海各国政府和学术团体业已认识到经济发展与海岸带生态环境平衡性之间的重要关系，深入的海岸生态环境共治探索有助于加深对海岸带环境生态过程的科学管理理解，同时能提升海岸带资源环境与人类社会经济的可持续利用水平，科学推进国家海洋生态文明等战略落地要求。

第一节 海岸线概念及分类体系

海岸线的简易定义是陆地表面与海洋表面的交界线③。理想情况下，海岸线应该与实际的海陆边界线一致，但是由于潮汐和风暴潮的不定期影响，使得海陆边界线具有瞬时性的特征，使其一直处于动态变化的过程中。因此，实际运用中一般采用相对固

---

① Mujabar P S, Chandrasekar N. Shoreline change analysis along the coast between Kanyakumari and Tuticorin of India using remote sensing and GIS [J]. Arabian Journal of Geosciences, 2013, 6 (3): 647-664.

② Primavera J H. Overcoming the impacts of aquaculture on the coastal zone [J]. Ocean & Coastal Management, 2006, 49 (9-10): 531-545.

③ Boak E H, Turner I L. Shoreline definition and detection: A review [J]. Journal of Coastal Research, 2005, 21 (4): 688-703.

定的线要素来代替海陆边界线作为科学研究的海岸线，该线称之为指示岸线或代理岸线（表3-1）。

表3-1　常见指示岸线①

指示岸线分类	指示岸线	特征识别
目视可辨识线	崖壁（侵蚀陡崖）顶或底线	临海峭壁（侵蚀陡崖）的崖顶线或基地线
	人工岸线	海岸工程向海侧水陆分界线
	植被线	沙丘上植被区向海侧边界线
	滩脊线	滩脊顶部向海一侧
	杂物线	大潮高潮的长期搬运作用形成的较为稳定的杂物堆积线
	干湿分界线	大潮高潮长期淹没形成的干燥海滩与潮湿海滩分界线
基于潮汐数据的指示岸线	瞬时大潮高潮线	即时大潮的最高潮在海滩上所达到的最远边界
	平均大潮高潮线	多年大潮高潮线的平均位置
	平均海平面线	平均海平面与海岸带剖面的交线

由于海岸线具有多样化的特征，不同研究者对海岸线的分类也具有不同的见解（表3-2）。同时，索安宁等学者对海岸线分类体系做了较为深入的总结，根据不同的特质特性做分类划分（表3-3）。

表3-2　岸线的分类体系

研究学者	分类结果
孙晓宇②	自然岸线、人工岸线
姚晓静③	河口（自然岸线）、基岩岸线（自然岸线）、砂砾质岸线（自然岸线）、生物岸线（自然岸线）、建设围堤（人工岸线）、码头岸线（人工岸线）、农田围堤（人工岸线）、养殖围堤（人工岸线）
武芳④	人工岸线、基岩岸线、砂质岸线、已开发的淤泥质岸线、未开发的淤泥质岸线、河口岸线
孙伟富	基岩岸线、淤泥质岸线、粉砂淤泥质岸线、生物岸线、人工岸线
高义⑤	基岩岸线、淤泥质岸线、砂质岸线

---

① 毋亭，侯西勇．海岸线变化研究综述［J］．生态学报，2016，36（4）：1170-1182.

② 孙晓宇，吕婷婷，高义，等．2000-2010年渤海湾岸线变迁及驱动力分析［J］．资源科学，2014，3（2）：413-419.

③ 姚晓静，高义，杜云艳，等．基于遥感技术的近30a海南岛海岸线时空变化［J］．自然资源学报，2013，28（1）：114-125.

④ 武芳，苏奋振，平博，等．基于多源信息的辽东湾顶东部海岸时空变化研究［J］．资源科学，2013，35（4）：875-884.

⑤ 高义，苏奋振，周成虎，等．基于分形的中国大陆海岸线尺度效应研究［J］．地理学报，2011，66（3）：331-339.

表 3-3　索安宁等学者的海岸线分类体系①

分类依据	分类结果
海岸线自然属性改变与否	自然海岸线、人工海岸线
海岸底质特征和空间形态	基岩海岸线、砂质海岸线、淤泥质海岸线、生物海岸线、河口海岸线
海岸线的功能用途	渔业岸线、港口码头岸线、临海工业岸线、旅游娱乐岸线、城镇岸线、矿产能源岸线、保护岸线、特殊用途岸线、未利用岸线
海岸线时间尺度	历史海岸线、现状海岸线、未来海岸线
海岸线管理实践	管理岸线、实际岸线

　　目前，地理信息科学日趋成熟，特别是遥感卫星快速、重复观测地表信息的优点，可利用遥感与 GIS 技术快速准确地识别、提取海岸线信息和动态变化，从而及时掌握海域使用对海岸线的影响。但是，大部分基于遥感影像处理方法提取海岸线是卫星过顶时的海陆分界线，即瞬时"水边线"，而非真正地理学意义上的海岸线。可见，海岸线不但是一条自然地理界线，也是国土资源管理的重要组成部分。因此，海岸线的识别与分类，关系到开发利用及其主管部门的责任，划定一条以自然属性为依据、标准统一的海岸线迫切而必要。

第二节　海岸带概念及范围界定标志物

一、概念

　　海岸带是大陆向海洋逐渐过渡的地带，同时也是海陆相互作用、影响的地带，蕴藏着很高的自然能量和生物生产能力，是地球各大系统中唯一的连接大气圈、水圈、生物圈及岩石圈的地带，兼有独特的陆、海两种不同属性的环境特征。此外，海岸带地区由于各类生物资源、海洋能源丰富，自然环境条件良好，地理区位优势突出，受到人类的关注，成为人类活动最密集、利用强度最剧烈的地带，海岸带主要具有如下四方面的特征。

---

① 索安宁，曹可，马红伟，等. 海岸线分类体系探讨［J］. 地理科学，2014，35（7）：933-937.

（一）海岸地貌类型复杂多样

海岸带因其比较独特的地理位置，生成了地表众多的海岸地貌类型，主要有河口、冲积平原、海湾、滩涂、沼泽、湿地、浅海、孤岛等。

（二）海洋自然资源种类繁多

海岸带位于海陆交汇地带，拥有着陆地和海洋双重自然资源，主要包括各类土地资源、潮汐、能源资源、盐类资源、海生和陆生生物资源、矿产资源、滨海旅游资源以及可供利用的其他海洋资源。

（三）人类利用的高密度、高强度

联合国和世界银行统计报告显示 2010 年全球已有超过 40%~50% 的人口集居在仅占地球陆地面积 10% 的沿海地带①；全球较发达城市或地区大多位于沿海地带，尤其是河口三角洲地区。因此，世界人口主要集中在海岸带区域，海岸带地区社会经济、科技文化高度发达，成为人类活动最频繁的地区，同时也是土地利用变动及城镇聚落等相对集中的区域。

（四）生态脆弱与自然灾害多发地带

海岸带资源环境不仅受到陆地人类活动的影响，同时也受到海洋水体运动及人类海洋活动的影响，易受陆源污染和海洋不当开发等造成的污染相互叠加影响，生态环境易遭受破坏，是全球生态环境最为脆弱的敏感地带。同时，海岸带多为大陆板块和大洋板块交界地带，地震、海啸、风暴潮等灾害极为频繁。

在中国，海岸带界定与管理基本是传统意义的分类管理。这种管理形式对于政府决策的失误以及严重的破坏性事件具有一定的抑制作用，但是缺陷在于该分类管理没有将海岸带作为一个独立的综合系统进行规划管理，不能将海岸带遇到的特殊性问题进行特殊性解决。当遇到海岸带行业间、机构间的协调问题时就会遇诸多管理的缺失、重叠与冲突问题。此种情景下，该传统管理方式已经不能满足中国海岸带利用的新态势。基于此，界定与行政区划匹配的海岸带区域及边界成为迫切事件。

二、范围界定标志物

海岸带是海陆交互作用的地带，既包括海洋的部分，也包括陆地的部分。学界研

---

① Gordon McGranahan, Deborah Balk, Bridget Anderson. The rising tide: assessing the risks of climate change and human settlements in low elevation coastal zones [J]. Environment & Urbanization, 2007, 19 (1): 17-37.

究现状表明海岸带的概念、宽度尚未形成统一标准，通常由管理机构、学者因需设定大致范围，采用确认标志①有自然、行政边界、政治权益、生态环境系统等。

（一）政治边界

主要遵从《联合国海洋法公约》规定的国家海洋边界划分方案，主要是对向海一侧进行界定，规定领海、专属经济区界限等。该方法优点是容易理解，代表性强，法律意义较为可行。同时，也具有局限性大、难以将生物和物理现象进行统一化规定等缺陷。

（二）行政边界

利用国家现有的行政区划如省界、市界、县界或乡镇界进行确定，这种确定方法主要是对向陆一侧进行界定。其具有易于理解、标识清楚等明显优势，但是难以与生物、物理现象一致，通常不能将需要保护和管理的海岸地区全部包含进来。

（三）自然标志

即物理标准，指有明显的土地标志或其他地形标志，通过这些标志来确定海岸带的范围。对向陆一侧边界来说，较为明显的自然标志有沿海山脉、分水线、沿海主要公路等地形或是植被有明显变化或自成体系部分，河口区为潮汐可达或盐分在一定浓度以上的区域。对于向海一侧的边界来说，通常用等深线来进行界定。运用自然标志对海岸带进行界定拥有易于理解，短期内切实可行的特点，但是边界需要测量和协商确定，物理性的标准短期内会有变化，长远来看并不是那么切实可行。

（四）生态环境系统的基本单元

根据选用生态环境系统单元来划定海岸带管理的边界。这种界定方法具有良好的生态科学基础，能准确涵盖所有需要保护和管理的海岸区域。但是生态环境系统单元这一概念难于理解，通常需要专门机构进行深入调查从而确定范围。

（五）任意距离

很多国家自行规定相应的任意距离来确定海岸带向陆方向和向海方向上的边界。这种方法更加的简便易行，更为容易确定。但是其任意距离可能与海岸地形、需要加以保护和管理的生态系统及受有关相互作用显著的区域毫不相干。

---

① 赵锐，赵鹏. 海岸带概念与范围的国际比较及界定研究 [J]. 海洋经济，2014，4（1）：58-64.

三、中国滨海地区有关规划中的海岸带范围界定

随着经济社会的快速发展，海岸带开发利用同岸线资源、生态环境保护的矛盾日益凸显，海岸带面临巨大的生态环境压力。为有效保护和合理开发海岸带，保障海岸带的可持续利用，我国沿海各省（市、区）都逐渐认识到海岸带保护的重要性，并制订了一系列相关规划来加强对海岸带的保护。海岸带范围的界定是实施这些规划及相关管理规定的基础。

2007 年，山东省建设厅公布了《山东省海岸带规划》，这是我国第一个以省为单元、以城乡建设空间管制为主要内容编制的海岸带规划，是一项开创性的工作。该规划确定的规划范围是向陆纵深以山脊线、滨海道路、河口、湿地和潟湖等为界进行划定，在无特殊地理特征或参照物的区域，原则上以不小于 2 km 的距离进行划定。临海100 m 的海岸线应当作为重点管制区域，为需要直接临水的公共服务设施和经济活动进行用地储备[①]。

2013 年，辽宁省政府印发了《辽宁省海岸带保护和利用规划》，该规划规定辽宁省海岸带规划范围为海岸线向陆域延伸 10 km、向海延伸 12 n mile（约 22 km），陆域面积 1.45 万 km^2，海域面积 2.1 万 km^2 的范围。[②]

2014 年，海南省政府印发了《海南经济特区海岸带范围》和《海南经济特区海岸带土地利用总体规划（2013—2020 年）》，明确划定了海岸带的具体界线。《海南经济特区海岸带范围》指出海岸带向陆地一侧界线，原则上以海岸线向陆延伸 5 km 为界，结合地形地貌，综合考虑岸线自然保护区、生态敏感区、城镇建设区、港口工业区、旅游景区等规划区具体划定；海岸带向海洋一侧界线原则上以海岸线向海洋延伸 3 km为界，同时兼顾海岸带海域特有的自然环境条件和生态保护需求，在个别区域进行特殊处理。[③]

2016 年 8 月，福建省发布了《福建省海岸带保护与利用规划（2016—2020 年）》，该规划规定海岸带规划总面积约 4.03 万 km^2，其中陆域范围原则上以福鼎至诏安沿海铁路通道所在乡镇为界，结合地形地貌特征，综合考虑河口岸线、自然保护区、生态敏感区、城镇建设区、港口工业区、旅游景区等规划区具体划定，面积约 1.80 万 km^2，涉及福州、厦门、漳州、泉州、莆田、宁德 6 个设区市及平潭综合实验区的沿海 40 个县（市、区）；海域规划范围为领海基线向陆一侧的近岸海域，面积约 2.23 万 km^2

---

①　尤芳湖，杨鸣，杨俊杰，等.山东省海岸带资源潜力与可持续发展［J］.科学与管理，2005（4）：5-8.
②　辽宁省人民政府文件.《辽宁省人民政府关于印发辽宁海岸带保护和利用规划的通知》［R］.辽政发［2013］28 号.
③　罗霞.我省海岸带范围和利用规划公布［N］.海南日报，2015-02-13（A07）.

(不包括金门、马祖及周边海域)①。

2015年，青岛市发布《青岛市海域和海岸带保护利用规划》规定，青岛海岸带具体范围是滨海第一条城市干路和滨海公路至领海外部界线。根据陆海关系，结合陆域相关规划和海洋功能区划，划定海岸带范围总面积约 3 291 km²，包含近岸陆域和近岸海域两部分，其中，滨海第一条城市干路和滨海公路至海岸线为近岸陆域，面积约 1 021 km²；海岸线至主航道、第一航线、第四航线内边界为近岸海域，面积约 2 270 km²。主航道、第一航线、第四航线内边界至领海外部界线为近海海域，面积约9 970 km²。②

第三节   中国东海区海岸带特征与长三角样带

一、中国东海区范围

远古时期所谓的东海，即陆地东边之海，范围北起山东半岛、南至闽浙沿海。有"黄海"之名才逐渐与东海区别开来，20世纪初我国地图上已分别使用黄海和东海的名称。现今的东海是中国东部的大型边缘海，分布于 21°54′—33°17′N，117°05′—131°03′E之间，自东北向西南长约 1 300 km，自西向东宽约 740 km，面积约 770 000 km²，平均水深370 m，最大水深2 322 m。东海区的自然地理范围指以长江口北岸的启东嘴至韩国济州岛西南角的连线与黄海相连；东北以济州岛东南端至日本福江岛及长崎半岛野母崎角的连线为界，并经朝鲜海峡、对马海峡与日本海相通；东及东南以日本九州岛、琉球群岛及我国台湾岛的连线与太平洋相接；西濒江苏省、上海市、浙江省、福建省；西南由广东与福建海岸线交界处至台湾省猫鼻头的连线与南海相通③。

行政意义范围，以国家海洋局东海分局管辖的东海区为据，即北起江苏连云港南至福建东山的南黄海和东海海域。国家海洋局东海分局是国家海洋局设在东海海区负责监督管理海域使用和海洋环境保护、依法维护海洋权益、管理东海海监队伍的国家海洋行政主管部门，代表国家海洋局在东海区行使海洋行政管理职能。国家农业部也在三大海区分别设立了分支机构，东海区渔政渔港监督管理局是隶属农业部区域性的渔政渔港监督管理机构，负责组织、指导、协调所辖江苏、上海、浙江、福建及和长

---

① 王永珍. 我省印发实施《福建省海岸带保护与利用规划（2016—2020年）》[N]. 福建日报，2016-08-03.

② 青岛市发展和改革委员会.《青岛市海域和海岸带保护利用规划》印发实施 [N]. 青岛政务网，2015-11-19.

③ 李家彪，丁巍伟，吴自银，等. 东海的来历 [J]. 中国科学：地球科学，2017，47（4）：406-411.

江流域各省市的渔政渔港监督管理工作①。因此从行政管理角度看，东海海岸带是指江苏、上海、浙江、福建、台湾的大陆滨海地带。

二、中国东海区海岸带特征

（一）东海区海岸带自然特征

东海陆架总体十分平坦。自大陆海岸在北部向东、在南部向东南方向缓缓倾斜，坡度在0.01‰~1‰之间，总体上北宽南窄，最宽处可达560 km。以50 m等深线为界，由于它们在地形特征上存在着较大差异，又可将东海陆架分为内陆架和外陆架两个分区：

1. 内陆架区

内陆架区仅约占东海陆架的1/5，而且多在东海陆架北部。内陆架一般认为是沿岸入海河流泥沙堆积台地的前沿斜坡区，地形坡度相对比外陆架区为大，但此种情况仅限31°N以南区，而且面积很小。在31°N以北的内陆架的情况正好相反，它地势十分平坦。

2. 外陆架区

覆盖面积十分宽广，等深线稀疏，显示陆架面十分平缓。等深线的走向总体上与我国大陆岸线相平行②。相比而言，外陆架的坡度较大，而且等深线分布均匀，说明其坡度恒定。

东海北部海域潮流作用强烈。长江口以北的江苏沿海海域位于潮波系统的波腹区，潮差大（平均潮差4.0~6.0 m，最大潮差9.28 m）③，以潮流作用（大潮平均流速2.0 m/s，最大流速2.5 m/s）为主导，发育了典型的独具特色的淤泥质海岸和一系列潮流沙脊群。江苏滨海平原是全球最具代表性的粉砂淤泥质海岸与潮滩湿地集中分布区，在世界淤泥质海岸中占有重要地位。浙、闽沿岸的一些港湾内，由于海岸曲折等地形集能作用，不仅出现较大的潮差（3~8 m），并且汇集源自长江口的悬移泥质，发育形成基岩港湾海岸内的淤泥质滩涂如乐清湾、象山港、三门湾、沙埕港和三都澳等④。

东海区海域水质优良，生物多样，海洋资源丰富。2016年，东海区海水环境质量总体较好。近岸以外海水基本符合第一类海水水质标准，近岸局部海域污染较为严重。

① 高锋. 我国东海区域的公共问题治理研究［D］. 西安：西北大学，2010.

② 刘忠臣，陈义兰，丁继胜. 东海海底地形分区特征和成因研究［J］. 海洋科学进展，2003，21（2）：160－173.

③ 王颖. 黄海陆架辐射沙脊群［M］. 北京：中国环境科学出版社，2002.

④ 王颖，季小梅. 中国海陆过渡带——海岸海洋环境特征与变化研究［J］. 地理科学，2011，31（2）：129－135.

与 2011—2015 年夏季平均值相比，东海区劣于第四类海水水质标准的海域面积减少了31%。陆源污染物排放对近岸局部海域海洋生态环境带来较大压力，全年不符合监测断面功能区水质标准要求的河流占 61%，主要超标污染物为总磷。赤潮发现次数和累计影响面积有所增加，共发现赤潮 37 次，累计影响面积约 5 714 km^2，海岸侵蚀、海水入侵与土壤盐渍化等问题依然存在[①]。岸线绵延曲折，港湾、入海河流众多。滩涂多，约占全国海域滩涂面积的 1/4。海岛众多、类型多样，接近全国海岛总数的 2/3。海岸类型齐全、海岛自然景观优美、传统历史文化悠久，拥有风能、潮汐能、潮流能、波浪能等海洋可再生能源。因此，渔业、港口、海岛、滩涂、滨海旅游资源优势明显。同时，海洋油气资源和海洋可再生能源储量及开发潜力较大，海洋经济发展的自然基础条件良好。

海洋保护区保护对象和水质状况基本保持稳定。海洋保护区水质主要超标因子是无机氮和活性磷酸盐。保护区沉积物质量状况良好，有机碳、硫化物和石油类均符合第一类海洋沉积物质量标准。2016 年东海区新增国家级海洋保护区 3 个，总数达 21个，总面积为 3 084.6 km^2。对 18 个国家级海洋保护区开展了海洋生态环境监测，其中自然保护区 4 个，海洋特别保护区 14 个（包括海洋公园 10 个）。

（二）东海区海岸带人文特征

1. 区位优势明显

东海区面向太平洋，处于西太平洋航线要冲，是与日韩及我国台湾地区贸易往来的核心区域，是我国加强对外开放和国际交流、维护国家海洋权益的重要战略地带。北接环渤海经济圈，南邻珠三角经济圈，西连广阔内陆腹地，涵盖长三角与海西经济区，交通便利，是我国海洋运输最繁忙的区域。对长江流域、海峡两岸乃至全国经济社会发展具有重要带动作用。

2. 社会经济发达

东海区沿海地区经济基础雄厚，体制比较完善，城镇体系完整，科教文化发达，成为全国发展基础好、体制环境优、整体竞争力强的地区。经过多年的发展，沿海省市呈现出城镇东迁、产业东进、重心东移的发展趋势，产业不断向东部沿海地区集聚，滨海高速公路、铁路及风电、核电与油气等交通与能源基础设施在沿海布局，沿海地区工业化、城镇化加快推进，东海区沿海地区成为重点发展区域。海洋交通运输业、滨海旅游业、海洋渔业、海洋船舶工业是东海区主要海洋产业中的四大支柱产业，产业实力日益增强。东海区主要滨海旅游、海洋交通运输、海洋渔业和船舶工业四大支

---

① 国家海洋局东海分局．东海区海洋环境公报［R］．2017.

柱产业增加值占比超过 90%。在支柱产业实力日益增强的同时，海洋新兴产业发展迅速，海洋工程建筑业和海洋生物医药业的增长尤为明显。

3. 科技实力雄厚

东海区三省一市涉海科技研发和教育能力基础雄厚，拥有众多涉海高校、科研院所和企业研发机构，多个国家级海洋重点实验室和科学试验基地。上海的先进海洋装备及高附加值船舶制造能力全国领先。江苏产学研创新基地建设步伐加快，海洋风电等应用科技水平大幅提升。浙江海洋科技创新能力强，海水淡化技术方面全球领先。福建的海洋药物、海洋生物制品、海产品精深加工等取得突破，海洋科技贡献大[①]。

三、长三角样区

长江三角洲在六、七千年以前，是一个三角形的港湾，在海水顶托下长江每年带来将近 4.7 亿 t 的泥沙，大部分的泥沙在长三角地区沉积下来，在南、北两岸各堆积成一条沙堤。北岸沙堤大致从江苏扬州附近向东延伸至如东附近，沙堤以北主要是黄河、淮河冲积而成的里下河平原。南岸沙堤从江苏江阴附近开始向东南延伸，直至上海市金山区的漕泾附近，并与钱塘江北岸沙堤相连接，形成了太湖平原。里下河平原位于长江北岸，面积约 1.35 万 km^2，为一碟形洼地。太湖平原为一典型的湖荡水网平原，地势平坦，西北、东北部略高，中部稍低。西北部高爽平原海拔 5~8 m，中部水网平原 3~5 m，东南部湖荡平原与低洼平原海拔在 2~3 m，以太湖湖盆为中心构成碟形洼地，周围有很多湖荡与河洼地分布。在太湖平原上还有许多岛状丘陵分布，高度在 100 ~300 m 左右，总面积约 3.65 万 km^2。

通过梳理长江三角洲形成过程，充分考虑长江三角洲地质地貌因素，确定长三角海岸带范围的识别原则：

（1）海岸线的位置一般采用测绘部门确定并公布的海岸线来确定，该线是一条动态变化的线。因此，在进行海岸带规划时需要以测绘部门重新测绘并公布最新的海岸线位置信息为准，该线就为研究所需的基础岸线；

（2）遵循海岸带陆侧生态系统完整性原则，即在确定海岸带陆侧范围时要充分考虑到自然地貌的完整性，一般可以陆侧山脊线为边界，分布有从陆向海倾斜的完整地貌单元；

（3）在平原地区难以确定分水岭（山脊线）的情况下，可以将地基高程相对较高的高等级交通线作为海岸带的陆侧界线；

（4）综合考虑海岸带地区的河口岸线、自然保护区、生态敏感区、城镇建设区、港口工业区、旅游景区等规划区的具体范围，尽量保证这些区域的完整性；

---

① 国家海洋局东海分局 . 东海区海洋经济发展研究报告 ［R］. 2014.

（5）为了有利于海岸带保护规划的实施，划分海岸带范围时尽量保持沿海乡镇区域范围的完整性；

（6）以海岸线为基线，向海方向 3 km 的缓冲区作为海岸带的海域范围。当缓冲区遇到海岛时，再以海岛的外侧岸线向海作 3 km 的缓冲区。遵循以上原则对长三角海岸带界定其涵盖的范围（表3-4 和图3-1）。

表3-4　长三角海岸带研究区域范围界定

省级行政单位	市级行政单位	区	县级市	县	该区域内包含的河流水系	该区域内包含的湖泊
江苏	连云港	连云区、赣榆区		灌云县、灌南县	淮沭新河、蔷薇河	—
	盐城	大丰区	东台市	响水县、滨海县、射阳县	大新河、通榆河、新洋港、串场河	—
	南通	崇川区、通州区	启东市、海门市	海安县、如东县	通扬运河、通吕运河、濠河、任港河、海港引河、长江	—
上海		虹口区、杨浦区、宝山区、嘉定区、金山区、奉贤区		崇明县	黄浦江、淞江、长江、川杨河	滴水湖
浙江	嘉兴	—	海宁市、平湖市	海盐县	京杭运河、穆河溪	南湖、西南湖
	杭州	江干区、余杭区、萧山区	—	—	钱塘江、京杭运河、西塘河、七甲河	西湖
	绍兴	越城区、柯桥区、上虞区	—	—	横江溇、大树江、梅山江、杭甬运河、新桥江、窑湾江	鉴湖、青甸湖、石池
	宁波	北仑区、镇海区、鄞州区	慈溪市、奉化市	象山县、宁海县	余姚江、甬江、奉化江	日湖、月湖
	台州	椒江区、黄岩区、路桥区	温岭市、临海市	玉环县、三门县、天台县	椒江、海门河、南门河	水仓里水库
	温州	龙湾区、洞头区	瑞安市、乐清市	平阳县、苍南县	瓯江、九山河、塘河、飞云江、鳌江	练湖、会昌湖
	舟山	定海区、普陀区		岱山县、嵊泗县	洋岙河	茶山浦

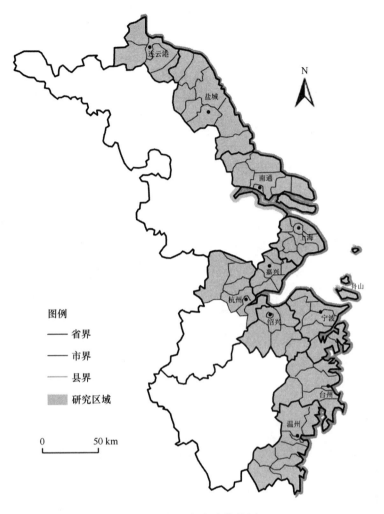

图 3-1 长三角海岸带范围

第四章 长三角海岸带生态环境现状及其发展趋势

2010 年来，长三角海岸带生态环境状况持续恶化，在全国范围内，长三角海岸带生态环境质量一直处于较低的水平状况，海岸海洋生态环境质量堪忧（表 4-1）。其中，浙江省多个湾区生态环境质量常年处在不健康和亚健康状况。根据 2016 年海洋环境质量公报，杭州湾、象山港（湾）、三门湾、温州湾入海口附近均为劣四类水质（图 4-1），且近岸海域、河口水质富营养化程度较高，无机氮、活性磷酸盐和化学需氧量等指标都超标。沿湾环境不优美，沿湾尚有大量石化类和化工类园区，海水含沙量大，常年浑浊，湾区滨海湿地减少、湿地生态服务功能下降，部分地区为片面追求围涂投资效益，围填海堤直来直去，自然海湾和美丽海岸线基本消失。此外，资源要素使用比较粗放、生态环境压力较大、人力资源成本和资金物流成本较高，影响着区域综合竞争力。

表 4-1 我国主要海湾 2016 年典型海洋生态系统基本情况

生态监控区名称	所属经济发展规划区	生态监控区面积/平方千米	健康状况
锦州湾	辽宁沿海经济带	650	不健康
渤海湾	天津滨海新区	3 000	亚健康
莱州湾	黄河三角洲高效生态经济区	3 770	亚健康
杭州湾	长江三角洲经济区 浙江海洋经济发展示范区	5 000	不健康
乐清湾	浙江海洋经济发展示范区	464	亚健康
闽东沿岸	海峡西岸经济区	5 063	亚健康
大亚湾	珠江三角洲经济区	1 200	亚健康

长三角地区是中国经济发展最快的区域，同时也是环境污染最为严重的区域。该区域陆向和海向的污染状况都极为严重，人工岸线的建造、大量海洋工程的建设、近海船舶的漏油事件频发以及近岸海域海水养殖过载，造成了海岸带环境污染状况，超

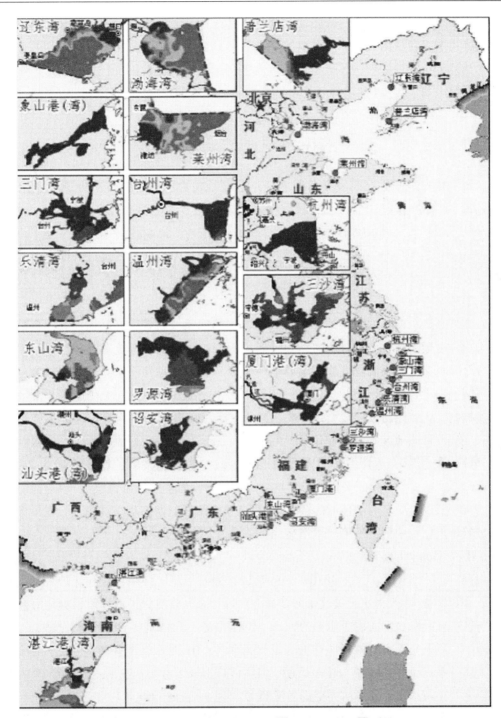

图 4-1　2016 年夏季重点海湾海水水质等级分布示意图

来源：2016 年海洋环境质量公报

过了海岸带环境的自净能力，导致海岸带生态环境逐渐恶化。目前，国家和长三角省市各级政府正在积极出台相应的环境管理政策进行海岸带生态环境治理，以达到国家海洋主体功能区规划的生态环境要求。本章将利用国家统计数据进行长三角海岸带生态环境质量分析，以预判和启迪长三角海岸带生态环境的管理。

第一节　长三角海岸带生态环境现状

长江三角洲是世界上四大三角洲之一，它的形成始于早更新世晚期，发育于中、晚更新世，形成于全新世，主要由长江携带的丰富泥沙经历百余万年持续堆积演变，呈现今的广阔平原。区内除出露少数基岩孤山或残丘外，地面高程（吴淞高程）一般为 3~5 m，江、河、湖、荡密布，水网化程度极高，其中长江是我国最长的一条运输大动脉贯穿于本区，年径流量 9.730×10^{12} m^3，平均流速约 lm/s，它为本区提供了极其丰富的地表水资源①。

长江三角洲，前第四纪地层绝大多数被厚层第四系所覆盖，经钻探揭露，自前震旦系金山群变质岩、古生界沉积岩、中生界火山岩或火山沉积岩至第三系红色砂泥岩层位齐全。全区第四系广泛发育，主要是一套砂（砾）与黏性土交互堆积的松散沉积物，具明显韵律变化规律，并且浅部以软黏土为主。第四系厚度完全受基底岩石埋藏起伏所控制，大致以镇江—江阴—常熟—昆山—佘山—金山一线为界，西部第四系主要发育在沟谷凹陷地区，厚度变化大，0~200 m 不等，且以陆相沉积为主，以褐黄色主色调的"杂色层"发育；东部和北部地区，第四系普遍发育，厚度一般为 250~350 m，埋深 120~150 m 以下为陆相沉积层，以褐黄色为主的"杂色层"；以上为海陆相交替沉积层，以灰色为主色调的"灰色层"。整个第四纪期间受六次海侵，在早更新世晚期碎屑沉积物中留下了第一次海侵层的遗迹，而最近的一次海水入侵发生在距今约 5 000~7 500a 期间。

根据《海水水质标准》（GB3097-1997），按照海域不同使用功能和保护目标，海水水质分为四类。I 类海水：适用于海洋渔业水域，海上自然保护区和珍稀濒危海洋生物保护区；II 类海水：适用于水产养殖区、海水浴场、人体直接接触海水的海上运动或娱乐区，以及与人类食用直接有关的工业用水区；III 类海水：适用于一般工业用水区，滨海风景旅游区；IV 类海水：适用于海洋港口水域，海洋开发作业区；劣 IV 类海水：以上四类海水之外的海水类型都为劣 IV 类海水。

在全国范围内，长三角地区海岸近海域生态环境质量处于较低水平，海洋生态环境堪忧。近岸海域监测面积 281 012 km^2 中，I、II、III、IV、劣 IV 类海水面积分别为

---

①　沈新国. 长江三角洲地区环境地质问题 [J]. 火山地质与矿产, 2001, 22 (2): 87-94.

59 638 km²、133 211 km²、29 019 km²、12 764 km² 和 46 380 km²。Ⅰ、Ⅱ 类海水点位比例为 66.4%；Ⅲ、Ⅳ 类海水点位比例为 15%；劣 Ⅳ 类海水点位比例为 18.6%；主要污染指标为无机氮和活性磷酸盐。江苏省、上海市和浙江省的海岸海域主要分布在东海、黄海范围内，在全国海岸环境质量条件中近岸海域水质最差。2013 年两省一市近海海域监测面积 97 100 km² 中，Ⅰ、Ⅱ 类海水点位比例分别为 9.7%、19.7%；Ⅲ、Ⅳ 类海水点位比例分别为 21.5%、3.5%；劣 Ⅳ 类海水点位比例为 45.6%。清洁和较清洁海域面积比例低于全国平均水平 37 个百分点；轻度污染和中度污染面积比例高于全国平均水平 10 个百分点；严重污染海域面积比例为全国最高，高于全国平均水平 27 个百分点[①]。

　　两省一市中上海、浙江海域水质较差。Ⅰ 类海水都为零，Ⅱ、Ⅲ 类海水占比低于长三角平均水平，Ⅳ 及劣 Ⅳ 以下水质标准的海水面积比例远高于长三角平均水平，特别是 Ⅳ 类以下水质标准的海水面积比例都超过 70%。江苏省近岸海域水质相对较好，主要为 Ⅱ、Ⅲ 类海水（表 4-2）。

表 4-2　长三角近岸市级海域水质表（2015 年）

	连云港	盐城	南通	上海	嘉兴	舟山	宁波	台州	温州
Ⅰ、Ⅱ 类海水面积比例/%	42.5	50.8	60.0	10.0	0	15.0	19.0	19.0	50.0
Ⅲ、Ⅳ 类海水面积比例/%	47.9	49.2	18.0	20.0		22.0	21.0	26.0	30.0
劣 Ⅳ 类海水面积比例/%	9.6	0	22.0	77.0	100	63.0	60.0	55.0	20.0

　　资料来源：2015 年浙江自然资源与环境统计年鉴，2015 年上海市海洋环境质量公报，2015 年连云港海洋环境公报，2015 年中国近海环境质量公报。

一、海向生态环境现状

（一）江苏省海向生态环境现状

　　江苏省近岸海域中清洁海域和较清洁海域所占比例呈上升的趋势。2010 年江苏省近岸海域清洁海域和较清洁海域面积 17 477 km²，占比 44.6%，2013 年提升到 24 785 km²，占比 62.5%，上升了 17.9%。海水中活性磷酸盐（表 4-3）、重金属以及砷的含量总体符合海水水质标准，现主要污染物为石油类、无机氮（表 4-4）等。

① 李娜. 长三角海洋经济整合研究［M］. 上海：上海社会科学院出版社，2017.

表4-3　调查海域海水活性磷酸盐含量观测结果（2014年）　　　　（单位：mg/L）

季节	区域	最小值	最大值	平均值
春季	表层	0.002	0.047	0.018
	底层	0.003	0.036	0.013
夏季	表层	0.001	0.19	0.024
	底层	0.001	0.014	0.008
秋季	表层	0.014	0.095	0.034
	底层	0.012	0.040	0.020
冬季	表层	0.005	0.15	0.026
	底层	0.004	0.010	0.006
全年	表层	0.001	0.19	0.026
	底层	0.001	0.040	0.011

数据来源：张丽君．江苏北部近岸海域营养盐的时空分布与富营养化特征研究［D］．青岛：青岛大学，2016.

表4-4　调查海域海水无机氮含量观测数据结果（2014年）　　　　（单位：mg/L）

季节	区域	最小值	最大值	平均值
春季	表层	0.12	0.60	0.39
	底层	0.19	0.58	0.36
夏季	表层	0.21	0.73	0.37
	底层	0.18	0.61	0.36
秋季	表层	0.16	1.01	0.39
	底层	0.11	0.40	0.24
冬季	表层	0.13	0.84	0.35
	底层	0.16	0.31	0.22
全年	表层	0.02	1.01	0.31
	底层	0.02	0.61	0.22

数据来源：张丽君．江苏北部近岸海域营养盐的时空分布与富营养化特征研究［D］．青岛：青岛大学，2016.

调查区域内活性磷酸盐的含量呈现出了随季节改变的动态变化趋势，春季水体表层达到了平均值最低值 0.018 mg/L，秋季水体表层达到了平均值最高值 0.034 mg/L；冬季水体底层达到了平均值最低值 0.006 mg/L，秋季水体底层达到了平均值最高值 0.020 mg/L。调查区域内秋季的水体一直处于活性磷酸盐的峰值期，将秋季的活性磷酸盐含量同全年调查数据进行比较，秋季的活性磷酸盐含量仍高于全年的平均值含量且达到最大数值量。

调查区域内海水的无机氮含量随季节没有显著变化趋势，表层的无机氮含量在 0.35~0.39 mg/L 之间呈现出小幅度的波动，同时底层也在 0.22~0.36 mg/L 之间呈现波动，虽然底层的波动稍大于表层的变化，但是整体上呈现出了小范围波动的现象趋势。

受大规模围垦开发影响，江苏滨海湿地面积锐减，海岸水域生态系统遭遇分割，野生动植物生境破碎化和岛屿化现象尤为严重，生物多样性下降明显。海洋生态群落结构呈现简单化的特征趋势，底栖生物的分布与变化不均，浮游动物密度降低，海洋生物栖息环境质量下降，浒苔的入侵导致绿潮发生频次增多，范围扩大，近岸海域生态系统仍处于并将长期处于亚健康状态[1]。

江苏省沿海地区经济社会欠发达，环保投入不足，集中供热、供气、污水处理、生活垃圾处置等环境基础设施建设滞后，污水收集管网等配套设施不到位，治污投入与实际需求的矛盾仍很突出。海洋环境保护队伍建设相对滞后，监测预警和执法监管能力与实际工作尚有不小的差距。

（二）上海市海向生态环境现状

根据调查结果显示，上海市近海海域海水质量较差。2010 年以来，上海市近海海域海水质量基本保持稳定，但海水质量仍然较差。海水主要污染因子是无机氮（表4-5）和活性磷酸盐（表4-6），沉积物环境质量良好，海洋生物种类变化不大，群落结构基本稳定[2]，对上海市海域的能见度以及悬浮物进行调查分析如表4-7和表4-8。

表4-5　上海海域无机氮评价结果（2014年）

季节	层次	标准指数	超标率/%
春季	表层	2.35~13.0/7.30	100
	中层	1.91~12.0/7.14	100
	底层	1.86~12.7/6.76	100

① 李娜. 长三角海洋经济整合研究 [M]. 上海：上海社会科学院出版社，2017.
② 徐韧. 上海市海域水体环境调查与研究 [M]. 北京：科学出版社，2014.

续表

季节	层次	标准指数	超标率/%
夏季	表层	2.24~14.3/7.27	100
	中层	1.45~9.60/6.07	100
	底层	1.51~10.5/6.03	100
秋季	表层	1.78~12.2/6.76	100
	中层	1.91~12.0/5.87	100
	底层	1.31~15.1/6.32	100
冬季	表层	1.19~12.3/7.16	100
	中层	1.43~12.0/7.01	100
	底层	1.23~11.8/6.71	100

注：数据范围为无机氮范围，其后数值为平均值

数据来源：徐韧. 上海市海域水体环境调查与研究 [M]. 北京：科学出版社，2014.

表 4-6　上海海域活性磷酸盐评价结果 (2014 年)

季节	层次	标准指数	超标率/%
春季	表层	1.30~3.14/2.18	100
	中层	1.23~3.76/2.50	100
	底层	0.23~3.21/2.19	97.2
夏季	表层	0.33~4.67/3.10	97.2
	中层	0.63~3.99/2.77	97.0
	底层	1.02~3.97/2.82	100
秋季	表层	1.72~3.87/2.63	100
	中层	1.63~4.07/2.60	100
	底层	1.57~3.91/2.60	100
冬季	表层	0.21~3.79/2.10	84.4
	中层	0.61~3.49/2.03	82.5
	底层	0.67~3.56/2.06	85.7

注：数据范围为活性磷酸盐范围，其后数值为平均值

数据来源：徐韧. 上海市海域水体环境调查与研究 [M]. 北京：科学出版社，2014.

表 4-7　上海海域能见度调查结果（2014 年）

季节	区域	平均最小能见度/km	平均有效能见度/km	良好能见度频率/%
春季	上海海域	5.2	5.4	14
	长江口附近海域	4.6	4.9	20
	南支水域	7.0	7.1	10
	北支水域	4.2	4.3	17
	杭州湾北岸海域	3.3	3.3	0
夏季	上海海域	11.1	11.5	56
	长江口附近海域	12.8	13.7	78
	南支水域	14.7	15.6	64
	北支水域	1.8	1.9	0
	杭州湾北岸海域	—	8.7	33
秋季	上海海域	9.0	9.8	42
	长江口附近海域	11.6	12.2	30
	南支水域	7.2	7.9	27
	北支水域	6.0	6.6	0
	杭州湾北岸海域	—	—	—
冬季	上海海域	4.8	5.8	19
	长江口附近海域	5.0	5.7	20
	南支水域	5.9	7.2	27
	北支水域	2.9	3.7	0
	杭州湾北岸海域	1.3	1.8	0

数据来源：徐韧.上海市海域水体环境调查与研究［M］.北京：科学出版社，2014.

　　上海海域内的无机氮含量一直处于居高不下的状态，一年四季无机氮的含量一直处于 100% 超标率的状态。硝酸盐、亚硝酸盐和铵盐三种无机氮化合物都能为浮游植物所吸收。虽然这三种无机氮化合物都能以相近的速率被海藻所摄取，但一般来说，在藻类进行同化作用的过程中，铵盐优先被摄取，而硝酸盐先转化为亚硝酸盐，然后才能转化为铵盐。

　　上海海域内活性磷酸盐的超标率呈现出了季节性的特点，在春季和秋季活性磷酸盐的超标率高达100%，在夏季和冬季活性磷酸盐的含量超标率略有下降，但是仍然处于高超标率的状态。

表4-8　上海海域悬浮物调查结果（2014年）　　　　　　（单位：mg/L）

层次	区域	春季	夏季	秋季	冬季
表层	上海海域	36~798/219	17~568/146	53~1359/266	31~1565/367
	长江口附近海域	36~538/132	17~568/156	53~551/191	31~1419/330
	南支水域	108~274/168	59~222/139	125~341/211	47~353/158
	北支水域	174~798/407	55~333/118	54~460/262	58~1119/444
	杭州湾北岸海域	249~675/445	70~248/152	94~1395/650	345~1565/778
中层	上海海域	82~1217/384	54~2330/389	63~2285/399	48~1183/423
	长江口附近海域	82~796/297	54~2330/330	63~1116/292	48~722/331
	南支水域	106~1217/363	71~876/304	130~354/240	71~403/220
	北支水域	—			
	杭州湾北岸海域	512~1067/660	180~1800/694	268~2285/982	797~1183/1031
底层	上海海域	86~1705/537	76~2452/638	95~3425/689	1~2969/580
	长江口附近海域	86~1049/465	76~2452/465	95~2174/595	169~1390/509
	南支水域	105~1705/404	120~1836/596	128~685/384	73~551/220
	北支水域	800~1196/998	—	162~505/309	1~406/204
	杭州湾北岸海域	607~1357/823	560~2362/1196	339~3425/1632	679~2969/1398

注："—"表示未采集该层水样，数据范围为悬浮物量范围，其后数值为当期均值

数据来源：徐韧.上海市海域水体环境调查与研究［M］.北京：科学出版社，2014.

　　通过对上海海域能见度及悬浮物的直接观测，可以明显的对上海海域近期的水质状况进行初步的判断。在水面悬浮物较少水质能见度较高的情况下，就无需做更加深入的水质调查，海域工作人员就可将更多的时间和精力投放在能见度较低、海洋状况较为复杂的海域进行深入的监测分析与污染监测控制。

　　在海上污染控制方面，开展巡航监视、定点监视、专项监视相结合的静动态船舶污染监视系统建设；严格执行海洋倾废许可制度，控制、调整、优化海域倾倒区布局，规范海洋倾倒区的管理，对海上倾倒活动实施跟踪监测；加强对渔业船舶的污染排放

管理，减轻对海洋环境的影响①。通过污染监测点的监测，调查研究区内的海域的酸碱度来对污染进行实时监控（表4-9）。

表4-9　上海海域酸碱度评价结果（2014年）

季节	层次	标准指数	超标率/%
春季	表层	0.03~1.11/0.50	2.22
	中层	0.11~1.37/0.49	3.23
	底层	0.14~1.34/0.50	2.78
夏季	表层	0.00~1.60/0.41	8.89
	中层	0.00~1.31/0.43	6.06
	底层	0.00/1.26/0.45	6.06
秋季	表层	0.03~1.37/0.47	8.89
	中层	0.06~1.03/0.35	6.06
	底层	0.00~1.31/0.31	2.56
冬季	表层	0.00~1.71/0.12	4.44
	中层	0.03~1.09/0.32	3.70
	底层	0.00~1.14/0.21	5.71

注：数据范围为酸碱度范围，其后数值为平均值

数据来源：徐韧.上海市海域水体环境调查与研究［M］.北京：科学出版社，2014.

严格执行涉海工程海洋环境影响评价制度，控制海洋工程和海岸工程建设项目对海洋环境的影响。在港口污染控制方面，加强了港口排污工程建设，实施港口生活污水和废水纳管工程；开展港口环境污染专项整治行动；加强港口污染应急设备库和专业队伍建设，完善港口船舶含油污水、压载水、洗舱水、船舶生活污水和垃圾接收处理设施。

同时，上海市也加强了对海岛生态系统的保护力度，贯彻落实《海岛保护法》，开展对崇明岛、长兴岛、大金山岛等及其周边海域的水体调查，研究制定海岛生态指标体系，开展生态环境质量评价。加强了对海岛生态敏感区的封禁治理和预防保护，避免和减少人为活动对海岛岸滩地形、岸线形态、海域资源和生态环境的破坏。同时加强对水源地、自然保护区和领海基点的保护。

① 李娜.长三角海洋经济整合研究［M］.上海：上海社会科学院出版社，2017.

（三）浙江省海向生态环境现状

浙江省海域环境质量受长江、钱塘江、甬江、椒江、瓯江、飞云江和鳌江等主要
入海径流的直接影响。入海河流携带大量污染物入海导致河口及周边海域水质处于严
重污染状态（表4-10和表4-11），主要污染物为无机氮（表4-12）和活性磷酸盐
（表4-13），周边海洋生态环境遭到不同程度的损害，长江进入东海的悬浮物占沿岸河
流总输入量的95%~99%[①]。沿岸入海排污口数量不断增加，入海污染物种类和数量得
不到控制。城乡居民生活废水处理能力不足，沿岸工业企业污水排放达标率低，污染
物在近岸海域累积带来了潜在的环境风险。

表4-10   浙江省近岸海域水环境状况统计（2015年）

季节	I 类海水		II 类海水		III 类海水		IV 类海水		劣 IV 类海水	
	面积 /km²	比例 /%	面积 /km²	比例 /%	面积 /km²	比例 /%	面积 /km²	比例 /%	面积 /km²	比例 /%
春季	1390	3	4790	11	7345	17	10275	23	20600	46
夏季	4660	10	7100	16	6515	15	9335	21	16790	38
秋季	85	0.2	1420	3.2	5795	13.1	12940	29.1	24160	54.4
冬季	0	0	1245	3	6713	15	11254	25	25188	57

数据来源：2015年浙江省海洋环境公报

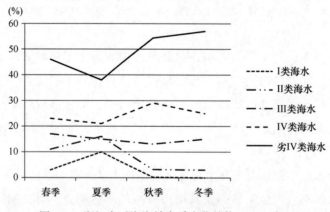

图4-2   浙江省近海海域水质变化趋势（2015年）

---

① 李娜. 长三角海洋经济整合研究 [M]. 上海：上海社会科学院出版社，2017.

表4-11　浙江省主要河流携带入海的污染物量（t）（2015年）

河流名称	化学需氧量	总有机碳	总氮	氨氮	总磷	石油类	重金属	砷
钱塘江	767714	102878	169356	10942	6350	1060	353	58
甬江	97214	20333	32037	4126	1440	151	61	7
椒江	177479	7841	18420	1210	1022	190	140	7
瓯江	618833	64325	99694	5309	12358	485	534	54
飞云江	272796	15083	18160	989	4942	116	117	15
鳌江	25395	1807	3225	206	840	31	14	1
合计	1959331	212267	340892	22782	26952	2033	1219	142

数据来源：2015年浙江省海洋环境公报

　　浙江省2015年五类水质变化趋势中，在2015年一年中Ⅰ类和Ⅱ类的海水水质比例呈现出了先上升后下降的动态变化趋势；Ⅲ类海水水质面积比例在一年中一直处于小幅度变化状态；而Ⅳ类和劣Ⅳ类的海水水质面积呈现出了与Ⅰ类海水Ⅱ类海水变化相反的趋势，呈现出了先下降再上升再小幅下降的动态变化趋势（图4-2）。

表4-12　浙江海域海水溶解态无机氮含量统计评价表（2014年）

季节	层次	监测结果（μmol/L）	标准指数	超标率/%
春季	表层	0.50~25.1/6.52	0.04~1.76/0.49	15.4
	10 m层	0.21~28.4/6.45	0.02~1.99/0.45	13.2
	30 m层	0.57~14.9/5.46	0.04~1.04/0.38	1.20
	底层	1.14~26.4/8.43	0.08~1.85/0.59	5.60
夏季	表层	1.07~15.3/4.21	0.08~1.07/0.31	2.20
	10 m层	1.50~19.6/4.51	0.11~1.38/0.33	1.10
	30 m层	1.43~15.1/5.38	0.10~1.06/0.38	3.80
	底层	3.43~22.0/12.2	0.24~1.54/0.85	23.1
秋季	表层	0.93~46.4/6.98	0.07~3.25/0.47	15.4
	10 m层	0.79~39.0/6.23	0.06~2.73/0.43	14.3
	30 m层	0.64~28.6/3.47	0.05~2.00/0.24	1.3
	底层	1.62~35.4/11.1	0.11~2.48/0.75	18.7

续表

季节	层次	监测结果（μmol/L）	标准指数	超标率/%
冬季	表层	3.57~63.0/14.1	0.25~4.41/0.99	26.4
	10 m层	3.43~53.9/13.2	0.24~3.77/0.93	22.0
	30 m层	3.29~46.3/10.0	0.23~3.24/0.70	14.5
	底层	4.43~44.6/12.8	0.31~3.12/0.92	25.3

注：数据范围为水溶解态无机氮含量，其后数值为平均值

数据来源：曾江宁. 浙江省近海水体环境调查与［M］. 北京：海洋出版社，2014.

表4-13　浙江海域海水活性磷酸盐含量统计表（2014年）

季节	层次	监测结果（μmol/L）	标准指数	超标率/%
春季	表层	未检出~0.700/0.142	0.00~1.45/0.30	6.6
	10 m层	未检出~0.671/0.139	0.00~1.34/0.29	5.5
	30 m层	0.00323~0.542/0.235	0.00~1.12/0.49	5.5
	底层	0.0387~0.861/0.377	0.08~1.78/0.78	22.2
夏季	表层	0.00323~1.61/0.181	0.01~3.33/0.99	4.4
	10 m层	0.0129~0.974/0.197	0.03~2.01/0.40	5.5
	30 m层	0.0355~1.34/0.290	0.07~2.77/0.60	14.6
	底层	0.0419~3.03/0.813	0.09~6.25/1.68	77.0
秋季	表层	0.0161~2.34/0.519	0.03~4.84/1.02	29.7
	10 m层	未检出~2.38/0.519	0.00~4.92/1.01	30.0
	30 m层	0.0258~1.39/0.432	0.05~2.87/0.79	24.4
	底层	0.0903~2.49/1.01	0.19~5.14/2.07	91.2
冬季	表层	0.0581~2.17/0.471	0.12~4.49/0.97	31.9
	10 m层	0.0484~1.70/0.493	0.10~3.52/0.89	30.8
	30 m层	0.0484~1.05/0.377	0.10~2.17/0.75	21.7
	底层	0.0581~2.37/0.490	0.12~4.98/1.00	35.2

注：数据范围为活性磷酸盐含量，其后数值为平均值

数据来源：曾江军. 浙江省近海水体环境调查与研究［M］. 北京：海洋出版社，2014.

近海海域富营养化严重，赤潮频发，水生生物资源衰退，海洋生态系统受损。浙江省已有 583 个无居民海岛被不同程度开发利用，其中 289 个岛屿仅局部进行了基础设施建设工程、海洋旅游和海洋渔农业等开发，294 个岛屿因围填海工程、城镇与临港产业建设等开发建设，改变了无居民海岛的属性。[①] 少数海岛因过度开发造成自然景观、原始地貌和地质遗迹改变，海岛植被和鸟类等生物多样性降低，生态风险有所显现。

杭州湾、象山港、三门湾和乐清湾是浙江省具有独立海洋生态意义的重要港湾，生态环境大多处于不健康的状态。多数港湾排污口设置不合理，造成环境污染严重，环境容量压力增大；海洋与海岸工程使港湾地形地貌演变加速，水动力条件发生变化，水域面积减少，滩涂湿地萎缩；港湾内建设的热电厂和核电厂产生的温排水造成热污染、余氯和酸性尘埃等危害，使水体溶解氧降低，生物体死亡，局部区域海洋生态环境受损[②]。

二、陆向生态环境现状

（一）江苏省陆向生态环境现状

现阶段是江苏全面建设小康社会的关键期，全省大力实施可持续发展战略，加大污染物总量减排力度，实施生态省建设、发展循环经济等一系列规划，环境综合整治取得明显成效。2014 年，江苏化学需氧量、氨氮、二氧化硫和氮氧化物分别同比削减 4.25%，3.32%，3.92% 和 7.88%，均超额完成年度目标；化学需氧量、二氧化硫提前一年完成"十二五"减排任务。废水排放量逐年下降，从 2011 年的 24.6 亿 t 减少到 2014 年的 20.5 亿 t，总量减少 4.1 亿 t，年均排放下降率为 6%。相应地，化学需氧量、氨氮等主要水污染物排放量也逐年呈下降趋势。废气排放量高位增长，2011—2014 年年均增速达到 17.6%。但从排放结构看，二氧化硫、氮氧化物排放量基本呈下降趋势，烟（粉）尘排放趋于上升。固体废物产生量明显上升，2011—2014 年工业固体废物产生量年均增长 7%，2014 年时达到 10 925 万 t（表 4-14）。

表 4-14　江苏省人均 GDP 与环境污染指标数据（1995—2015 年）

年份	人均 GDP（元）	工业废水排放量（万 t）	工业废气排放量（亿标 m³）	工业二氧化硫排放量（t）	工业固体废物产生量（万 t）
1995	7319	220200	7872	1045000	2883
2000	11765	201900	9078	843000	3038

---

① 李娜. 长三角海洋经济整合研究 [M]. 上海：上海社会科学院出版社，2017.

② 徐韧. 浙江及福建北部海域环境调查与研究 [M]. 北京：科学出版社，2014.

年份	人均GDP（元）	工业废水排放量（万t）	工业废气排放量（亿标m³）	工业二氧化硫排放量（t）	工业固体废物产生量（万t）
2005	24616	296300	20197	1312000	5757
2010	52840	263760	31213	1002000	9064
2015	87995	273658	42635	1263746	12738

数据来源：江苏省各年统计年鉴及环境状况公报

　　江苏省从1995年到2015年这短短20年的时间中，人均GDP翻了12倍之多，但是随着经济的快速增长，工业废水、工业废气、工业二氧化硫以及工业固体废物的产生量却是呈逐年增加的发展趋势（表4-15）。工业废水的产量2015年相比与1995年增加了将近5 000万t的排放量，近20年来工业废气的排放量也从1995年的7 872亿标m³增加到了42 635亿标m³的庞大数值，同时工业的固体废物的产生量也增加了近4.5倍。

表4-15　江苏省地级市人均GDP与环境污染指标数据（2015年）

地区	人均GDP（元）	工业废水排放量（万t）	工业二氧化硫排放量（t）	工业废气排放量（亿标m³）	工业固体废物产生量（万t）
连云港	48416	7339	41579	31179	617.44
盐城	58299	16200	37624	2701.62	561
南通	84236	15500	26900	3181.8	648.5

数据来源：2016年中国环境统计年鉴；2016年盐城市环境状况公报；2016年南通市环境状况公报

　　江苏省沿海城市中，连云港、盐城以及南通这三个较具有代表性的城市同样也存在人均GDP的快速增长与工业三废排放量急剧增加的现象出现，经济的快速发展使得环境急剧恶化的现象成为目前最紧迫的待处理问题之一。

　　江苏沿海地区31条主要入海河流河口水质呈中度污染，其中灌河口、中山河口、射阳河口、梁垛南河口及启东沿岸海域污染较重，邻近海域水质难以满足海洋功能区划要求，陆源污染物入海仍是近岸海域环境质量下降的主要原因[1]。江苏沿海地区化工园区集聚，部分化工园区及化工集中区数量多、布局分散，部分园区选址敏感，环保基础设施建设滞后，环境监管尚不到位，存在严重的环境风险隐患，导致部分入海河

---

[1]　李娜．长三角海洋经济整合研究［M］．上海：上海社会科学院出版社，2017.

口水质恶化。

现阶段江苏省以环境承载力为基础统筹经济社会发展，贯彻并强化绿色发展理念，推动形成绿色发展方式和生活方式。更加科学谋划环保，主动适应污染治理"新常态"；进一步深化制度改革，继续完善环境经济政策；加快转变生产方式，实现产业绿色化转型；坚持突出治污重点，把大气污染防治作为重中之重；加强生态保护，打造品质卓越的宜居环境。①

（二）上海市陆向生态环境现状

上海市加强了对海洋污染源的控制力度。在对陆源入海污染控制方面，在完善城市污水处理系统的同时，加大对直排入海污染源、入海河流污染物和沿海垃圾监控力度。同时通过观测数据计算生态环境状况指数，对生态环境做出最为客观的分析与评价（表4-16）。

表4-16　上海市生态环境状况指数与评价（1995—2010年）

年份	1995	2000	2010
生物丰度指数	23.98	23.45	22.28
植被覆盖指数	30.04	30.02	26.87
水网密度指数	100	100	100
环境质量指数	59.18	58.12	62.3
污染负荷指数	40.65	62.49	84.14
生态环境状况指数	52.733	50.148	48.106
生态环境状况评价	一般	一般	一般

数据来源：余挚海. 基于RS与GIS的上海市生态环境演变研究［D］. 上海：东华大学，2013.

上海市生物丰度指数呈下降趋势，1995—2000年降低幅度较小，是由于耕地面积的减少，虽然2010年上海市林地与绿地面积有了显著提高，但是耕地面积由于基数太大，还是对生物丰度指数产生了影响；植被覆盖指数的变化肌理和生物丰度指数类似，都是受耕地面积急剧减少的影响而下降。在城市化进程中，耕地面积向建设用地转变为主，其他用地类型转变为次的趋势是不会改变的。②

环境质量指数是2010年唯一优于2000年与1995年的一个指数。2010年上海市人

① 李延. "十三五"江苏生态环境新形势与绿色发展新谋划［J］. 唯实，2016（3）：46-49.
② 余挚海. 基于RS与GIS的上海市生态环境演变研究［D］. 上海：东华大学，2013.

口平均密度达到 3 632 人/km²，远超 1995 年与 2000 年，但是市中心人口过分拥挤的现象得到了缓解，1995 年与 2000 年人口密度最高的黄浦区达到了 62 782 人/km² 与 53 326 人/km²，而 2010 年人口密度最高的是虹口区，最高人口密度下降到了 36 299 人/km²。而且，2010 年上海市的空气质量也比 1995 年以及 2000 年有了进步，达到了一级标准。但是，酸雨频次的大幅增加也为大气环境保护敲响了警钟，1995 年与 2000 年酸雨频次分别为 13.3% 与 26.0%，而 2010 年这个数字飙升到 74.9%，这与上海的废气，尤其是二氧化硫排放有很大联系[1]。

污染负荷指数是 1995 年以来不断递增的一个指数，这与城市的发展相关联，由于上海市的工业发展规模不断扩大，每年的废气、固体废弃物、废水排放量都不可抑制地增长（表 4-17）。值得称赞的是，上海市的固体废弃物处理能力随着废水处理工艺的进步和政府加大设备和技术的投资力度，也在不断优化。废气及悬浮颗粒排放的控制，正是要接受工业化带来的考验。

总结各指数的变化原因，上海市生态环境状况变化程度并不太高，生态环境状况指数降低的主要原因在于：① 社会经济的迅速发展迫使耕地面积的不断减小，使生物丰度指数和植被覆盖指数的趋势也随之减小；② 随着城市化进展，废气、废水和固体废弃物的排放量在很长一段时间内还会持续增加，使污染负荷指数逐年增长；③ 可供开发利用的后备土地资源匮乏，导致短时间内很难简单地增加植被覆盖；④ 生态环境保护的相关政策不够完善，导致城市生态环境改善进度的停滞不前。

表 4-17　上海市人均 GDP 与环境污染指标数据（2015 年）

地区	人均 GDP（元）	工业废水排放量（10⁴ t）	工业二氧化硫排放量（t）	工业废气排放量（亿 m³）	工业固体废物产生量（10⁴ t）
上海	103796	46939	170844	12802	1868

数据来源：2016 年中国城市环境统计年鉴

（三）浙江省陆向生态环境现状

浙江沿海地区作为中国经济最为发达的地区之一，经济开发对陆地生态系统造成巨大压力。浙江在国家经济社会发展中发挥着重要的作用，浙江沿海地区居住着全省 54% 的人口，国民生产总值占全省的 67%，是浙江经济发展的重心。浙江沿海地区也是重要物种的栖息地，由于开发历史长和城镇化速度加快，浙江沿海地区受人为活动干扰严重，生态脆弱，出现了生物多样性锐减、生物入侵等生态问题。特别是浙江沿

---

① 余挚海. 基于 RS 与 GIS 的上海市生态环境演变研究［D］. 上海：东华大学，2013.

海地区的森林和湿地正在遭受严重破坏，沿海防护林定位不高、总量不足、法律保障和科技支撑滞后；同时，浙江沿海的湿地也面临着过度围垦、水质污染严重、功能退化、生物多样性下降、外来生物入侵、质量低和水土流失严重等问题。浙江沿海开发是国家的战略目标，开发沿海滩涂，发展沿海经济是富民强国的重要措施，但沿海开发带来生态环境的破坏，制约了沿海经济的发展，甚至威胁人民生活与健康，所以，必须加强保护，这是区域经济社会和谐发展、可持续发展的关键①。

从 2005 年到 2015 年这 10 年间，温州市 GDP 总量增长了将近 3 倍，但是与江苏省不同的是，工业废水、工业二氧化硫的排放量却呈现出了逐年下降的发展趋势（表 4-18），这是经济与环境共同发展的良好风向标，是沿海各省市发展的榜样。

表 4-18　温州市环境污染指标数据（2005—2015 年）

年份	GDP 总量 /$\times 10^8$元	工业废水 /$\times 10^4$ t	工业二氧化硫排放量 /t	固废 /$\times 10^4$ t
2005	1596.353	11675	–	–
2007	2158.9	10689	55483	28.9319
2009	2527.3	7900	53337	11.0955
2011	3418.5315	8038.29	39982	15.9094
2013	4003.8617	7433	34479	2.15
2015	4619.84	6278	37316	275.09

注："–"表示未查找到数据；数据来源：各年份中国城市环境统计年鉴

近 10 年来宁波市 GDP 总量增长了 3 倍多，工业二氧化硫的排放量逐年减少，但是废水以及工业固体废弃物的排放量仍然呈现出了上升的趋势（表 4-19）。

表 4-19　宁波市环境污染指标数据（2005—2015 年）

年份	GDP 总量 /亿元	废水 /$\times 10^4$ t	工业二氧化硫排放量 /t	固废 /$\times 10^4$ t
2005	2449.3099	11895	–	–
2007	3435	17726	160247	26.6126

① 崔莉. 浙江沿海陆地生态系统景观格局变化与生态保护研究 [D]. 北京：北京林业大学，2014.

续表

年份	GDP 总量 /亿元	废水 /×10⁴ t	工业二氧化硫排放量 /t	固废 /×10⁴ t
2009	4329.2	17736	128709	108.6758
2011	6059.2409	19797.08	152601	112.4813
2013	7128.8672	19666	134630	48.66
2015	8011.5	16098	101980	1155.41

注："-"表示未找到数据；数据来源：各年份中国城市环境统计年鉴

第二节　长三角海岸带生态环境发展趋势

一、海湾、近岸水域环境动态变化

(一) 近年主要河流污染物排海动态变化

根据国家海洋局发布的中国海洋环境质量公报及相关材料，历年长三角区域河流污染物排海变化趋势如表4-20、图4-3、表4-21、图4-4。

2010—2016 年，长江携带污染物排海状况指标中，化学需氧量在数量上有明显的下降。虽然一些污染物排海量在折线图上没有表现出明显的变化趋势，但是从表4-20的数据中可以看出，除了亚硝酸盐氮的携带量有数值上的上升，氨氮（以氮计）、总磷（以磷计）、石油类、重金属以及砷的河流携带量都有一定量的减少趋势。

表4-20　长江污染物排海变化趋势统计（单位：t）

主要河流	年份	化学需氧量	氨氮（以氮计）	硝酸盐氮（以氮计）	亚硝酸盐氮（以氮计）	总磷（以磷计）	石油类	重金属	砷
长江	2016	7535122	73314	1559511	13161	115824	25700	7469	2044
	2014	7332015	140359	1548760	11021	158040	21393	10208	2187
	2012	7769810	153710	1504277	9234	150734	56331	36245	2516
	2010	10783668	405098	—		214411	52638	31064	2636

注："—"表示该数据未查找到

资料来源：2016、2014、2012、2010 年中国海洋环境质量公报

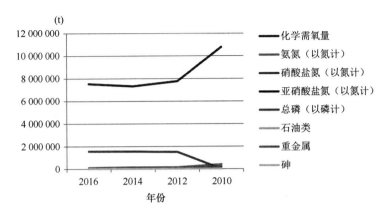

图4-3　2010—2016年长江污染物排海趋势

综合分析图表发现，2010—2016年甬江污染物排海趋势中，化学需氧量呈现出了先升高再降低再升高的发展趋势，但是整体而言仍旧是处于下降的状态。总磷（以磷计）、重金属、砷的含量这6年中呈现出了先升高再降低的发展趋势；氨氮（以氮计）、硝酸盐氮（以氮计）、亚硝酸盐氮（以氮计）以及石油类都呈现出了持续下降的发展态势。

表4-21　甬江污染物排海变化趋势统计（单位：t）

主要河流	年份	化学需氧量	氨氮（以氮计）	硝酸盐氮（以氮计）	亚硝酸盐氮（以氮计）	总磷（以磷计）	石油类	重金属	砷
甬江	2016	89842	4462	6056	157	1189	111	47	3
	2014	62172	2175	9085	502	1290	125	69	4
	2012	154000	5628	12177	815	2393	337	77	7.6
	2010	121345	9150	—	—	889	706	69	3

注："—"表示该数据未查找到

资料来源：2016、2014、2012、2010年中国海洋环境质量公报

（二）近岸海域生物多样性的变化趋势

近海海域海洋生物多样性的监测内容包括浮游生物、底栖生物、海草、红树植物、珊瑚等生物的种类组成和数量分布。

苏北浅滩2012—2016年间公报数据以及形成的折线图的动态趋势显示，浮游植物、大型浮游动物以及大型底栖生物的生物多样性都呈现出了波动的状态，但是整体的动态走势是呈现出上升的趋势（表4-22和图4-5），生物多样性朝着更好的方向持

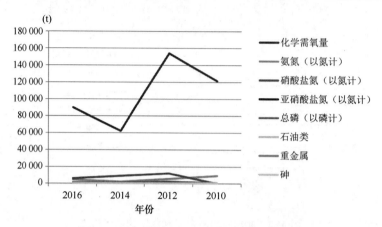

图 4-4　2010—2016 年甬江污染物排海趋势

续发展。

表 4-22　苏北浅滩水域生物多样性监测

监测区域	年份	浮游植物			大型浮游动物			大型底栖生物		
		物种数/种	数量/10^4个细胞 * m^{-3}	多样性指数	物种数/种	数量（个 * m^{-3}）	多样性指数	物种数/种	数量（个 * m^{-2}）	多样性指数
苏北浅滩	2016	87	3013	2.28	49	268	2.57	40	60.0	1.60
	2015	85	302	3.40	48	161	1.86	32	66	1.67
	2014	63	516	2.24	43	41	1.60	40	55	1.56
	2013	81	670	2.58	42	55	2.02	35	64	1.62
	2012	53	2353	1.54	29	62	2.07	52	322	1.31

注：生物多样性指数是生物物种和种类间个体数量分配均匀性的综合表现，用 Shannon-Wiener 多样性指数表征，计算公式为 $HP=-\sum (P_i \times log_2 P_i)$，式中 P_i 为样品中第 i 种的个体数占该样品总个体数之比。

数据来源：2012—2016 年中国海洋环境质量公报。

　　长江口近海水域中 2012—2016 年间，浮游植物呈现出了大范围波动的发展趋势，整体的发展趋势走向呈现为多样性下降的特点；大型浮游动物在 5 年间的观测数据中呈现出小范围的波动，整体多样性趋势走向也呈现下降的状态；大型底栖生物呈现出大幅度的波动状态，但是整体趋势走向是生物多样性上升的发展趋势（表 4-23 和图 4-6）。

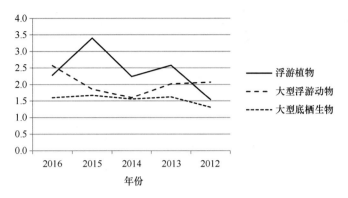

图 4-5　苏北浅滩水域生物多样性变化趋势

表 4-23　长江口水域生物多样性监测

监测区域	年份	浮游植物			大型浮游动物			大型底栖生物		
		物种数/种	数量/10^4个细胞 * m^{-3}	多样性指数	物种数/种	数量（个 * m^{-3}）	多样性指数	物种数/种	数量（个 * m^{-2}）	多样性指数
长江口	2016	98	12806	0.91	108	2465	1.81	115	93.0	2.45
	2015	108	859	2.18	109	300	2.41	143	97	1.66
	2014	94	175	1.74	91	811	2.14	83	147	2.48
	2013	91	800	2.18	104	389	1.97	60	53	1.70
	2012	106	14239	1.25	51	691	2.04	47	90	1.30

注：生物多样性指数是生物物种和种类间个体数量分配均匀性的综合表现，用 Shannon-Wiener 多样性指数表征，计算公式为 $HP = -\sum (P_i \times \log_2 P_i)$，式中 P_i 为样品中第 i 种的个体数占该样品总个体数之比。

数据来源：2012—2016 年中国海洋环境质量公报。

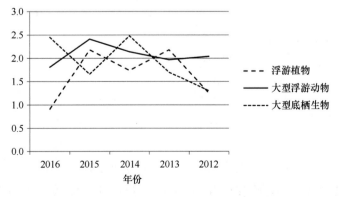

图 4-6　长江口水域生物多样性变化趋势

杭州湾近海水域中，近5年浮游植物的生物多样性呈现出了小范围的波动，整体变化不大；大型浮游动物虽有大幅度的波动变化但是2012年与2016年进行对比生物多样性的差别不大；大型底栖生物的生物多样性近5年的时间里经历了大幅度的削减，以至于在2013年多样性为0，之后的三年时间中，生物多样性的状况开始有了略微性的改善（表4-24和图4-7）。

表4-24　杭州湾水域生物多样性监测

监测区域	年份	浮游植物			大型浮游动物			大型底栖生物		
		物种数/种	数量/10^4个细胞*m^{-3}	多样性指数	物种数/种	数量（个*m^{-3}）	多样性指数	物种数/种	数量（个*m^{-2}）	多样性指数
杭州湾	2016	32	76	1.64	52	99	1.72	11	8.4	0.25
	2015	36	30	1.75	46	288	1.33	11	16	0.27
	2014	64	86	2.11	44	126	1.60	7	3	0.14
	2013	44	29	1.80	30	66	2.42	6	5	0
	2012	74	118	1.84	34	152	1.81	14	5	1.43

注：生物多样性指数是生物物种和种类间个体数量分配均匀性的综合表现，用Shannon-Wiener多样性指数表征，计算公式为$HP=-\sum(P_i \times \log_2 P_i)$，式中$P_i$为样品中第$i$种的个体数占该样品总个体数之比。

数据来源：2012—2016年中国海洋环境质量公报。

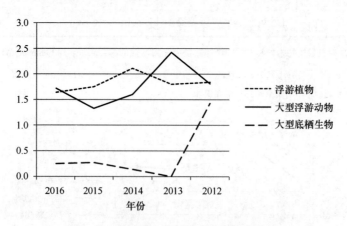

图4-7　杭州湾水域生物多样性变化趋势

乐清湾近5年的时间中，浮游植物、大型浮游动物以及大型底栖生物虽然都呈现出了大幅度的波动状态，但是2012年与2016年进行对比时，发现生物多样性没有出现一个明显的增加或是减少的变化（表4-25和图4-8）。

表4-25　乐清湾水域生物多样性监测

监测区域	年份	浮游植物			大型浮游动物			大型底栖生物		
		物种数/种	数量/10^4个细胞 * m^{-3}	多样性指数	物种数/种	数量（个 * m^{-3}）	多样性指数	物种数/种	数量（个 * m^{-2}）	多样性指数
乐清湾	2016	62	299	2.19	48	498	2.60	44	103.3	2.02
	2015	48	57	1.87	46	158	2.82	39	150	1.58
	2014	70	24	2.89	47	78	2.13	34	128	0.85
	2013	61	382	2.22	42	310	2.52	23	56	0.85
	2012	53	31	2.10	30	117	2.18	30	61	1.60

注：生物多样性指数是生物物种和种类间个体数量分配均匀性的综合表现，用 Shannon-Wiener 多样性指数表征，计算公式为 $HP = -\sum (P_i \times \log_2 P_i)$，式中 P_i 为样品中第 i 种的个体数占该样品总个体数之比。

数据来源：2012—2016 年中国海洋环境质量公报。

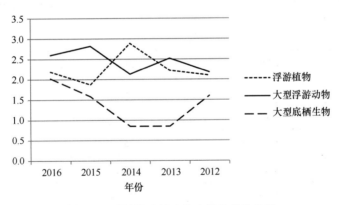

图4-8　乐清湾水域生物多样性变化趋势

二、基于相关性分析的海岸带生境要素变化趋势

相关分析是揭示地理要素之间相互关系的密切程度。地理要素之间相互关系密切程度的测定，主要通过对相关系数的计算与检验来完成。这样就能更清楚、更科学的解释要素二者是否具有相关性，以及所具有的相关性大小的问题说明。这对于海岸带生境要素的变化趋势是极为重要的，更为定量化的描述了要素的变化趋势，增加了定性描述的说服力度与可行度。

对于两个要素 x 与 y，如果它们的样本值分别为 x_i 与 y_i（$i=1,2,3,\cdots,n$），则它们之间的相关系数被定义为：

$$r_{xy} = \frac{\sum_{i=1}^{n}(x_i - x^-)(y_i - y^-)}{\sqrt{\sum_{i=1}^{n}(y_i - y^-)^2}\sqrt{\sum_{i=1}^{n}(x_i - x^-)^2}}$$

式中：r_{xy} 为要素 x 与 y 之间的相关系数；

x^- 和 y^- 分别表示两个要素样本值的平均值，即

$$x^- = \frac{1}{n}\sum_{i=1}^{n}x_i, \quad y^- = \frac{1}{n}\sum_{i=1}^{n}y_i$$

相关系数 r_{xy}，是表示该两要素之间的相关程度的统计指标，它的值介于 [-1,1] 区间。当 $r_{xy} > 0$，表示正相关，即两要素同向相关；$r_{xy} < 0$，表示负相关，即两要素异向相关。r_{xy} 的绝对值越接近于 1，表示两要素的关系越密切；越接近于 0，表示两要素的关系越不密切。分析所用数据将使用表 4-26 数据进行省域及地级市的相关性分析。

表 4-26　两省一市地区生产总值、海洋产业及工业废水排放量情况

区域	年份	地区生产总值（万元）	沿海地区海洋生产总值（亿元）	沿海地带工业废水排放量（万吨）
江苏	2014	114542000	5590.2	23329.1
	2013	102998133	4921.2	20742.65
	2012	92820900	4722.9	24921.79
	2011	82620700	4253.1	27084.04
	2010	69917400	3550.9	16497
	2009	57309338	2717.4	15395
	2008	48634900	2114.5	15728
	2007	41013200	1873.5	15782
	2006	34599800	1287.0	17985
	2005	29329500	1112.7	12503

续表

区域	年份	地区生产总值 （万元）	沿海地区海洋生产总值 （亿元）	沿海地带工业废水排放量 （万吨）
上海	2014	235677000	6249	30062.5
	2013	216021200	6305.7	30125.43
	2012	201817200	5946.3	31783.66
	2011	191956900	5618.5	30628.07
	2010	171659800	5224.5	21269
	2009	150464500	4204.5	29341
	2008	136981500	4792.5	29256
	2007	121888500	4321.4	31993
	2006	103663700	3988.2	31823
	2005	91541800	2053.9	34940
浙江	2014	411406143	5437.7	63210.4
	2013	306753867	5257.9	69028.73
	2012	283624398	4947.5	74807.21
	2011	260330816	4536.8	77343.44
	2010	222033889	3883.5	85127
	2009	188136929	3392.6	78716
	2008	176632634	2677.0	77106
	2007	153816635	2244.4	80263
	2006	129762335	1856.5	76875
	2005	111273758	1662.1	14723

注：人均 GDP 以及近海海域动植物生物多样性指数为研究区域范围内各地区的数值均值

数据来源：2006—2015 年中国城市统计年鉴以及 2006—2015 年中国海洋统计年鉴。

运用软件 SPSS22.0 对表 4-26 的数据资料进行定量统计分析两省一市的环境状况。江苏省近 10 年来的数据分析结果如表 4-27，江苏省的地区生产总值的均值达到了 6 737.858 71 亿元，虽然标准差的数值巨大，表示了地区总产值的极度不稳定性，但是从整体来看 10 年内的地区生产总值呈现出了持续上升的态势；沿海地区海洋生产总值的平均值达到了 3 214.34 亿元，约占地区生产总值的 47.7%，沿海地区的海洋生产总值占据了地区生产总值将近一半的份额，虽然标准差数值巨大，但是仍然可以说明产值的增加速度将是以指数型递增；同时，随着生产总值的不断提升，沿海地带工业废水排放量也在呈倍数递增，成为了近岸海域环境污染的罪魁祸首，成为了生物指数多样性锐减的一大利器。

表4-27　描述性统计量（江苏）

	均值	标准差	N
地区生产总值	67378587.10 万元	29905870.03 万元	10
沿海地区海洋生产总值	3214.340 亿元	1612.8687 亿元	10
沿海地带工业废水排放量	18996.7580×10^4 t	4781.45615×10^4 t	10

表4-28　相关性分析（江苏）

		地区生产总值	沿海地区海洋生产总值	沿海地带工业废水排放量
地区生产总值	相关性显著性 N	1	0.995	0.774
			0.000	0.009
		10	10	10
沿海地区海洋生产总值	相关性显著性 N	0.995	1	0.793
		0.000		0.006
		10	10	10
沿海地带工业废水排放量	相关性显著性 N	0.774	0.793	1
		0.009	0.006	
		10	10	10

　　对江苏省的地区生产总值、沿海地区海洋生产总值以及沿海地带工业废水排放量这三项指标进行相关性分析（表4-28），分析结果表明：江苏省沿海地带工业废水的排放量与地区生产总值以及沿海地区海洋生产总值呈现出了正相关的态势，与地区生产总值的相关性 0.05>0.009 呈现出了显著性的相关关系。同时，沿海地带工业废水排放量与沿海地区海洋生产总值也呈现出了正相关的发展趋势，两者之间的显著性 0.05>0.006 数值比较，说明沿海地带的工业废水排放量与沿海地区海洋生产总值呈现出了较为显著的相关性。由此结论可以分析得出，沿海的产业发展对于沿海地带、近海海域造成了极大的环境污染，这种正相关的发展态势，也使得江苏省近岸水域生态环境越

来越差。

同样运用表 4-26 中的数据分别对上海市、浙江省进行地区发展与海洋环境变化相关性的分析：

运用 SPSS22.0 分析上海市近海水域的沿海地带工业废水的排放量与地区总产值以及沿海地区海洋生产总值相关性，发现它们之间呈现出负相关关系（表 4-29、表 4-30）。导致这种负相关关系的出现，是由于上海市在 2005 年颁布并在 2006 年开始执行《上海市海域使用管理办法》，显然这个法律法规的颁布执行对于上海市近海海域的生态环境有所改善，但是上海市沿海地带的工业废水排放量基数之大，一个城市的沿海地带工业废水的排放量远远超过了江苏省三个沿海城市近年来在沿海地带工业废水的排放总量。虽然在整体的发展态势上，呈现出了较为乐观的负相关关系，但是在污染排放的庞大基数面前却仍然只起着微乎其微的作用，使得上海市近海海域的生态环境并没有得到明显的改善。

表 4-29　描述性统计量（上海）

	均值	标准差	N
地区生产总值	162167210 万元	49055360.083 万元	10
沿海地区海洋生产总值	4870.45 亿元	1302.3511 亿元	10
沿海地带工业废水排放量	30122.166×10^4 t	3533.38781×10^4 t	10

表 4-30　相关性分析（上海）

		地区生产总值	沿海地区海洋生产总值	沿海地带工业废水排放量
地区生产总值		1	0.921	−0.315
	相关性显著性 N		0.000	0.375
		10	10	10
沿海地区海洋生产总值		0.921	1	−0.400
	相关性显著性 N	0.000		0.252
		10	10	10
沿海地带工业废水排放量		−0.315	−0.400	1
	相关性显著性 N	0.375	0.252	
		10	10	10

　　同样，对浙江省沿海海域数据进行分析。浙江省沿海地带工业废水的排放量与地区生产总值以及沿海地区海洋生产总值都呈现出了较为明显的正相关的关系，很明显的呈现出了未来沿海生态环境的发展趋势（表4-31、表4-32）。同时，浙江沿海城市的污染物排放成为了长三角地区之最，近10年的数据显示，浙江省沿海地带工业废水的排放量平均值是上海平均排放量的2.3倍之多，同时更是江苏沿海地带工业废水排放量的3.7倍。这样的污染物排放基数，加之经济发展与污染物排放的正相关关系，使得浙江在《2016中国近岸海域环境质量公报》中成为了全国水质排名最末尾的省份。可见，浙江省近岸海域生态环境现状与未来发展趋势不容乐观。

表4-31　描述性统计量（浙江）

	均值	标准差	N
地区生产总值	224377140.4 万元	92430262.177 万元	10
沿海地区海洋生产总值	3589.6 亿元	1430.8606 亿元	10
沿海地带工业废水排放量	$69719.978×10^4$ t	$20239.46868×10^4$ t	10

表4-32　相关性分析（浙江）

		地区生产总值	沿海地区海洋生产总值	沿海地带工业废水排放量
地区生产总值		1	0.945	0.201
	相关性显著性 N		0.000	0.577
		10	10	10
沿海地区海洋生产总值		0.945	1	0.293
	相关性显著性 N	0.000		0.411
		10	10	10
沿海地带工业废水排放量		0.201	0.293	1
	相关性显著性 N	0.577	0.411	
		10	10	10

第三节　长三角海岸带生态环境问题成因解析

一、长三角海岸带生态环境问题人类活动驱动

　　长三角经济发展迅速，1990—2017 年长三角地区经历了快速城市化的过程，土地利用变化强度大。1990—2000 年长三角区域耕地面积流失量巨大，按照年均流失速率评估，上海、杭州、宁波的市辖区是耕地流失现象最为严重的区域。2000—2017 年区域耕地流失状况更趋严重，按照年均流失速率划分，上海—南京轴、上海—杭州轴、杭州—宁波轴沿线均为耕地流失严重区，同时温州的耕地流失强度也有显著的提高①。长三角区域城市化快速发展对大气、土壤、水体、岸线等都产生一定影响，同时也带来了海岸环境污染问题。

　　其一，人工岸线包括丁坝和突堤、港口码头、围垦堤、养殖围堤、盐田围堤、交通围堤和防潮堤。在过去的 40 年，长三角海岸线利用率快速提升，围填海工程迅速增加，破坏了原始岸线的生态环境，降低了近岸海域环境容量，造成近海生物群落破坏。自然岸线长度及比例的锐减、空间破碎化导致滨海重要生态系统损失严重，蓝碳储量及增汇潜力大幅度减少。

　　如江苏省连云港市海州湾大陆海岸线 1973—2013 年的时空变化和海岸开发方式分析呈现②③：海州湾岸线长度及类型动态变化显著，岸线长度整体增加，海湾面积不断减少，岸线类型以人工岸线为主；岸线整体向海推进导致陆域面积净增 65.54 km²，变迁速率时空分布不均，变迁主要发生在岚山港、绣针河口至柘汪河口、兴庄河口至西墅、连云港港岸段，城镇扩张导致 2010—2013 年变迁最为剧烈（图 4-9），速率达 122.9m/a；海岸人为开发是海州湾岸线变化的主导因素，且开发方式时间异质性显著，早期以盐业、养殖业为主，20 世纪 80 年代开始港口码头建设比例显著增加，进入新世纪以来，用于城镇建设的围填海规模大幅增长，尤其是 2010 年之后已成为海州湾地区海岸开发的首要方式。

　　盐城市围填海空间格局的变化特征④：

　　（1）1984—2015 年，盐城市新增和侵蚀破坏围填海面积分别为 95 182.71 ha 和

① 张慧，高吉喜，宫继萍，等．长三角地区生态环境保护形势、问题与建议［J］．中国发展，2017，17（2）：3-9.

② 陈晓英，张杰，马毅．近 40 年来海州湾海岸线时空变化分析［J］．海洋科学进展，2014，32（3）：324-334;

③ 巢子豪，高一博，谢宏全，等．1984—2012 年海州湾海岸线时空演变研究［J］．海洋科学，2016，40（6）：95-100.

④ 康敏，沈永明．30 多年来盐城市围填海空间格局变化特征［J］．海洋科学，2016，40（9）：85-94.

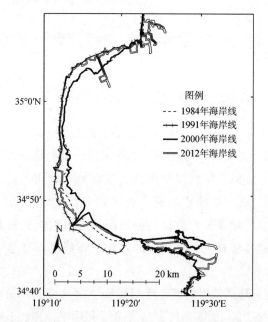

图 4-9　1984—2012 年 4 期海州湾海岸线

资料来源：巢子豪，高一博，谢宏全，卢霞. 1984—2012 年海州湾海岸线时空演

变研究 [J]. 海洋科学, 2016, 40 (6)：95-100.

1 970. 45 ha, 且随时间变化围填海侵蚀破坏区不断向南扩张（表 4-33）。1984—2015
年，围填海利用类型经历了从已围待利用地为主到盐养用地为主的演变过程。

表 4-33　1984—2015 年盐城市围填海新增/侵蚀破坏面积

| 地区 | 面积（ha） | | | | | | | |
| | 新增 | | | | 侵蚀破坏 | | | |
	1984—1991	1991—2002	2002—2015	1984—2015	1984—1991	1991—2002	2002—2015	1984—2015
响水县	1351. 22	200. 43	348. 14	1899. 79	17. 44	192. 60	233. 20	443. 25
滨海县	59. 61	11. 88	44. 43	115. 92	222. 80	215. 19	769. 35	1207. 34
射阳县	2929. 33	16831. 40	3180. 40	22941. 13	0	42. 94	187. 49	230. 43
大丰市	3478. 20	21559. 20	15199. 19	40236. 59	0	0	89. 43	89. 43
东台市	602. 94	10037. 95	19348. 39	29989. 28	0	0	0	0
盐城市	8421. 30	48640. 86	38120. 55	95182. 71	240. 24	450. 73	1279. 47	1970. 45

资料来源：康敏，沈永明. 30 多年来盐城市围填海空间格局变化特征 [J]. 海洋科学, 2016, 40 (9)：
85-94.

（2）1984—2015 年的 3 个时间段内港池蓄水围填海强度指数均较小，最大围填海强度指数仅为 0.19 ha/km。建设填海造地、已围待利用地和盐养用地的围填海强度指数呈现不断上升的变化趋势，最大围填海强度指数分别为 2.15、27.53 和 77.33 ha/km。农业填海造地的围填海强度指数呈现先上升后下降的变化趋势，最大围填海强度指数为 18.51 ha/km；

（3）1984—2015 年，盐城市围填海各类型的聚集度指数均较高，平均聚集度指数高达 96.98。盐城市围填海质心不断向东南方向迁移，说明盐城市围填海开发的重点区域逐渐向南迁移（图 4-10）。

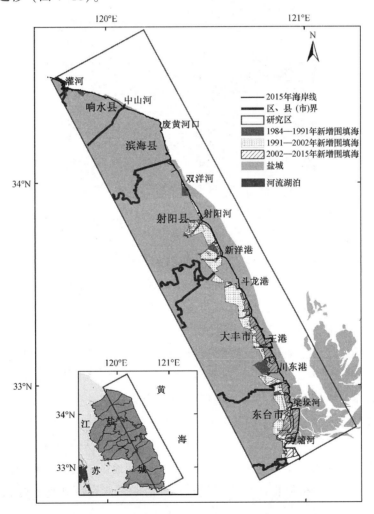

图 4-10　盐城市 1984—2015 年围填海及其岸线变迁

资料来源：康敏，沈永明. 30 多年来盐城市围填海空间格局变化特征［J］.
海洋科学，2016，40（9）：85-94.

　　江苏省南通市海岸线①自 2000 年至 2009 年水边界向内陆迁移，但是变化幅度较小，自 2009 年至 2014 年，水陆边界线发生较大变化（图 4-11）。海岸线呈现向大海推进的趋势，但是，推进方式不是平行线式推进，不同地段推进方式差异较大。在滩涂区域面积变化方面，2000—2009 年年均围垦滩涂 34 305 亩，2009—2014 年年均围垦滩涂 49 360 亩。沿海的浅水区域是围垦滩涂的主要区域（图 4-12），未来的沿海滩涂土地需求的难度将会逐渐增大。

图 4-11　南通市 2000、2009、2014 年的人工围垦滩涂边界比较

　　上海市大陆海岸在 1973—2013 年间呈向海推进态势，围填海面积为 289.83 km^2，向海推进速度先减小后增大，其中 2002—2013 年推进速度最快，其次是 1990—2002 年，1981—1990 年推进速度最慢。长江口海岸和杭州湾岸段等均呈向海推进态势，快速淤进主要是由围海养殖、港口码头建设等人类活动引起的②。

　　浙江省大陆岸线时空演化特征明显③，总体不断向海推进（图 4-13），长度不断缩减，变化强度为-0.21%；平均分形维数为 1.092 2，近几年呈下降趋势；人工化指数不断上升，以基岩海岸被开发利用为港口码头最为典型；各自然岸区岸线开发利用结构呈现多样化特征及变化趋势；开发利用总强度呈现上升趋势，由 1990 年的 0.25 上升至 2015 年的 0.38（图 4-14）。近年来，浙江省沿海地区经济快速发展，围海造地、港口建设等开发活动作为"第三营力"，成为浙江海岸带地区拓展生产和生活空间的重要手段，但其对大陆岸线格局也产生了深刻影响。沿岸滩涂资源和近海资源的不合理开

　　①　丁海勇，宦建巍，罗海滨. 南通市沿海滩涂变化监测研究 [J]. 测绘科学技术，2017，5（2）：47-56.
　　②　闫秋双. 1973 年以来苏沪大陆海岸线变迁时空分析 [D]. 青岛：国家海洋局第一海洋研究所，2014.
　　③　叶梦姚，李加林，史小丽，等. 1990—2015 年浙江省大陆岸线变迁与开发利用空间格局变化 [J]. 地理研究，2017，36（6）：1159-1170.

图 4-12　南通市 2000—2014 年围垦滩涂集中增加区域

发不仅改变了浙江省大陆岸线的基本形态及空间格局，而且引起沿海地区的资源短缺、环境恶化等生态问题。

　　其二，大量海洋工程建设影响海洋环境。长三角经济发展中，越来越重视对海洋资源的利用，先后建成甬舟跨海大桥、杭州湾跨海大桥、上海东海大桥与上海长江隧桥、崇启大桥等跨海桥梁、海上娱乐及运动设施等海洋工程，极易在建设过程中产生污染影响周边环境，同时选址不当会造成对海岸的侵蚀或淤积。

　　跨海大桥的建设由于桥梁墩台基础工程对底质的占用是永久性的，因此跨海大桥的建设对于底栖生物的生长环境造成的破坏是永久性的。此外，跨海大桥桩基施工中

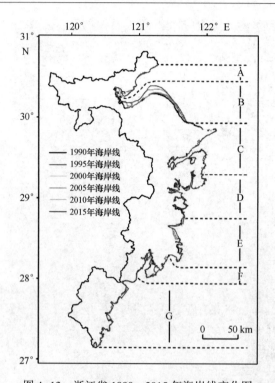

图 4-13　浙江省 1990—2015 年海岸线变化图

注：A：杭州湾北岸区；B：杭州湾南岸区；C：象山港岸区；D：三门湾岸区；E：椒江
口岸区；F：乐清湾岸区；G：瓯江口—沙埕港岸区

易造成水中悬浮物质含量过高，使鱼类的腮腺积聚泥沙微粒，会导致鱼类腮部的滤水
及呼吸功能下降，严重者甚至窒息死亡。其次在跨海大桥的施工过程中，一部分的泥
沙与海水混合，形成了悬泥含量很高的水团，增加了水中悬浮物质的含量。随着悬浮
物质的逐渐增多，削弱了水体的真光层厚度，进而降低了海洋初级生产力，最终使得
浮游植物生物量下降。随着浮游植物生物量的减少，会使以浮游植物为饵料的浮游动
物在单位水体中拥有的生物量也相对的减少。以此类推，会对整个海洋的生物链造成
一定的影响。可见，水体中悬浮物质含量的增多，对整个水生生态食物链的影响是多
环节的。

　　同时，在跨海大桥的施工过程中船舶漏油也会对海洋环境造成严重的污染，油污
染对于海洋环境及生物的危害主要有以下多个方面：① 油膜会使海水的透光率下降，
降低浮游生物的光合作用，进而影响海域的初级生产力。② 油污染会伤害海洋生物的
化学感受器，使其感觉系统发生紊乱。③ 海洋生物的卵和幼体较为脆弱，油污染会导
致种群数量的减少。④ 溶解和分散在海水中的油类，较易侵入海洋生物的上皮组织，
破坏动植物的细胞质膜和线粒体膜，损害生物的酶系统和其他蛋白质结构的功能，导
致基础代谢活动出现障碍，引起生物发育异常。⑤ 油污染较为严重时可能导致生物种

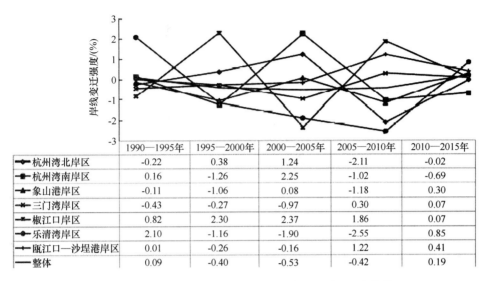

图 4-14　1990—2015 年浙江省大陆岸线开发利用强度指数

资料来源：叶梦姚，李加林，史小丽，等. 1990-2015 年浙江省大陆岸线变迁与开发利用空间格局变化

[J]. 地理研究，2017，36（6）：1159-1170.

群结构发生变化，造成生态平衡失调。

其三，海水的自净能力是有限的，当海水养殖释放到水体中的物质超过其所能承受的最大限度，即海水的环境容量时，养殖便会对海洋环境造成一定程度的污染。海水养殖对近岸海域海洋环境的污染具体来说主要来源于三个方面：一是来源于残饵、排泄物等营养物的污染；二是来源于养殖药物的使用污染；三是来源于底泥的富集污染①。

养殖过程中的污染物主要是残饵、粪便和排泄物中所含的营养物质氮、磷，还有悬浮颗粒物及有机物。同时，水产养殖排放的废水对邻近水域的负载也在逐年增加，排出的富含氮、磷等营养物质对养殖水体自身及邻近水体的污染都非常大。同时，人们为了追求利润最大化，常常会盲目的增加养殖密度，但是养殖密度被不科学的增加导致的直接结果就是养殖物种病害的发生，这样就会导致大量化学药品的使用。这些毒性不同的治疗药物、消毒剂和防腐剂每年大量的排入海洋，对海洋生物和人类都造成了极大的危害。其次还有海水养殖过程中输入水体的氮、磷和颗粒物分别有 24%、84% 和 93% 沉积在底泥中，经过长时间大量的积累，超过水域的自净能力，成为污染近海海域水质的重要污染源。

---

① 宇文青. 海水养殖对海洋环境影响的探讨 [J]. 海洋开发与管理，2008（12）：113-117.

二、长三角海岸带生态环境问题的治理成因探析

(一) 陆源污染控制较难

一方面来自入海河流中上游污染较难控制，而长三角处于长江下游，海域接纳了来自中上游流域的污染物，跨区域管理控制较难实现；另一方面来自长三角陆域地区污染严重。长三角为我国经济最为发达地区，沿海工业的快速发展带来了大量工业污染物进入海洋，沿岸密集的大中型城市生产的生活垃圾和废水排入海洋的总量不断上升，不合理的农业生产方式，导致多余化肥、农药污染海水。陆源污染较难控制的主要原因是海洋管理分工不明确，政出多门，还未建立起有效的海陆生态补偿机制。①

(二) 海洋突发公共事件威胁较大

其一，近海岸海水富营养化程度高，水质恶化严重。受无机氮、活性磷酸盐、石油类超标的影响，海域水体富营养化程度高，近海岸海水质量严重恶化，长江口、杭州湾近岸区域为重度海水富营养化海域，其二，长三角海域赤潮频发。2014 年全海域共发现赤潮 56 次，东海发现赤潮次数最多为 27 次，赤潮面积占全国 34.42%。② 其三，海水入侵严重。由于海平面上升以及入海河流流量降低，长三角面对海水入侵趋于严重，上海崇明地区、江苏连云港、浙江台州和温州等地区海水入侵范围都有所增加。其四，突发海洋污染事件存在隐患。长三角海上运输业发达，面临的船舶溢油和化学危险品泄漏等海洋污染事故的风险较大。如 2012 年，长江口和浙江岱山海域分别发生游轮碰撞事故和输油管道断裂事故，均造成了污染物质的泄漏，对海洋环境造成一定影响。

(三) 海洋保护意识淡薄

一方面，社会公众对海洋环境的保护意识薄弱。海洋教育的缺失，导致公众对海洋经济、海洋权益、海洋生态等海洋知识缺乏，对海洋保护意识不足，重视程度不够，如生活垃圾入海、农业用药的不合理处置等行为使海洋环境遭到严重损害；另一方面将经济发展作为政府考核指标，忽视海洋环境保护。长期以来，发展经济是各地方政府的第一要务，是衡量官员政绩的最重要的指标，增加 GDP 的同时，忽视了生态环境的保护。长三角海洋生态环境同样面临相同问题，当前长三角海域污染严重，一定程度上是落后的政府绩效考核机制所致。

---

① 李娜. 长三角海洋经济整合研究 [M]. 上海：上海社会科学院出版社，2017.
② 国家海洋局. 2016 年中国海洋环境质量公报 [R]. http://www.soa.gov.cn/zwgk/zcjd/201703/t20170323_55320.html

第五章　长三角海岸带生态环境
治理现状与问题

　　涉海法律法规、海岸带管理体制、长三角合作组织机构等是长三角海岸带生态环境治理依托的手段和平台，其完善及运行状况直接影响了治理的有效性。我国及长三角区域已形成了部门或地方主导的海岸带行政管理体制、法律法规体系，建立了以长三角城市经济协调会为核心的长三角区域合作组织机构，对海岸带生态环境跨域问题进行了专题研究，通过城市领导座谈会、市长联席会议、部门协调会等形式进行了多项合作协议、规划的签订和制定。目前，长三角海岸带生态环境合作治理已取得一些成果，但仍存在海岸带生态环境共治制度建设滞后、政府部门横纵向协调机制亟待完善、海岸带相关规划有待整合、海岸带生态损害评估及损益主体界定难、海岸带生态环境国家或地方标准修订滞后等涉及海岸带生态环境跨域治理的制度、机制、推进工具等方面亟待解决的关键难题。

第一节　现有涉及海岸带生态环境管理制度

一、海岸带行政管理体制状况

　　20 世纪 50—60 年代，我国海洋开发与管理体制是根据海洋资源的自然属性，按照各行业自身的特点实行行业管理，采取陆地资源开发部门的管理职能向海洋的一个延伸，这一类行业部门被称为涉海行业主管部门。例如，渔业部门负责海洋渔业的生产和管理，交通部门负责港口和海上交通运输的生产和管理，轻工业部门负责海洋商品的生产和贸易管理等。当时由于社会经济技术能力较弱，因此对海洋空间和资源的开发管理利用的规模比较小，海洋受到的开发压力也不大，各涉海行业之间以及行业主管矛盾也不突出，涉海行业部门的主要职责是进行生产管理。随着国家海洋事业的发展，海洋的重要性日益凸显，开发海洋利用海洋成为社会共识，各级各类机构、团体、个人纷纷进军海洋，导致了海岸海洋生态环境危机、海洋权益维护等问题的日渐突出。因此，中国中央政府针对新问题重组并设立了一些海洋管理机构，如调整并扩大了国家海洋局的管理职能，组建了中国海警、海关缉私局等海上安全部门①。20 世纪 80 年代以来，国家分级管理海洋的行政体制形成，地方海洋行政管理机构相继建立。截至2016 年，中国基层政府海洋主管机构形成了三种模式：一是将海洋行政管理、海洋渔业管理两项海洋事业统一在一起，受国家海洋局与农业部渔业局的双重领导；二是将海洋与土地、地矿结合的国土资源管理模式，海洋综合管理和海洋执法工作分给国土资源厅（局）的海洋部门专职负责；三是专设海洋行政管理机构，逐渐形成我国当前的海洋行政管理体制，有十多个涉海管理部门（表 5-1）。长三角地区中浙江、江苏使用了海洋、渔业协调统一的管理模式即设立省级、市级、（滨海）县级海洋与渔业主管局，省局下设有海情处、生态环境处、海洋资源管理处等；上海市较为特殊，上海地方海洋行政管理机构为上海市水务局和上海市海洋局（合署办公），下设有滩涂海塘处、海域海岛管理处、海洋环境保护处。2018 年末，国家自然资源与规划机构重组，海洋主管部门被纳入自然资源机构。

长三角地区整体濒临中国东海，国务院批准成立于 1965 年 3 月 18 日的国家海洋局东海分局，部委正司级，是国家海洋局派驻东海区的海洋行政管理机构，履行北起江苏连云港南至福建东山诏安头我国管辖海域有关海洋监督管理职责②。主要职责是：

（1）承担海区海洋工作的监督管理和海洋事务的综合协调，拟订区域相关海洋规划并监督实施，承担海洋听证、行政复议等相关工作。

（2）承担国家海洋经济区海洋经济运行监测、评估及信息发布工作，组织开展海区海洋领域节能减排、应对气候变化等工作。

（3）承担海区海域使用的监督管理，负责海区海底电缆管道铺设的审批管理。

（4）承担海区海岛保护和无居民海岛使用的监督管理。

（5）承担海区海洋环境保护的责任。监督管理海洋油气勘探开发、海洋倾废和局核准的海洋工程建设项目的环境保护工作；管理领海外等海域的海洋保护区，承担海区海洋环境突发事件的应急管理和海洋生态损害的国家索赔。

（6）承担海区海洋基础与综合调查，监督管理海区海洋信息、海洋资料、海洋标准计量工作，推进海区科技兴海和公众海洋宣传教育工作。

（7）承担海区海洋环境监视、监测和观测预报体系的管理，发布海区海洋环境通报、公报、预报和海洋灾害预警报；监督管理海区防灾减灾工作。

（8）承担海区涉外海洋科学调查研究活动和涉外海洋设施建造、海底工程和其他开发活动的监督管理，承担有关海洋事务的国际合作与交流。

（9）承担中国海监东海总队队伍建设和管理，承担海区海洋行政执法、维权执法

① 高锋. 我国东海区域的公共问题治理研究 [D]. 上海：同济大学，2007.
② http：//www.eastsea.gov.cn/jgzn_ 225/dwgk/201608/t20160821_ 7317.shtml，2017 年 11 月 6 日

工作，依法查处违法活动，负责船舶、飞机、陆岸设施管理和通信、机要保障工作。

（10）承担国家海洋局交办的其他事项。

2017 年 11 月国家海洋局东海分局机关设 11 个处室：办公室、政策法规与规划处、海域和海岛管理处、海洋环境保护处、海洋科学技术处、海洋预报减灾处、人事处、财务处、党委办公室、纪检监察办公室、离退休办公室。中国海监东海总队机关设 5 个处室。指挥处、行政执法处、维权执法处、装备技术处、机要处。同时，国家海洋局东海分局下属 16 个单位：国家海洋局东海环境监测中心、国家海洋局东海预报中心、国家海洋局东海信息中心、国家海洋局东海标准计量中心、国家海洋局东海海洋环境调查勘察中心、国家海洋局东海分局机关服务中心、中国海监第四支队、中国海监第五支队、中国海监第六支队、中国海监东海航空支队、中国海监东海维权执法支队、国家海洋局南通海洋环境监测中心站、国家海洋局宁波海洋环境监测中心站、国家海洋局东海分局舟山海洋工作站、国家海洋局温州海洋环境监测中心站、国家海洋局宁德海洋环境监测中心站、国家海洋局厦门海洋环境监测中心站。

表 5-1　我国主要涉海管理部门职责

主管部门	涉及海洋管理的职责
自然资源部国家海洋局	海洋立法、统计、规划、监管、组织海洋战略和基础调查研究、海洋事务综合协调、海洋环境保护与整治、维护国家海洋权益
交通运输部海事局	国家水上安全监督和防止船舶污染、船舶及海上设施检验、航海保障管理和行政执法
国家科技部	海洋科技攻关研究、海洋技术发展
农业农村部渔业渔政管理局	渔业行业管理、渔业产业结构和布局、渔船检验和渔政、渔港监督管理、渔业资源等保护管理
国家生态环境部	拟订重点海域污染防治规划、协调海域污染防治、指导和监督海洋环境保护
中国海关总署	出入境监管、征税、打私、统计
公安部边防管理局	海上治安管理、渔船民管理、海上边界巡逻监管、缉毒缉枪、缉私、反偷渡
中国海军	海洋国土保卫，护渔、护航
国家发展和改革委员会	海上能源开发利用、海洋经济发展
国家水利部	水资源的合理开发利用、海岸滩涂的治理和开发

二、国家、省级层面涉海法规

（一）国家层面涉海法规及其着力点演变

党的十八届四中全会明确将建设中国特色社会主义法治体系，建设社会主义法治国家作为全面推进依法治国的总目标。这一目标的实现，离不开"蓝色国土"的法治建设——海岸海洋领域实现"依法治海"是中国特色社会主义法治体系建设的有机组成部分。同时，拥有内容全面、结构合理、协调统一的涉海法律体系才能更好的推进依法治海（图5-1），其中在部门规章层面，涉及了交通运输部、农业部、自然资源部、海关总署、商务部、生态环境部等部门。客观来说，我国涉海法律建设已经取得了不容忽视的成就，以法律为核心，以相关行政法规、部门规章、地方性法规为辅助的涉海法律集群已经初步形成。①

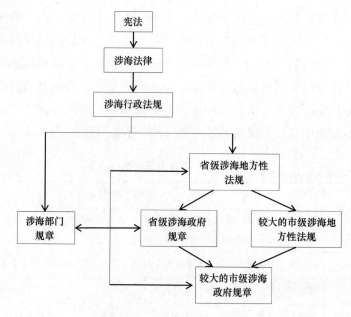

图5-1　涉海法律体系结构

自1982年起中国陆续制订了一系列针对海洋进行保护的法律法规及规范性文件（表5-2），其中《海洋环境保护法》的实施是我国"海洋生态补偿"工作的重要开端，其确立了保护和改善海洋环境，保护海洋资源，防治污染损害，维护生态平衡，保障人类健康，促进经济和社会的可持续发展的基本方针。在我国海洋环境保护的具体法律制度中，既建立了适用于所有海洋环境保护活动的制度，包括：监督管理、排污总量控制、海洋功能区划、重大海上污染事故应急、海洋自然保护区和法律责任制度；也制定了对具体事项的配套管理制度，包括：防止船舶污染、海洋石油勘探开发、海洋倾废、防止拆船污染、防治陆源污染、防治海岸工程建设项目污染和防治海洋工程建设项目污染。近年来，我国颁布的一系列涉海法律法规，对于防治海洋环境污染、

① 曹兴国，初北平 . 我国涉海法律的体系化完善路径 [J] . 太平洋学报，2016，24（9）：9-16.

合理开发利用海洋生态系统服务具有重要、积极的意义①。2017 年 3 月 31 日，国家海洋局发布《海岸线保护与利用管理办法》规定了我国海岸线的监督管理机制，明确国家海洋局负责全国海岸线保护与利用工作的指导、协调和监督管理，改变了海岸线多头管理的局面；通过建立健全海岸线分级保护制度，明确海岸线分级保护的分级要求和具体管理要求，并与海洋生态红线衔接，进一步加大对海岸线的保护力度；通过地方制定自然岸线控制使用计划、加强对占用岸线用海项目的审查和论证，向群众开放亲水岸段等措施，提高海岸线的节约利用水平。围绕办法提出的各项制度及自然岸线保有率管控目标，国家海洋局将采取落实管控目标与管理措施；自然岸线纳入海洋生态红线管控；推进海岸线管理法规、规划建设；提高海域使用项目占用海岸线的门槛；实施海岸线整治修复工程；强化海岸线动态监测等 6 项措施，保障办法的落实。

表 5-2　国家层面主要海洋环境保护法律法规及规范性文件

时间	法律、法规名称	颁布机关	备注
1982-01-12	中华人民共和国对外合作开采海洋石油资源条例	国务院	1982 年 1 月 30 日施行，2001、2011 年 1 月、2011 年 9 月和 2013 年分别进行了重新修订
1982-08-19	中华人民共和国海洋环境保护法	全国人民代表大会常委会	1982 年通过，1999、2013 和 2016 年分别进行了重新修订
1983-12-29	中华人民共和国对外合作开采海洋石油勘探开发环境保护管理条例	国务院	
1983-12-29	中华人民共和国防止船舶污染海域管理条例	国务院	
1986-03-06	中华人民共和国海洋倾废管理条例	国务院	
1986-01-20	中华人民共和国渔业法	全国人民代表大会常委会	1986 年 7 月 1 日起施行，2000、2004、2009 和 2013 年分别进行了重新修订
1988-05-18	中华人民共和国防止拆船污染环境管理条例	国务院	
1990-05-25	防治陆源污染物污染损害海洋环境管理条例	国务院	1990 年 8 月 1 日起施行

---

① 宫小伟. 海洋生态补偿理论与管理政策研究 [D]. 青岛：中国海洋大学, 2013.

续表

时间	法律、法规名称	颁布机关	备注
1990-09-20	中华人民共和国海洋石油勘探开发环境保护管理条例实施办法	国家海洋局	
1990-09-25	中华人民共和国海洋倾废管理条例实施办法	国家海洋局	
1992-08-20	海洋石油勘探开发化学消油剂使用规定	国家海洋局	
1993-10-05	中华人民共和国水生野生动物保护实施条例	农业部	
1995-05-29	海洋自然保护区管理办法	国家海洋局	1995 年 5 月 29 日起施行
1997-03-20	渔业水域污染事故调查处理程序规定	农业部	
2001-10-27	中华人民共和国海域使用管理法	全国人民代表大会常委会	
2002-01-22	海洋赤潮信息管理暂行规定	国家海洋局	
2002-06-24	海洋石油平台弃置管理暂行办法	国家海洋局	
2002-10-28	中华人民共和国环境影响评价法	全国人民代表大会常委会	2003 年 9 月 1 日起施行
2002-12-25	海洋行政处罚实施办法	国家海洋局	
2003-06-24	海洋工程排污费征收标准实施办法	国家海洋局	
2003-06-28	中华人民共和国港口法	全国人民代表大会常委会	2004 年 1 月 1 日起施行
2003-10-27	海洋石油开发工程环境影响后评价管理暂行规定	国家海洋局	
2003-06-24	海洋工程排污费征收标准实施办法	国家海洋局	2003 年 7 月 1 日起施行
2003-11-14	倾倒区管理暂行规定	国家海洋局	2004 年 1 月 1 日起施行
2004-10-20	委托签发废弃物海洋倾倒许可证管理办法	中华人民共和国国土资源部	2005 年 1 月 1 日起施行
2005-11-16	海洋特别保护区管理暂行办法	国家海洋局	
2006-08-23	海洋石油勘探开发溢油应急响应执行程序	国家海洋局	
2006-10-30	防治海洋工程建设项目污染损害海洋环境管理条例	国务院	2006 年 11 月 1 日起施行

续表

时间	法律、法规名称	颁布机关	备注
2008-02-01	海洋油气开发工程环境保护设施竣工验收管理办法	国家海洋局	
2008-04-01	海域使用管理违法违纪行为处分规定	国家海洋局	
2008-07-01	海洋工程环境影响评价管理规定	国家海洋局	
2010-12-30	中华人民共和国船舶污染海洋环境应急防备和应急处置管理规定	交通部	2011年6月1日起施行
2010-07-09	中华人民共和国船舶油污损害民事责任保险实施办法	交通运输部	2010年10月1日起施行
2011-01-27	中华人民共和国水上水下活动通航安全管理规定	交通部	2011年3月1日起施行，2016年进行了重新修订
2011-01-28	中华人民共和国船舶及其有关作业活动污染海洋环境防治管理规定	交通部	
2011-11-09	水路运输易流态化固体散装货物安全管理规定	海事局	
2011-9-22	中华人民共和国海上船舶污染事故调查处理规定	交通部	2012年2月1日起施行
2014-10-21	海洋生态损害国家损失索赔办法	国家海洋局	
2016-01-14	船舶检验管理规定	交通运输部	2016年5月1日起施行
2016-02-26	中华人民共和国深海海底区域资源勘探开发法	全国人民代表大会常务委员会	2016年5月1日起施行
2017-03-31	海岸线保护与利用管理办法	国家海洋局	

资料来源：相关政府部门门户网站整理而成

1. 法律修订的海洋环境新问题聚焦及其重点变化

《中华人民共和国海洋环境保护法》是调整人们在利用海洋环境、保护海洋环境的活动中所发生的社会关系的法律规范，是进行海洋环境保护的基本依据，国务院有关部门和沿海省、自治区、直辖市人民代表大会常务委员会、人民政府结合本部门、本地区的实际制订具体实施办法的依据。随着改革开放的不断深入，沿海经济的快速发展，以及国际海洋事务的发展、变化，使得现行法律已不能完全适应强化海洋环境管理，切实保护海洋环境的需要，需要进行不断的修订，《中华人民共和国海洋环境保护法》经历了 1999 年、2013 年和 2016 年三次修订，修订内容可看出国家对海洋环境新问题、新情况的发现及保护观念、重点的变化，同时也是相关部门识别海洋环境保护治理工作新抓手及查漏补缺的引导。

改革开放初期城市生活污水和工农业废水大量排海，赤潮、溢油、病毒、违章倾倒以及养殖污染等海洋环境灾害发生频率持续增加，加上其他严重破坏海洋环境的活动，使得我国海洋环境污染损害在不断加剧，海洋资源基础条件破坏严重，1982 年版《中华人民共和国海洋环境保护法》的有关规定已不利于遏制海洋环境的持续恶化，国家在 1999 年对其进行了第一次修订：① 为强化海洋环境管理，增加"海洋环境监督管理"一章，为了便于国务院进一步理顺各有关部门海洋环境保护工作的关系，修改草案中将海域污染物相关标准、海洋环境保护规划、海洋环境质量标准的制定三项重要职能交由国务院作出规定，对海洋功能区划、污染物排海标准、污染事故应急计划、对海洋污染事故的处理等主要方面做出规定；② 增加和完善了海洋环境保护法律制度的规定，新增加规定的法律制度有：重点海域污染物总量控制制度、海洋污染事故应急制度、船舶油污损害民事赔偿制度、对严重污染海洋环境的落后工艺和严重污染海洋环境的落后设备的淘汰制度、排污收费制度、环境影响评价制度等；③ 增设"海洋生态保护"一章，明确规定沿海地方各级人民政府必须对本行政区近岸海域海洋生态状况负责，规定对具有重要经济、社会价值且已遭到破坏的海洋生态应当进行整治，并对开发利用活动做出了必须保护好生态的相应规定，同时考虑到建立类型齐全的海洋自然保护区和特别保护区是目前保护海洋生态的有效途径之一；④ 根据当时我国海洋开发活动的状况，各种类型的海洋工程建设越来越多，一些海洋工程对海洋环境的污染破坏也将越来越严重，对此将第三章"防止海洋石油勘探开发对海洋环境的污染损害"，修改为"防治海洋工程建设项目对海洋环境的污染损害"；⑤ 强化法律责任问题，增加了行政强制措施和行政处罚手段，强化了对破坏海洋生态系统行为的处罚，强化了对污染破坏海洋环境行为的民事赔偿责任；⑥ 对部分国际公约相衔接的问题做出了修改。

2013 年对《中华人民共和国海洋环境保护法》中三个法条进行了简单修订，对海岸工程建设项目影响报告书及勘探开发海洋石油时必须按有关规定编制溢油应急计划审批、报备的部门进行了简单的调整。2016 年《中华人民共和国海洋环境保护法》修订版本将生态保护红线和海洋生态补偿制度确定为海洋环境保护的基本制度，这体现了海洋生态环境保护理念从污染防治转变为生态保护，形成受益者付费、保护者得到合理补偿的运行机制。另外，此次修订首次以法律形式明确海洋主体功能区规划的地位和作用。通过海洋主体功能区规划的实施，引导海洋开发活动与资源环境承载能力相适应。此外，加大了对污染海洋生态环境违法行为的处罚力度，对环境违法行为的处罚不设上限。从这三次的修订中可以看到，海洋环境从污染治理到生态保护，处罚力度不断加强，应对各类可能出现污染的项目的前期审批愈发严格及污染事故应急方案不断完善，明确了海洋规划的重要性，海洋生态补偿机制逐渐形成且得到重视。

2. 国家海洋环境保护法规的立修法历程折射的陆海环境焦点

我国《海洋环境保护法》规定保护和改善海洋环境，保护海洋资源，防治污染损害，维护生态平衡等的全面性法规，以此为基础，国务院制定了保护海洋生态系统的法律规范行政法规，针对海洋石油勘探开发、防止船舶污染海域、海洋倾废管理、防治陆源污染物污染损害、防治海岸工程建设项目污染损害等各种海洋环境污染，制定了防治的具体法律规范，还针对海洋生态补偿机制的实施制定了相关办法。国务院内各部委也根据自己职责制定了相应行政规章和标准的法律规范，如海洋石油勘探开发、船舶污染、海洋倾倒、渔业污染等更为具体针对防治污染、监督检查、处理纠纷、海洋标准等。自1982年至今我国海洋环境保护法律法规的制定由宏观的全面性规定到针对不同部门、不同污染源及不同领域的具体规定（图5-2），此外民商法、刑法、行政法、诉讼法等部门法中涉及保护海洋生态系统的法律规范，这些法律规范也都是海洋生态法律规范体系的组成部分。

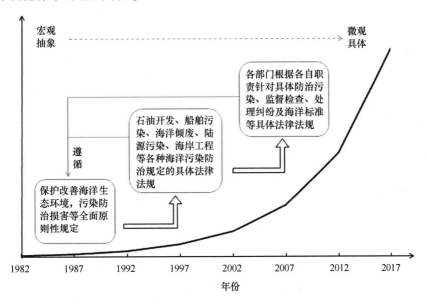

图5-2　海洋环境保护法律法规制定历程

（二）长三角省市层面海洋环境保护立法聚焦

自1990年以来，苏浙沪以《中华人民共和国海洋环境保护法》为基础，各涉海主管部门针对不同问题、不同领域制定了许多法律法规（表5-3），并根据社会、经济的发展，执法过程中发现不足与未来亟待规范的问题不断修订。但是，相关省、市尚未重视海岸带生态环境保护与治理的立法，仅有《江苏省海岸带管理条例》（1991 年 3 月 3 日江苏省第七届人民代表大会常务委员会第十九次会议通过）、《浙江省海域海岛海岸带整治修复保护规划》（浙江省海洋与渔业局 2014 年 1 月 6 日）、《上海市滩涂管理条例》（2008 年）等。但是，相关滩涂、海域或海洋功能区等管理办法或规划尚未直接聚焦海岸带生态环境综合治理，也未能考虑跨域治理。

表 5-3   省域层面涉海生态环境法律法规

地区	时间	法律、法规名称	颁布机关	备注
浙江省	2002-10-31	浙江省水资源管理条例	浙江省第九届人大常委会	2003 年 1 月 1 日起施行
	1996-11-02	浙江省滩涂围垦管理条例	浙江省第八届人大常委会	1997 年 1 月 1 日起施行，2015 年进行了重新修订
	1997-12-31	浙江省钱塘江管理条例	浙江省第八届人大常委会	1998 年 4 月 1 日起施行
	1996-06-29	浙江省南麂列岛国家级海洋自然保护区管理条例	浙江省第八届人大常委会	无
	1989-01-26	浙江省渔业管理实施办法	浙江省第七届人大常委会	2014 年进行了重新修订
	2004-01-16	浙江省海洋环境保护条例	浙江省第十届人大常委会	2004 年 4 月 1 日起施行
	2002-09-03	浙江省渔港渔业船舶管理条例	浙江省第九届人大常委会	2003 年 1 月 1 日起施行，2014 年进行了重新修订
	2006-07-13	浙江省环境污染监督管理办法	浙江省人民政府	2006 年 9 月 1 日起施行
	2012-11-29	浙江省海域使用管理条例	浙江省第十一届人大常委会	2013 年 3 月 1 日起施行
	1996-06-03	浙江省海塘建设管理条例	浙江省第九届人大常委会	2015 年进行了重新修订
江苏省	1998-12-29	江苏省农业生态环境保护条例	江苏省第九届人民代表大会常务委员会	2004 年进行了重新修订
	2002-12-17	江苏省渔业管理条例	江苏省第九届人民代表大会常务委员会	2010、2004 年进行了重新修订
	1995-09-28	长江渔业资源管理规定	农业部	
	2010-09-29	江苏省渔业港口和渔业船舶管理条例	江苏省第十一届人民代表大会常务委员会	2011 年 1 月 1 日起施行
	2007-09-27	江苏省海洋环境保护条例	江苏省第十届人民代表大会常务委员会	2016 年进行了重新修订

续表

地区	时间	法律、法规名称	颁布机关	备注
上海市	2005-12-05	上海市海域使用管理办法	上海市政府	2006 年 3 月 1 日起施行
	2011-02-15	上海海事局船舶污染和船舶载运危险货物违法行为举报奖励办法	海事局	该办法 2011 年 3 月 1 日
	1997-03-02	上海市金山三岛海洋生态自然保护区管理办法	上海市政府	1997 年 5 月 1 日起施行，2010 年进行了重新修订
	2014-11-21	上海市海洋工程建设项目环境影响报告评审办法	上海市海洋局	2015 年 1 月 1 日起施行
	1994-12-08	上海市环境保护条例	上海市第十届人民代表大会常务委员会	1997、2005、2011、2016 年进行了重新修订
	2011-12-27	上海海事局船舶污染清除协议管理制度实施细则	海事局	2012 年 1 月 1 日起施行
	2011-07-13	上海海事局船舶污染清除作业管理办法	海事局	2012 年 1 月 1 日起施行
	2009-11-27	上海海事局航运公司安全与防污染监督管理办法	海事局	
	2012-12-17	上海海事局防治船舶污染物接收作业污染海洋环境管理暂行规定	海事局	
	2012-12-17	上海海事局防治船舶供受油作业污染海洋环境管理暂行规定	海事局	
	2011-07-13	上海海事局船舶污染清除作业管理办法	海事局	2012 年 1 月 1 日起施行
	2014-12-08	上海海事局安全与防污染诚信管理办法	海事局	2015 年 3 月 1 日起施行

三、海岸带生态环境问题的制度审视

（一）海岸带生态环境相关法规立法修法的制度建设滞后

首先，我国统筹陆海环境保护立法缺乏合力。我国涉海法律的制定与完善一直缺乏全局性的规划和统筹协调，若从当前国家海洋法律体系的构成与执行单位视角审视我国涉海法律，问题更为突出。在行政法领域，由于我国历史上海洋管理以行业导向为主，按照海洋自然资源的属性进行分部门管理，基本是陆地自然资源管理部门的职能向海洋的延伸①，因此各管理部门依其职权各守一摊的现象突出，海洋行政立法受此影响也呈现各自为政的局面，部门利益、行业利益之争使得海洋行政立法难以克服陆海统筹等海岸带特性，未能形成有机协调的法律合力。

其次，我国海岸带生态环境相关法律立法与修订滞后。这些防治海洋环境污染的法律在某种程度上能相对减少各种污染源对海洋的污染，遏制海洋环境污染加重的过程。我国在防治海洋环境污染方面也已形成比较系统的制度，但许多是问题导向型的"后知后觉"立法，未能及时有效遏制海岸海洋污染发生的严重态势。

（二）将涉海法律视为陆上法律自然延伸存在弊端

将涉海法律视为陆上法律在海上的自然延伸，缺乏将其作为一个相对独立、完整的体系加以统筹的现实。单项法体系虽具有针对性强、灵活高效的优点，但我国涉海法律的现状证实将以陆上立法为中心的部门法律体系延伸到海上，进而构建一套单项法体系的方式并不成功。涉海法律的特殊性在这种以陆上立法为中心的部门法体系中难以得到应有的重视，易造成涉海立法需求被忽视的弊端。宏观上看，我国迄今为止没有将"海洋"这一重要的蓝色国土写入宪法当中②。

此外，虽然我国的涉海法律和管理体制都是从陆域延伸开始的，但针对同时拥有海域、陆域部分的海岸带却没有被作为一个特殊的区域来进行规划和管理。目前海岸带管理法律规范主要存在于涉海法律、法规中，另有许多涉及海岸带的法规是以非海洋为专门使用客体的单行法中附带提及的，现在已有的涉及海岸带的法规针对性不强，缺乏一部规范的综合性的海岸带管理法规。

（三）海岸带生态环境污染源防治过程缺乏部门协同机制

在我国海岸带行政管理中，纵向建立了中央、省、市、县四级海洋管理部门，横向形成了国家海洋局综合管理与其他行业部门［如交通（海事）、渔业、环境保护等行政主管部门］分散管理并存的管理现状。针对各种污染源进行的法律规定，强调了对各污染源的控制及相关管理部门的职权，长三角地区面临的海岸带生态环境问题主要是近海污染、陆源污染及突发性海洋污损事件，其中近海污染和突发性海洋污染涉及了拥有海域管理权的海洋主管部门，拥有海洋港口岸线管理权限的交通主管部门，拥有海洋渔业资源管理权限的农业部门，拥有海岸陆地管理权限的国土部门，而陆源污

① 中国国家海洋局海洋发展战略研究所．中国海洋发展报告（2014）［R］．海洋出版社，2014.
② 曹兴国，初北平．我国涉海法律的体系化完善路径［J］．太平洋学报，2016，24（9）：9-16.

染的监测统计还受环保部门及拥有陆域的规划与管理权限的国土部门管理。对于海洋管理体制来说，我国政府海洋体制长期是行业管理为主，所以在统一污染源类型中，所涉管理部门也因行业不同而不同，同时同一行业产生的污染问题也会横跨两个甚至多个部门，以及受污染物流动性影响更会跨越行政区。例如，在船舶相关污染中，海洋与渔业局有责任管理渔港水域内非军事船舶和渔港水域外渔业船舶污染海洋环境的监督管理，海事局负责防治船舶污染，分别属于交通部和国土资源部的两个机构在污染源防治过程中不可避免的会出现相互扯皮的现象明显。为避免政出多门现象，必须要设置统一的协调部门，制定协同机制。此外，海岸带污染的外部性决定了产生跨界同级部门的协调，例如江苏省沿海市海事局执法标准不同，连云港海事局在执法管理中是以海上法律法规为依据，其他海事局则是以内河法律体系为依据的；甚至在南通海事局辖区，也会因为沿海内河的范围不同产生差别，从而造成了江苏海事系统的执法依据差别①，这种差别会在两市协调中带来争议。

　　此外，如果污染源不明确或无法明确或者污染行为的主要原因是多方面的，那么究竟应当由哪一个部门、适用哪一个法律进行监督管理和行政处罚就不是非常清晰，有碍部门之间的协同。例如，对拆船及拆船厂建设工程产生的海洋环境污染问题，不管是否来自陆源，也不管是否属于海岸工程建设项目，均适用《防止拆船污染环境管理条例》，而不适用《防治陆源污染物污染损害海洋环境管理条例》和《防治海岸工程建设项目污染损害海洋环境管理条例》。对于海洋石油勘探开发过程中产生的废弃物，则按照《海洋石油勘探开发环境保护管理条例》的规定处理，不适用《海洋倾废管理条例》②。

（四）长三角海岸带自然生态修复工程滞后

　　我国海洋功能区划中将海洋保护区作为功能区之一，是指专供海洋资源、环境和生态保护的海域，根据全国及各省最新海洋功能区划统计，环渤海地区、长三角地区及珠三角地区海洋保护区占管辖海域面积比分别为10.76%、11.4%、7.8%，其中长三角地区海洋保护区面积占比最大（表5-4）。国家级海洋自然保护区指在国内、国际有重大影响，具有重大科学研究和保护价值，经国务院批准而建立的海洋自然保护区。具有重大区域海洋生态保护和重要资源开发价值、涉及维护国家海洋权益及其他需要申报国家级的海洋特别保护区，列为国家级海洋特别保护区。长三角地区较为重视海洋生态环境保护，但其国家级海洋自然保护区及国家级特别保护区占管辖海域面积的4.75%、0.95%，远低于环渤海地区的12.20%、2.06%。沿海省、自治区、直辖市海

　　①　陈红飞．江苏海事江海一体化监管机制研究［D］．大连：大连海事大学，2013.
　　②　田其云．海洋生态法体系研究［D］．青岛：中国海洋大学，2006.

洋管理部门申请建立国家级海洋自然保护区时，需达到国家标准，同时要向国家海洋行政主管部门提交申报书及技术论证材料，通过评审部门代表及专家组评审后才可建设。长三角海岸线长度占全国比重较大，但其国家级海洋保护区占比和密度较低，说明在海洋保护区生态环境保护及修复中的管理机制、手段方法等方面非常不足，急需提升。

表 5-4　我国沿海三大城市群海洋保护区现状

区域	沿海省（市）	海岸线长度/km	管辖海域面积/km²	海洋保护区		国家级海洋特别保护区		国家级海洋自然保护区	
				数量/个	面积/km²	数量/个	面积/km²	数量/个	面积/km²
环渤海地区	辽宁省	2920	41300	15	4873.3	1	32.4	5	9172.2
	天津市	153.67	2146	2	110.21	1	34	1	359.13
	河北省	487	7227.76	7	339.6	0	0	1	300
	山东省	3345	47300	10	5223.36	17	1952.79	4	2120.57
长三角地区	浙江省	6700	44000	18	5114	4	839.7	2	685.84
	上海市	213.05	10000	3	1230	0	0	2	661.75
	江苏省	954	34766.15	15	3776.46	0	0	2	2868.46
珠三角地区	福建省	3752	37640	30	4493.06	0	0	3	444.6
	广东省	4114	64784	59	5909.06	0	0	6	1302.44
	海南省	1823	2000370.89	24	153228.41	0	0	4	203.05
	广西壮族自治区	1595	7000	12	863.51	0	0	3	460

　　来源：海洋保护区数量及面积来自各省市《海洋功能区划（2011—2020）》，国家级海洋特别保护区、海洋自然保护区来自于国家海洋局公布名录

　　此外，我国《自然保护区条例》、《海洋自然保护区管理办法》等对建立海洋自然保护区进行了规定，维持这样的海洋自然保护区需要政府大量投资，而我国的海洋自然保护区早已存在资金投入严重不到位的现象。在大多数既要开发又要保护的海岸海域，指望政府大量投资并严格保护来恢复海岸海洋生态系统是不现实的，也是不可能的。

第二节　长三角海岸带生态环境合作管理亮点与反思

一、长三角城市经济协调会有关生态环境合作治理倡议

长三角城市经济协调会市长联席会议为长三角城市议事决策机制平台，历届长三角城市经济协调会市长联席会议主题都聚焦长三角区域发展中的热点问题、关键性问题，与国内外经济社会发展的大趋势相吻合（表5-5）。长三角城市经济协调会成立20年以来，共进行了16次市长联席会议，开展了40多项专题合作和50多个课题研究，合作领域涉及经济、社会、生态、交通以及机制合作等多个领域。其中生态环境领域合作越来越得到重视，从开始在长三角区域未来合作方向中对生态环境保护合作的简单探讨，制定合作规划、法律，监测网络，到将环保设为研究专题，开展生态补偿机制研究，到城市间建立生态环境保护合作机制和管理制度，将生态文明建设作为长三角区域合作重点领域。生态环境保护内容也由2001年探讨陆域问题到2007年开始重视陆域流域问题，再到2012年提出海洋及陆海统筹防治。

表5-5　长三角城市经济协调会历次市长会议记述①

会议次数	会议主题	会议主要内容	生态环境相关内容
第一次会议 （1997-04）	二十一世纪长江三角洲城市群的发展战略	会议确定了由杭州市牵头的旅游专题和由上海市牵头的商贸专题为长三角区域经济突破口；交流了各城市推进改革开放、促进两个文明建设的设想与经验；商讨了面对充满机遇和挑战的新形势，加快经济可持续发展，促进区域经济联合与协作的思路和举措，审议并通过了《长江三角洲城市经济协调会章程（草案）》	
第二次会议 （1999-05）	长江三角洲城市群的发展机遇与历史使命	会议商定了进一步加强区域科技合作，推进国企改革和资产重组，筹建国内合作信息网和深化旅游商贸四个专题作为各城市共同探讨并争取联合的工作重点，并进行了深入的交流	

---

① 长江三角洲城市经济协调会. 共建世界级城市群——长江三角洲城市经济协调会二十年发展历程（1997—2017）［M］. 东方出版中心，2017.

续表

会议次数	会议主题	会议主要内容	生态环境相关内容
第三次会议 （2001-04）	新世纪与长江三角洲经济联合发展	重点交流中国加入 WTO 后，长三角城市应如何主动适应，首次明确提出要推进《长江三角洲城市综合发展规划》和专项规划编制工作的研究	长三角合作领域发展方向中开始包含环境保护，议题中提到长三角地区经济可持续发展与生态环境保护的探讨
第四次会议 （2003-08）	世博经济与长江三角洲联动发展	会议通过了《关于接纳台州市加入长江三角洲城市经济协调会的议案》和《关于以筹办世博会为契机，加快长江三角洲城市联动发展的意见》	在会议后两年的主要工作设想与建议中提到联手维护可持续发展的生态环境，加强环保领域的合作，联合制定各流域、海域环保的合作规划及相关法规，联合实施环境整治及生态修复工程，联合建立环保监测防范网络，共建区域优良生态环境保护体系
第五次会议 （2004-11）	完善协调机制，深化区域合作	会议以促进区域联动发展为目标，以专题工作为抓手，根据党中央关于科学发展观、"五个统筹"和"两个率先"的要求，重点围绕协调会章程、组织机构、专项资金、专题合作以及协调会今后的工作进行了深度交流研讨	
第六次会议 （2005-10）	促进区域物流一体化，提升长三角综合竞争力	会议批准设立了港口、通关、人才三个新的城市合作专题；确立了合作开展"一卡通"互通工程、诚信制度协调建设、区域教育合作、协调会功能建设等合作调研课题，签署了《长江三角洲地区城市合作（南通）协议》	
第七次会议 （2006-11）	研究区域发展规划，提升长三角国际竞争力	会议听取了国家发改委地区司副司长关于《长江三角洲地区区域规划》编制工作情况介绍和规划专家关于《长江三角洲地区区域规划纲要思路介绍》并围绕主题进行了讨论，此外，新增三项新专题合作	

续表

会议次数	会议主题	会议主要内容	生态环境相关内容
第八次会议 (2007-12)	落实沪苏浙主要领导座谈会精神，推进长三角协调发展	会议贯彻国务院《关于进一步推进长江三角洲地区改革开放和经济社会发展的指导意见》和《长江三角洲地区区域规划》，提创新举措，进一步提升合作层次，积极组织区域规划对接和落实，继续深化城市合作专题，加强和完善协调会自身建设。此外，新增三项合作专题	会议决定新设"环保专题"，开展生态补偿机制研究。为调动各方面的积极性，协调生态环境保护相关各方的生态利益与经济利益的分配关系，促进长三角地区环保合作和经济社会协调发展，设立长三角地区流域生态补偿机制研究
第九次会议 (2009-03)	贯彻国务院指导意见精神，共同应对金融危机，务实推进长三角城市合作	《国务院关于进一步推动长江三角洲地区改革开放和经济社会发展的指导意见》为纲领，推动区域协同发展；以上海世博会为契机，携手应对金融危机；加强协调会合作理念、重点和机制方面建设；新设"金融合作"、"医疗保险合作"两个专题及"会展合作"课题	会议提出长三角地区过去出口导向型的战略发展经济，产品附加值不高，竞争力不强，今后要向生物工程产业、现代信息产业、高科技制造业、生态环境保护业、国际物流转移
第十次会议 (2010-03)	用好世博机遇，放大世博效应，推进长三角城市群科学发展	会议审议通过了《关于修改长江三角洲城市经济协调会章程的提案》、《2010年度城市合作专（课）题的提案》，协调城市增加至22个；提出以协调会为平台做实区域合作机制；继续深化医保、金融、会展合作，新设三个专（课）题	
第十一次会议 (2011-03)	高铁时代的长三角城市合作	会议重点围绕高铁时代如何进一步推动长三角城市合作，促进长三角城市的一体化发展做出了深度交流；围绕重点问题对合作机制、合作专题与合作课题（经济、社会、科技和知识产权）进行落实	

续表

会议次数	会议主题	会议主要内容	生态环境相关内容
第十二次会议（2012-04）	陆海联动，共赢发展——长三角城市经济合作	会议强调三省一市要按照中央的决策部署，围绕"加快转型发展、推动产业转移"的主题，本着优势互补和互利共赢的原则深化长三角合作，围绕合作重点领域开展课题研究；就如何推动陆海联动，通过发展海洋经济促进长三角城市一体化发展做出了交流	在以陆海联动为助手，推动长三角区域协调发展中，提到要加快建立陆海统筹、区域联动、源头控制、防治结合的海洋环保监管新机制，加强环境综合整治和生态修复，推动生态环境联动保护，增强可持续发展能力
第十三次会议（2013-04）	长三角城市群一体化发展新红利——创新、绿色、融合	会议提出要深入体制机制创新，驱动科技成果转换合作；加强环境保护合作，推动区域可持续发展；单独设立品牌专题，突出城市群合作发展；扩容增效，继往开来，打造长三角融合新空间	成员城市共同签署《长三角城市环境保护合作（合肥）》宣言，提出要建立区域环境保护合作机制，共建区域环境保护体系，推动区域环境质量改善，提高区域环境保护科技交流水平，创新多主体参与环境保护模式
第十四次会议（2014-03）	新起点新征程新机遇，共推长三角城市转型升级	会议各成员城市围绕"长三角城市转型升级"主题，对抢抓重大战略机遇、拓展合作领域、深化合作内容、合力推动转型发展做出了交流互动；成员城市市长围绕主题和合作重点领域（合作机制、基础设施建设、生态环境保护、产业合作等）进行了讨论；批准成立了新型城镇化建设、品牌建设、旅游、会展4个专业委员会	会议将加强生态文明建设作为长三角区域转型发展的重要内容，围绕建设"美丽长三角""信用长三角"和"智慧城市"等，加强生态和环境治理、诚信体系建设和科技创新，不断优化资源配置，消除城市壁垒；此外，强化生态环境保护也是长三角合作的重点领域，5个城市会议上提出相关建议
第十五次会议（2015-03）	适应新常态、把握新机遇——共推长三角城市新型城镇化	围绕会议主题，学习贯彻长三角主要领导座谈会精神，推动重点领域合作；各成员城市就优化结构调整、推动创新发展、强化公共服务、深化共融合作等方面进行了深入讨论	会议学习贯彻长三角主要领导座谈会达成共识中包含坚持绿色循环低碳发展，共建长三角地区生态文明，要建立健全最严格的生态环境保护和水资源环境管理制度，加强区域环境联防联控联治，共建区域生态安全屏障，完善区域合作协调机制。同时也将生态文明建设作为城镇化建设的重点关注问题

会议次数	会议主题	会议主要内容	生态环境相关内容
第十六次会议 （2016-03）	"互联网+"长三角城市合作与发展	学习党中央会议精神和习近平总书记关于长三角合作的重要指示，突出重点领域合作研究（海洋经济、幸福度、港产城联动、创新创业环境、物流品牌、金融改革）；顺应"互联网+"发展新趋势，发表《"互联网+"长三角城市合作与发展共同宣言》	推动互联网在长三角各城市运营和管理中的应用，加强城市间公共安全、排水防涝、消防、交通、污水和垃圾处理等数字化、互联网化改造，提高互联互通和应急处置能力

生态文明建设对长三角区域促进生态环境安全、实现区域科学发展意义重大、影响深远。从历次会议对生态环境合作内容的探讨研究可以看出，长三角区域城市对这一合作领域成果的迫切需求，在各城市的努力下合作机制、制度保障不断完善，技术不断提高，政府、企业和公众的理念不断改变。虽然长三角城市经济协调会对海岸带环境治理的探讨与研究不断向前推进，但相关研究成果并没有得到高效落实，同时跨界的不同政府间博弈仍旧明显。整体看，协调依旧存在较大障碍。例如，协调会进行了"长三角环太湖城市带生态文明建设研究专题"研究，同时江苏政府专门针对太湖流域治理制定了总体方案和治理条例，《江苏省太湖流域水环境综合治理总体方案（修编）》要求到 2020 年完成的 312 个治理项目已完成 120 个，不到目标的二分之一。可见在协调会研究探讨，配合政府的各方面行动与高度重视下，陆上流域生态环境治理仍旧存在许多问题，更何况拥有更为复杂情况的海岸带生态环境治理。

二、长三角生态环境合作管理相关事件与经验

（一）长三角区域合作历程

长三角区域合作起源于 20 世纪 80 年代，其合作大致经历了规划合作、要素合作和制度合作三个阶段。第一个阶段中央以派出机构的方式，对区域进行规划，通过中心城市和工业基地把计划经济体制下的条条块块协调起来，逐步形成以大城市为依托的网络型的经济区；第二个阶段地方政府相关职能部门顺应时代要求，按照市场要素配置资源，自发倡议建立起初步的协调机制；第三阶段大力开展制度对接，通过制度合作，自觉推动区域合作与发展，自形成合作以来协调范围、协调方式、协调内容不断改进和完善（表 5-6）。

表 5-6　长三角区域合作历程①

合作阶段	协调范围	协调方式	协调内容
规划合作阶段（1982—1988 年）	1982 年建立了上海经济区，为长三角经济区最早雏形，包括上海、苏州、无锡、常州、南通、杭州、嘉兴、湖州、宁波、绍兴；1984 年扩展为苏浙沪两省一市；1987 年扩展为苏浙沪皖赣闽五省一市	1983 年 3 月成立了上海经济区规划办公室，为上海经济区领导机构，无行政管理权；1984 至 1998 年，每年召开一次上海经济区省市长联席会议；1988 年 6 月撤销上海经济区规划办公室	先后确立交通、能源、外贸、技术改造和长江口、黄浦江和太湖综合治理等规划重点；促进省市间经济往来；先后制定了《上海经济区发展战略纲要》及《上海经济区章程》
要素合作阶段（1989—2000 年）	1992 年建立长三角洲协作办（委）主任联席会议制度，包括上海、南京、苏州、无锡、常州、扬州、镇江、南通、杭州、嘉兴、湖州、宁波、绍兴、舟山 14 个城市；1996 年加入自扬州划出的泰州，正式提出长三角经济区概念	建立协作部门负责人联席会议制度，1997 年升格为长江三角洲城市经济协调会，每两年在执行主席方城市举行一次市长会议，常务主席为上海，执行主席由成员城市轮流担任	长三角城市经济协调会成立以来，设立专题有科技、国企改革和资产重组、信息、旅游等，以专题带动政府部门
制度合作阶段（2001 年至今）	2001 年长三角区域合作上升至省级层面，协调范围主要为苏浙沪，2008 年安徽省以泛长三角身份参与合作，2009 年安徽成为长三角地区正式一员	2001 年两省一市政府领导发起"沪苏浙经济合作与发展座谈会"，2005 年启动一年一次"长三角地区主要领导座谈会"，2008 年长三角合作与发展上升为国家战略，2009 年通过了《长三角地区合作与发展联席会议制度》和《长三角地区重点合作专题组工作制度》	设立了大交通体系、区域能源、生态环境治理、海洋、自主创新、信息资源共享、信用体系建设、旅游、人力资源合作、食品安全等合作专题，建立了综合交通、科技创新、环保和能源等合作平台

①　长江三角洲城市经济协调会. 共建世界级城市群——长江三角洲城市经济协调会二十年发展历程（1997-2017）[M]. 东方出版中心，2017.

（二）长三角区域海岸带环境治理合作历程

长三角地区各城市政府在正式合作前就存在着自发的、零星的合作，十几年来苏沪浙以各种形式进行了多项合作协议、规划的签订和制定（表5-7）。早在2001年召开的首届苏浙沪经济发展座谈会上，与会各方就已经明确表示要在长三角区域生态环境保护方面加强交流与合作、循序开展东海近海生态环境保护研究工作。2002年10月召开首次研讨会，就长三角海洋生态环境保护合作事宜进行了商榷、研讨。2004年11月，上海市海洋局、江苏省海洋与渔业局、浙江省海洋与渔业局经共同商议，联合签署了《沪苏浙"长三角"海洋生态环境保护与建设合作协议》，并成立了"长三角"海洋生态环境建设工程行动计划领导小组，下设专门的办公室，用以指导和规范长三角海域生态环境保护的具体活动。会议同时还建议加强赤潮灾害防治方面的合作、早日建立海洋生态环境保护与建设信息共享机制、建立近岸海域重大海洋环境污损应急机制和平台等。这有利于进一步发挥上海、江苏、浙江二省一市海洋主管部门的优势，完善区域海洋生态环境管理和保护的合作机制，进一步推进长三角经济区近岸海域生态环境的保护。到2005年10月，前后举行过四次会议，期间还确定了"九大工程"、联合执法等具体项目。2008年，颁布的《关于进一步推进长江三角洲地区改革开放和经济社会发展的指导意见》，明确将长三角区域范围划定为江苏、浙江和上海两省一市，并提出了区域"一体化"发展的思想。同年12月，为加快长江三角洲地区环境保护一体化进程，长三角三省市的环保厅（局）长在苏州共同签署了《长江三角洲地区环境保护工作合作协议（2008—2010年）》，旨在发挥区域联动效益，共同改善与提升长三角区域的环境质量。为保障这一协议的顺利实施，江浙沪两省一市还决定建立环境保护合作联席会议制度，每半年召开一次会议，定期研究区域环保合作的重大事项，审议和决定合作的重要计划和文件。

合作方式从最初的非正式的信息交流、高层领导会晤到正式的联席会议、建立联席办公室、联合执法。目前还处于初级阶段，主要是共同制订计划、协议等，然后各省市按照计划或协议上的要求去执行，"两省一市"的合作还多停留在文件上，而不是更多地表现在实践中。2001—2003年长三角海洋环境治理处于启动和制定宏观目标阶段，2004—2007年针对具体信息共享、海洋规划、海洋事故应急等具体方面展开合作，2008年先后制定了具体的行动计划和合作协议，有了制度保障，2009年至今，长三角区域城市对海洋环境合作治理具体到部门间协调、跨境的企业管理等更细节的内容，同时长三角区域边界城市间达成合作协议，提高了治理效率。

表 5-7　长三角海洋环境治理合作历程

合作事件	时间	协商主体	主要内容
首届苏浙沪合作与发展座谈会	2001 年	沪、苏、浙政府	明确在长三角区域生态环境治理方面加强合作，开展东海近海海洋环境保护研究
苏浙沪海洋合作研讨会	2002 年	苏浙沪海洋主管部门	首次就长三角海洋生态环境保护合作事宜进行商榷和研讨
第四次长江三角洲城市经济协调会	2003 年	沪、苏、浙政府	明确指出"联手实施环境保护国策，维护可持续发展的生态环境"；确立"绿色三角洲"的目标
第三次"长江三角洲近海海洋生态建设行动计划"讨论会	2004 年 6 月	苏浙沪海洋主管部门	对各地在"行动计划"编制上所做的大量工作给予充分肯定，并对"行动计划"文本进行专家咨询，拟定《推进长江三角洲近海海洋生态建设行动专家建议书》
《长三角海洋生态环境保护与建设合作协议》签订	2004 年 11 月	沪、苏、浙海洋主管部门	成立长三角海洋生态环境建设工程行动计划领导小组，并设立相应的办公室，协议主要内容：在海洋生态环境规划行动、监测预报信息共享海洋污染控制、生态经济资源恢复、海域环境应急协调等方面的区域合作，建立相关协调机制
《长三角近海海洋生态环境建设行动计划纲要》修订	2007 年	沪、苏、浙政府共同修订	建设苏浙沪海洋生态环境保护信息共享机制；推进区域赤潮等灾害防治合作；建设近岸海域重大海洋环境污损应急机制和平台
《长三角两省一市环境合作平台建设工作计划》	2008 年 4 月	两省一市主要领导座谈会商定	完善区域环境管理政策、推动区域水环境综合治理、促进区域大气污染控制、健全环境联合执法机制、建立区域环境应急和风险防范体系等方面合作，编制、实施《长江口及毗邻海域碧海行动计划》
长三角区域创新体系建设联席会议办公室	2008 年 5 月	沪、苏、浙政府共同修订	编制完成《长三角科技合作三年行动计划（2009—2010）》，内容包括五大科技行动和 14 个优先主题，其中的资源环境技术攻关行动部分明确提出要尽快研究开发长三角海洋灾害预警与防治关键技术、抓紧建立重大海洋赤潮灾害实时监测与预警系统和长三角地区海洋环境灾害预警体系

续表

合作事件	时间	协商主体	主要内容
《长江三角洲地区环境保护合作协议（2009—2010 年）》签订	2008 年 12 月	苏浙沪环保部门	《长江三角洲地区环境保护合作协议（2009—2010 年）》签订；建立环境保护合作联席会议制度，主要研究区域环保合作重大事项；设立联席会议办公室，负责实施和执行联席会议作出的计划或决定
长三角地区环境保护合作第一次联席会议	2009 年	苏浙沪环保部门	决定开展"健全区域环境监管联动机制"、"完善区域'绿色信贷'政策"等三项工作。在加强联合执法的同时，特别指出要对企业环境信息行为进行评级，并将"黑色"和"绿色"企业的名单向社会公布，引导企业逐步走向绿色环保
《长三角近岸海域海洋生态环境保护与建设行动计划》编制	2010 年	沪、苏、浙政府	全面推进海洋特别保护区建设；沪苏浙海洋灾害预警预报公共平台建设进一步完善；联合预防赤潮灾害，完成赤潮应急预案制定
苏浙沪边防总队海上勤务协作会议	2012 年	苏浙沪边防总队	加强了三地渔政、海警、边防、公安等单位及部门的合作交流，不断推进长三角地区的海上联合执法活动
《沪苏浙边界区域市级环境污染纠纷处置和应急联动工作方案》签署	2014 年	嘉兴、湖州，嘉定区、金山区、青浦区、苏州市政府	浙江省嘉兴市、湖州市，上海市嘉定区、金山区、青浦区，江苏省苏州市联合执法监督、采样监测是方案的重点。方案明确，各方每年确定交界地区 3 km 范围内重点环境风险企业名单，必要时可以实行联合检查。定期开展联合环境监测

目前政府间合作模式按发起对象分类，可分为科层式、自发式和混合式。科层式是指通过上级的行政命令使得地方政府建立起合作关系；自发式是指地方政府基于共同的利益而自发的建立起来的合作关系。通过对长三角区域目前合作治理历程的事件剖析，发现长三角城市经济协调会推进的相关合作模式倾向于政府间合作模式中的混合式，即由地方政府发起，上级领导积极参与的合作关系，处于科层式与自发式之间。虽然长三角区域合作是由地方发起，但在合作之初国家海洋局东海分局起到了牵头作用，而后将分散的地方政府联合起来，形成了辅合式的合作圈，但这种合作圈表现的并不明显。合作内容偏向政策上的创新、区域信息共享与发布，合作保障措施偏重制

度的建立与机构的设立。在合作治理中，长三角区域更注重控制来自沿岸陆域和近岸海域的污染，忽视了陆上河流带来的污染，因为没能与相关流域周边的省市开展有效合作关系。

（三）长三角城市生态环境合作治理亮点

1. 环太湖合作治理体系

随着城镇化的快速推进，太湖流域形成环太湖城市带，包括苏州、无锡、常州、嘉兴和湖州，太湖是环太湖城市的母亲湖，周边城市既同享以制造业为主的工业文明带来的机遇和便利，也面临着工业化、城市化带来的环境问题。2007年，太湖蓝藻大暴发是江苏环境历史上的重大事件。当年，江苏修订地方法规，实施一系列最严格条款举措，修订了《江苏省太湖水污染防治条例》。2009年，江苏省政府印发《太湖流域水环境综合治理实施方案》。环太湖地区虽然涉及五个不同城市，但本身是一个生态系统，整个系统的生态文明建设是由生态经济、生态环境、生态社会、生态文化和生态制度五个子系统构成，优化太湖每个城市行动目标要一致，找准了推进环太湖生态文明建设的两个切入点：一是推进生态环境与生态经济的良性关系；二是构建生态文化、生态社会与生态制度的良性关系。为做好太湖治理、保护太湖生态环境，环太湖城市间建立了完善的制度、组织机构和治理机制（表5-8）。

表5-8　环太湖合作治理体系①

	内容
制度	环太湖城市在长三角城市经济协调会市长联席会议制度的大框架下，实行环太湖城市市长联席会议制度
组织机构	组织机构与环太湖市长联席会议制度相衔接，由市长联席会议扭转各自为政、缺乏协调的局面，机构组织主要负责实施市长联席会议达成的共识和行动纲领
治理机制	建立环太湖生态文明建设监测系统，整合五市关于污染源、环境质量、生态背景、水文、气象等数据，建立环太湖产业准入和环境管理标准体系，共同制定多元化生态保护补偿机制
统计与监管标准体系	统筹环太湖生态文明建设规划，统筹严格的环境保护管理制度，建立和完善区内的统计核算体系
政绩考核与责任追究制度	建立绿色绩效考核机制，构建环太湖五市的政绩目标体系、考核办法、奖励机制，责任追究制度，强化对重点部位、重点企业和重点项目排污的检测

① 长江三角洲城市经济协调会.共建世界级城市群——长江三角洲城市经济协调会二十年发展历程（1997-2017）[M].东方出版中心，2017.

2017 年颁布《"十三五"太湖流域水环境综合治理行动方案》主要任务：以提升湖体、重点考核断面和水功能区水质为目标，围绕实现更高水平"两个确保"、全面实施氮磷污染控制、持续推进生态修复以及提升资源化利用水平四大重点任务。加大太湖西部及上游地区水环境治理力度，重点实施流域氮磷污染控制，加快推进新一轮河湖清淤工程，积极探索蓝藻等资源化利用措施，深入推进太湖水环境综合治理 7 大类工程。环太湖城市带生态文明建设重点：环太湖城市的协同推进；加快推进生态产业体系、生态产业平台、生态产业市场、生态产业技术的构建与发展；加大治理力度，从转变生态修复理念入手，严格把控污染物排放和环境评价，加强污染奖惩，构架排污权交易；加强生态意识培育；加大公众参与广度。

目前环太湖生态环境治理成效显著：① 据《中国环境状况公报》显示，太湖在全国"三湖"（太湖、巢湖、滇池）治理中成效最好。连续 8 年实现了国家提出的"确保饮用水安全，确保不发生大面积湖泛"目标；② 湖体水质由 2007 年 V 类改善为 2015 年 IV 类，流域 65 个国控断面水质达标率较 2011 年提高 17.3 个百分点。15 条主要入湖河流年平均水质由 2007 年 9 条劣 V 类改善为全部达到 IV 类以上；③ 区域发展更加协调，流域 16 个市县建成国家级生态市县，成为全国最大生态城市群；创新小流域治理工作机制，建立由省、地领导共同担任主要入湖河流河长的"双河长"制。蓝藻打捞处置基本实现"专业化队伍、机械化打捞、工厂化处理、资源化利用"，提高排污收费标准，推行环境资源区域补偿、绿色信贷、环境责任保险、排污权有偿使用和交易试点，创新载体建设，通过环保模范城市、生态市、生态示范区、环境优美乡镇和生态村等不同层次创建活动，推进了治太工作深入开展。

虽治理成效显著，但太湖水质仍不稳定，蓝藻暴发及湖泛发生的隐患尚未消除，一些地方和部门也出现了思想松懈、工作松劲的倾向。《"十三五"太湖流域水环境综合治理行动方案》指出目前太湖综合治理还存在问题：

随着治太工作深入，水质改善幅度放缓。藻型生境仍未根本改变，生态系统退化，水环境容量减小，自净能力降低的特征依然存在。

产业结构调整任务仍然艰巨。流域产业结构仍然偏重，转变经济发展方式、调整产业结构、推进区域产业转型升级、建设与流域治理相适应的可持续发展模式还需要一个相当长的过程。

农业面源污染治理尚待加强。农业面源污染面广量大，治理技术有待提高，治理体制有待改进，保障机制有待加强。

精准治太有待强化。部分国家、省治太方案确定的目标、任务、重点项目，未能在市县层面深化落实。针对氮磷污染、重点污染区域、重点污染行业治理，缺乏科学决策手段。治理目标、项目建设、资金支持间的关联性有待加强。地方治理项目安排的精准性有待提高。

项目运行管理水平有待提高，长效运行管理机制亟待加强。部分工程项目，存在主体不明确、责任未落实、运管水平低的现象。

支撑保障体系有待提升。流域治太信息共享机制还不完善。重大科技、实用技术、研究课题、示范工程成果未能有效转化与应用。技术、标准、政策、管理等非工程性措施不足，监督、评估、考核体系有待强化。省级专项资金安排聚焦不够，地方财政投入需要加大。多部门参与工作需强化统筹协调。对已出台的规划、政策评估工作有待加强。

2. 千岛湖生态环境治理

千岛湖即新安江水库，是我国长三角地区最大的淡水人工湖和重要的水源地。承载千岛湖的新安江水系，发源于安徽黄山休宁县，经浙江千岛湖汇入钱塘江，是长三角地区重要的生态屏障。千岛湖及新安江上游流域，山水秀美、气候怡人、宜游宜居，生态战略地位极为重要，是我国现阶段不可多得而亟需保护的水生态区域之一。千岛湖及新安江上游流域涉及浙江省部分地区，安徽省部分地区（表5-9）。千岛湖流域存在严重的生态环境问题：农业及农村面源污染问题日益凸显；城镇污水处理厂配套管网建设较为滞后；部分地区垃圾处理设施缺乏；流域水资源利用效率相对较低等。

表5-9　千岛湖及新安江上游流域规划范围

省	市	县（市、区）	流域内乡镇（街道）
浙江省	杭州市	淳安县	全境
		建德市	新安江街道、洋溪街道、莲花镇
安徽省	黄山市	屯溪区	全境
		徽州区	全境
		黄山区	汤口镇、黄山风景区核心区
		歙县	全境
		休宁县	海阳镇、齐云山镇、万安镇、五城镇、东临溪镇、兰田镇、溪口镇、流口镇、汪村镇、商山乡、山斗乡、渭桥乡、板桥乡、陈霞乡、鹤城乡、源芳乡、榆村乡、璜尖乡、白际乡
		黟县	宏村镇、碧阳镇、西递镇、渔亭镇
		祁门县	凫峰乡、金字牌镇
	宣城市	绩溪县	华阳镇、长安镇、伏岭镇、上庄镇、板桥头乡、扬溪镇、临溪镇、瀛洲乡

来源：《千岛湖及新安江上游流域水资源与生态环境保护综合规划》

（1）通过不断出台规范性文件和政策，为千岛湖水环境筑起全方位的保护网，2005年以来相继出台了《关于加快推进淳安县生态县建设的若干意见》《千岛湖水环境管理办法》《千岛湖水面资源管理暂行规定》《淳安县渔业资源保护与管理办法》《千岛湖环境质量管理规范》及相关具体细化行业规范等。这些政策和规范性文件，对日常生产生活形成了严格监管，同时也在正面促进了公众对生态环境治理的参与。如王先水是浙淳安货00028的船主，过去的十余年，他的货船一直行驶在千岛湖里，运输黄沙、石子等建筑材料，产生了船舶污水。不久前，当王先水得知千岛湖湖区货运船舶退出市场有资金补贴政策后，他就决定把自己的老旧货运船申报拆解。

此外，源头保护责任方面，各部门制定了目标责任制，签订了《淳安县生态建设与环境保护目标责任书》；为强化沿湖保护，签订《淳安县"三江两岸"生态景观保护与建设目标责任书》；为进一步消减污染，推进环境保护基础设施建设，签订了《年度污染减排责任书》；根据良好湖泊保护年度任务，签订了《千岛湖湖泊生态保护目标责任书》，通过层层任务分解，形成目标明确、分工负责、齐抓落实的工作模式，确保湖泊保护各项工作顺利推进。

为推动千岛湖与新安江流域整体的生态环境保护，制定了联合治理办法，如：淳安县主动与上游安徽省黄山市联系沟通，推进制定了《关于千岛湖与安徽上游联合打捞湖面垃圾的实施意见》，建立湖面垃圾信息共享和预警，保障垃圾打捞工作快速有效开展。值得一提的是浙皖两省，于2013年制定了《千岛湖及新安江上游流域水资源与生态环境保护综合规划》，总结了水资源与生态环境保护现状与问题，归纳了五个重点任务，并提出了重点建设项目投资及生态补偿机制与保障措施。

（2）分别处于流域上下游的浙皖两省，对于千岛湖及新安江流域上游水资源和生态环境保护以及经济社会发展方面，有着不同的诉求和愿望，千岛湖及新安江流域目前无法形成区域联动、综合管理、共同保护的格局。下游浙江省的建德市、淳安县经济发达，要求上游地区加大保护力度，以切实满足下游地区发展所需的丰沛水量和优质水质，而千岛湖上游的黄山市、绩溪县产业层次较低、经济发展相对落后、发展愿望迫切，发展基础能力薄弱以及因保护而限制发展的问题日益凸显，维护水质安全的压力较大。正确处理好整个流域以及浙皖两省之间发展与保护的关系，已成为亟待解决的突出问题。而浙皖两省不同诉求产生的分歧集中体现在新安江流域水环境补偿机制上，所以2011年财政部、环保部向安徽、浙江两省印发了《关于启动新安江流域水环境补偿试点工作的函》，建立两省的协调机制和生态补偿机制。补偿的方式大致可以概括为："若水质改善明显，浙江省补偿安徽省；若水质恶化明显，则由安徽省补偿浙江省"。具体实施为：补偿指数小于等于1，浙江省将1亿元资金拨付给安徽省；补偿指数大于1或新安江流域安徽省界内出现重大水污染事故，安徽省将1亿元资金拨付给浙江省。此外，由于两省间不同诉求的产生主要源于发展与环境保护的矛盾，所以

《千岛湖及新安江上游流域水资源与生态环境保护综合规划》也提出通过统筹城乡发展和促进两省之间区域一体化，来缩小发展差距，助攻整个流域生态环境的治理。

（3）就千岛湖水资源保护而言，涉及了浙江、安徽两省发改委、工信部、财政部、国土资源部、环境保护部、住房和城乡建设部、水利部、国家林业局等有关部门。横向层面即浙皖两省，纵向层面即省内部各部门，经常进行协调、探讨，制定相关政策、办法和长期机制，成果已有所显现。但在对水资源进行管理过程中，行政机关一般是以市、县为单位进行划分，没有一个强有力的综合管理机构，存在多部门都有管理权，而多部门又无法进行综合管理的尴尬局面，在管理过程中容易出现各部门各自为政，在出现问题时均采用踢皮球方式解决问题，这种管理体制已经明显阻碍水资源管理，对于千岛湖和新安江流域治理明显不利。

（4）千岛湖建立了立体式治理提出"山水林田湖是一个生命共同体，必须全面构建立体式、全方位、特色化的千岛湖综合保护体系，才能赢得'五水共治'这场攻坚战最后的胜利"。

（5）千岛湖流域愿意投入大量资金，研究运用先进技术对生态环境进行治理。例如，从2014年开始，淳安相继开出11.2亿元、12.87亿元的污水治理大单，从城乡生活污水、工业企业污水、景区景点污水、沿湖宾馆污水、养殖业污水、船舶污水、公建设施污水等7个重点入手，通过截污纳管、污水处理厂提标改建、农业面源污染治理等措施，减少入湖污染物，创建"污水零直排区"。淳安不仅建立了浙江省首个县级环境保护专项基金——千岛湖保护专项基金，还专门设立生态县建设专项资金。同时，运用了污染源自动监测与信息管理系统，在入湖断面建立了三个通量站，还特聘中国环境科学研究院的知名学者和专家为千岛湖水环境保护顾问，为保持和改善千岛湖的优良水环境出谋划策。

3. 宁波开展环境污染第三方治理

我国于2014年出台了《关于推行环境污染第三方治理的意见》，提出环境污染第三方治理（以下简称第三方治理）是排污者通过缴纳或按合同约定支付费用，委托环境服务公司进行污染治理的新模式。坚持排污者付费、市场化运作、政府引导推动的原则。除此外，相关政策有《关于制定和调整污水处理收费标准等有关问题的通知》、《关于改革环境污染治理设施运行许可工作的通知》。

2015年根据江苏省、浙江省、宁波市递交的环境污染第三方治理试点实施方案，基于《关于同意江苏省等3个省市环境污染第三方治理试点实施方案的复函》，复函原则上同意了《江苏滨海经济开发区沿海工业园化工废水第三方治理试点实施方案》《杭州市既有城镇垃圾处理设施运营体制改革和升级改造试点示范实施方案》《宁波经济技术开发区工业污水集中收集处理环境污染第三方治理试点实施方案》。

宁波的环境污染第三方治理重点在于探索"工业企业污水处理设施+终端污水处理

厂"第三方运营服务模式，出台了《宁波经济技术开发区环境污染第三方治理实施细则（试行）》；同时探索在第三方治理企业股本结构中吸引试点范围内的工业企业参与的投融资新机制，探索建立园区内工业企业污水处理费直接支付给第三方治理企业的付费机制。

宁波经济技术开发区是国家开展环境污染第三方治理的试点单位。宁波北仑小港印染织厂是一家针织面料印染企业，一年约产生污水 $18×10^4$ m^3。为了处理污水，企业花了 1200 万元建设备。除了每年需缴纳近 30 万元的排污费外，还要支付人工、用电、助剂等费用，一年治污成本上百万元。公司负责人说，如果委托环境服务公司治理，企业将会节省一大笔开支，仅运行费一年就能省下一百多万元。与此同时，项目还将探索在第三方治理企业股本结构中吸引试点范围内的工业企业参与投融资的新机制，污水排放企业可自由参股第三方治理企业，这从正面刺激了企业参与治理的积极性。

政府主导下，推进第三方治理，有利于降低治理成本，进一步提高治污效率和效果。市发改委环资处负责人认为，通过市场的约束和激励机制，有利于治污新技术的推广，有利于政府监管，有利于促进多方良性共赢关系的形成。排污是生态环境的重要污染源，而这第三方治理，是政府与企业共同从源头上治理的有效工具。

4. 江苏部署开展"263"专项行动，连云港提出海湾生态环境保护的"湾长制"

2016 年底中央第三环保督察组向江苏反馈督察情况时，江苏省委、省政府提出，从今年底开始实施"两减六治三提升"（简称"263"）行动。"两减六治三提升"（简称"263"）专项行动，计划用 3 年时间，解决突出的环境问题。专项行动目标："两减"即减少煤炭消费总量，减少落后化工产能。"六治"即治理太湖水环境、治理生活垃圾、治理黑臭水体、治理畜禽养殖污染、治理挥发性有机物污染、治理环境隐患。"三提升"即提升生态保护水平，集中打造"一圈一带一网两区"的生态大格局，即建设太湖生态保护圈、长江生态安全带、苏中苏北生态保护网、设立若干生态保护区，确保区域生态环境状况指数和绿色发展指数逐年提升；提升环境经济政策调控水平，建立健全环境经济政策体系，注重运用经济杠杆，提高排污成本。强化绿色金融等激励机制，用价格机制和市场机制"倒逼"企业转型；提升环境执法监管水平，严格落实新修订的环境保护法，完善环境执法与刑事司法联动，实施联合惩戒，促进环境守法成为新常态。在制度方面：省里建立"263"专项行动督察考核、责任追究等制度，对各地各部门推进落实情况进行重点督察，对存在专项行动推进不力、未完成年度重点任务、区域环境质量明显恶化等情形的，一查到底、严肃追责，确保各项任务落到实处。

盐城市在最短时间内出台《盐城市"两减六治三提升"专项行动实施方案》，提出了总体要求和目标，确定了 11 个方面的举措，并将目标任务细化分解到各地和市发改委、经信委、财政局、城建局、城管局、水利局、农委、环保局等 28 个部门。截至

2017 年 7 月，盐城 "263" 专项行动成效显著，化工企业入园率 82.9%，全省排名第一；今年计划关停 29 家化工企业，19 家已关停。新增城镇污水管网 111 km，开工建设 5 座城市污水处理厂一级 A 提标改造工程。关闭搬迁禁养区内 279 个畜禽养殖场和通榆河一级保护区内 39 个养殖场，禁养区关停完成率 100%；建成运行 5 家病死动物无害化处理中心。启动 4 个化工园区 VOCS 治理，完成 VOCS 治理工业企业 86 家。新增危废处置能力 4 万吨。出动环境执法人员 1.3 万多人次，立案查处 259 起，处罚金额 1959.26 万元，移送司法 16 人次。强化环境管理网格建设，完成建设一级网格 1 个、二级网格 11 个、三级网格 137 个、四级网格 2 456 个。

作为江苏沿海城市，在做减法、抓治理的同时，盐城市增加 "自选动作" ——海岸带生态保护，把沿海百万亩生态防护林工程纳入 "263" 专项行动，构筑沿海生态绿洲，加快形成 "5+1" 高速铁路网这 "一张网" 和生态防护林这 "一片林" 的优势叠加，为子孙后代留下宝贵的生态财富。在召开的沿海百万亩生态防护林工程建设暨创建国家森林城市、森林小镇、森林村庄动员会议上，盐城市提出 "到 2020 年，建设 100 万亩生态防护林，其中新造林 40 万亩，现有林改造提升 60 万亩，将盐城建设成景观优美、色彩丰富、高效持久、稳定协调的沿海生态绿洲"。

长三角区域近岸海域环境问题突出，特别是陆源入海污染压力巨大，近岸局部海域污染严重，连云港地区同样面临这一问题，连云港市海州湾响应 "263 专项" 行动，为治理近岸海域污染问题，在江苏省内率先试行 "湾长制"。"湾长制" 效仿 "河长制"，2016 年初开始 "河长制" 的实行对近岸水质的改善起到了重要作用，继而决定建立 "湾长制"，对重点海湾区域实行联防联控。湾长制按照河长制的组织形式和责任，包括省、市、县、乡四级湾长体系，"湾长" 是海湾保护与管理的第一责任人，主要职责是督促下一级湾长和相关部门完成海湾生态保护任务；协调解决河海湾护与管理中的重大问题。

连云港编制了《海州湾 "湾长制" 实施方案》，涵盖海州湾生态保护与修复、陆源污染防治、涉海工程管理与风险防范、海水养殖污染防控与资源合理利用、海州湾长效管理等生态管海的 5 大重点任务，涉及海洋、水利、环保、建设、林业等多个部门。方案重点围绕陆海统筹和河海联动、分级管理和部门协作、常规监管和信息化应用 3 项特色管理措施，确保实现保护海洋生态系统、改善海洋环境质量的目标。尽管《中华人民共和国环境保护法》规定 "地方各级人民政府，应当对本辖区的环境质量负责，采取措施改善环境质量"，但从实践来看，许多地方政府执行环保法律法规打了折扣。推行 "湾长制"，表明环保问责不再是空头口号。有效调动地方政府履行近海海域环境监管职责的执政能力，让各级党政主要负责人亲自抓海湾环境，运用法律、经济、技术等手段保护环境。实行湾长制将有利于统筹协调各部门力量，加大监管力度。

5. 海洋污染突发事件设有应急机制

（1）2013 年 3 月 19 日 2 时 15 分，英国籍集装箱船"达飞佛罗里达"轮与巴拿马籍散货船"舟山"轮在长江口灯船东北约 124 海里处公海发生碰撞，"达飞佛罗里达"轮第四、第五两舱破损进水，造成大面积油污泄漏。东海因生溢油事故，污染面积达上千平方千米，致使鱼卵、仔鱼、鱼、虾、头足类等幼体死亡，造成重大经济损失。

中国海事部门第一时间组织各方专业力量开展救助、清污。上海海上搜救中心立即启动一级响应，成立了由上海海事局局长徐国毅为总负责的应急抢险指挥部，组织海事、救捞、清污单位，协调 7 艘千吨级船舶和空巡、救助飞机等到现场救助和开展清污工作。因海上风浪增大，为保障船舶安全和清污工作顺利进行，上海海事局同意"达飞佛罗里达"轮先航行至长江口灯船 75 海里处锚泊。为防止溢油污染影响我国沿海水域，中国海事局烟台溢油中心等单位为清污工作提供卫星云图和溢油扩散模型，海事部门派出固定翼飞机和直升飞机密切监视油污扩散趋势。各方专业清污船、救助潜水作业船等仍在现场作业，清污效果明显。3 月 23 日夜，按照交通运输部、上海海事局及抢险指挥部的指示，上海海上搜救中心组织各方专家现场对"达飞佛罗里达"轮船体受损情况进行评估。专家认为，鉴于船舶受损的实际情况，如风浪进一步加大，存在损坏进一步扩大的风险。根据交通运输部第 13041 极端天气预警，现场风力将增大到 8~9 级。如果船舶发生断裂沉没，船上人员的生命将受到严重威胁，船上 1546 个集装箱中的 76 个危险品集装箱和 5 000 t 燃油将给东海海洋环境带来无法挽回的损害。上海海事局按照交通运输部"想尽办法防止（船舶）断裂"的要求，立即停止对"达飞佛罗里达"轮货舱的清污作业，紧急组织"达飞佛罗里达"轮驶往洋山港锚地避风的准备工作，为确保航行安全和防止污染，特别安排了护航、伴航力量，制定了清污方案。3 月 24 日 13 时 10 分，"达飞佛罗里达"轮在 6 艘海事巡逻船、专业救助船和清污船的伴航下起锚，驶往洋山港。

（2）2012 年 9 月 29 日上午 6 点 50 左右，南通市水上搜救中心总值班室接到报告：舟山籍"晟荣 16"油轮靠泊在福姜沙北水道如皋华大石化码头作业过程中发生溢油事故，导致华大码头至阳鸿码头之间江面有油污。水上搜救中心接报后，立即启动应急预案，组织开展应急处置行动，在事故船周围布置两道围油栏，控制污染源，防止事态扩大，并通知沿江码头清理码头前沿油污。在水上搜救中心的协调下，南通安海船务公司的 5 艘清污船也迅速赶赴事故现场处置清理江面油污。为保证如皋鹏鹞水厂取水口安全，中心安排一艘清污船在取水口附近待命，防止污染饮用水源，并通知鹏鹞水厂做好应急准备。截止到上午 8 时 30 分，溢油事态已基本得到控制，取水口附近没有发现油污。

（3）2012 年 12 月 31 日，当日一艘名叫"山宏 12"轮的内河小油船在长江常熟段沉没，船上所装的回收废油溢出，沿长江扩散至下游的上海崇明岛，造成崇明岛绿华地段滩涂污染。当地崇明区海塘管理所（以下简称"海塘所"）承担着崇明本岛沿江沿海防护林、环岛滩涂的日常养护等工作。2013年元旦期间，海塘所工作人员在日常巡查过程中发现环岛多处滩涂上出现黑色油污，滩涂上成片的芦苇等植被被污染，为此海塘所紧急开展了滩涂油污清理工程，并联合第三方开展了浩大的后续修复治理工程，前前后后共支付了1 000余万元的油污清理及环境修复费用。崇明地区的某港口服务公司、某环保科技公司在崇明海事局协调下赶赴现场，对被油污污染的水域开展了一个月的清污工作。

"谁污染，谁赔偿"，3家单位的这些损失费用，从法律上讲应由本次污染事故的肇事方"山宏12"轮船东支付。然而"山宏12"轮船东无力偿还，船舶也已沉没，事先未购买油污责任保险，3家单位因为这起污染事故而产生的高昂环境修复费用、油污清理费用等，一度曾面临索赔无门的窘境。2015年7月6日，崇明的三家单位从中国船舶油污理赔事务中心工作人员手中接过了一份《船舶油污损害赔偿基金理赔决定通知书》，他们将获得1 508万元的船舶油污损害赔款。这是我国政府性基金——船舶油污损害赔偿基金（以下简称"油污基金"）建立以来最大一笔赔付款。

据了解，这起油污基金赔付案件的具体受理和理赔机构——中国船舶油污损害理赔事务中心成立于2015年6月。办公地点设在中国第一大港口上海港虹口航运要素集聚区，是国家设立的一家专业负责船舶油污损害赔偿基金索赔案件受理和理赔工作的办事机构。该中心面向全国为船舶油污受害人提供理赔服务，已处理了五起符合动用油污基金条件的船舶油污事故损害赔偿案件，惠及十余家油污受害人。为指导更多符合条件的船舶油污事故受害人向油污基金索赔，该中心编制的《船舶油污损害赔偿基金索赔指南》已于2016年7月4日对社会公布。

（4）乐清湾曾经是东海海域重要的海洋牧场，沿岸有清江、白溪、水涨、灵溪、江夏等30余条大小溪流入注湾内，整个乐清湾水质优良，饵料丰富，十分利于海水养殖，是浙江省蛏、蚶、牡蛎三大贝类的养殖基地和苗种基地。此外，在乐清湾的主要经济鱼类多达20余种，还有58种贝类，60种甲壳类动物，在乐清湾东侧浙江省玉环县附近的深水港区曾经还能看到跳跃翻腾的海豚。但就是这样一个优良的海洋牧场，现在竟然鱼虾罕见。在乐清湾瓯江段的近海处，顺着堤岸就有两个排污口，排污口上方是正在施工的水泥厂。顺着排污口的下方垃圾横生，恶臭熏天。即使渔船驶出10 km，海水依然是黄色的泥汤。沿岸向北，造船码头、化工企业、火电厂遍布了乐清湾的近海区域。附近发电厂的水都会直接排进乐清湾，污染的直接后果就是无鱼可捕。

乐清湾无鱼可捕的现状常常让渔民们考虑是否要转产上岸搞养殖，但事实上乐清湾的养殖也处在困境当中。最近几年滩涂上不管是养殖牡蛎还是蚶苗，养什么死什么，每年都要损失十几万。比如，乐清市蒲岐镇东门村，在其滩涂养殖的上方就是一个沿海的矿石厂，整个采矿作业与鱼塘几乎没有什么隔断。而就在沿海岸边，沿路几百米，堆放着大量的废铜烂铁和机械废料。这些废铁露天放着，没经过任何处理。雨水冲刷导致污水流入滩涂，严重影响滩涂环境。

同样乐清湾北部的浙江台州境内，这里是长三角重要的制造业基地和能源基地，但这一产业的发展对近岸海域环境造成极大影响。不仅如此，渔民和沿海居民也深受其害，2011年3月当地发生了血铅超标168人。2011年4月，浙江省环境保护厅专门下发了《关于对台州市涉及重金属排放建设项目环评实行区域限批的通知》，通知决定暂停台州市涉重金属污染物排放的铅蓄电池、冶金、电镀、制革、涉重金属化工等行业的建设项目环评文件审批。但目前近岸海域情况依旧恶劣。台州温岭东南的石塘镇，曾经是具有千年历史的古渔村，但现在近海捕鱼越来越难，渔民的捕捞作业不得不越走越远。近海无鱼可捕，而要去远海就需要造大船和更多的油料消耗。当地许多原来近海捕捞的小船只能载重100多吨，去远海捕捞很困难，不得不把船停靠在岸边，他们已经不能再靠这片大海来养家糊口了。目前海洋中含量超标的重金属主要是镉、铜和锂，这与周边的一些化工区域，以及温岭的拆解行业有关。工业产生的重金属污染通过雨水河流流入乐清湾，目前也已经有监测表明，乐清湾里的一些贝类附着的重金属存在超标。

三、长三角海岸带生态环境管理现状反思

（一）长三角海岸带生态环境的陆源、海源污染压力快速上升

长三角地区海洋产业远落后于发达国家，海洋第一产业以近海养殖等水产品产业为主，这些产业多为粗加工、低附加值、低技术含量、技术设备落后、生产效益不高、国际竞争力不强、用海面积较大、污染严重的产业。同时沿海地区海洋第二、第三产业的布局缺乏特色，存在低水平重复建设现象，产业空间配置趋向重要岸线。较低的产业结构层次严重制约了海洋产业的高级化发展，更加造成海岸带资源的浪费和生态环境的破坏。长三角地区是我国重化工业、纺织、造纸等产业高度集聚的地区。2014年，长三角化学纤维制造占全国总产量的76.2%，化学农药原药产量占全国的34.6%，纺织、造纸工业总产值分别占全国的33.9%和21.6%。同时，重化工业是长三角地区的支柱产业，以江苏为例，2014年重化工业总产值占工业总产值的73.4%。重化工业的高度集聚为长三角水污染带来巨大压力，作为工业废水排放的最大来源，重化工业废水排放约占全国工业废水排放总量的80%以上。国家近期重点建设的7大石化产业基地中，有3个布局在长三角地区（江苏连云港、上海漕泾、浙江宁波），未来长三角陆源污染压力将进一步增加。此外，浙江台州、温州沿岸需排污产业较多，且未得到严格控制，在浙江省环保局的项目限批通知下达后依旧未见好转，可见，要从产业布局与结构这一源头做转变。

（二）海洋环境危机应急能力亟待提升

各种突如其来的、不确定的突发事件正在威胁着长三角一体化进程。特别是在太湖蓝藻事件后，如何应对日益严重的流域性污染与区域性环境危机，实行合作治理是摆在长三角城市间的重要合作议题。海岸海洋较陆地生态系统脆弱，自然环境危机可能涉及的区域要比陆地广且深，海洋的自然属性也决定了危机的危险源众多不易发现。海洋的一些环境危机元素一旦进入海洋就很难完全转移出去。比如原油泄漏，由于油污带来的负面影响不可想象，英国籍集装箱船"达飞佛罗里达"轮与巴拿马籍散货船"舟山"轮碰撞后，政府和民众发动各方力量，避免大面积油污的产生。因此，必须从战略高度重视"世界第六大城市群"区域危机管理能力，在经济相对发达、经济流量大，制造业产值总量几乎占全国制造业半壁江山的长三角地区率先构建区域海洋环境危机合作治理体系，对长三角经济发展与社会稳定及其他区域危机合作治理都具有显著的战略意义①。

（三）长三角海岸带环境管理体系亟待转变"重末端治理、轻源头防治"的污染控制模式

千岛湖流域和环太湖治理案例，都十分重视源头治理，千岛湖治理还在源头保护责任方面，各部门制定了目标责任制，通过层层任务分解，形成目标明确、分工负责、齐抓落实的工作模式。同时，海岸带生态环境有"污染在海洋，治理在陆地"的特点，可见源头治理在海岸带环境治理中的重要性，千岛湖和环太湖流域的源头治理模式值得在海岸带生态环境治理中推广。

（四）江（湖）—海的水环境分治模式亟待转向陆海一体化治理

虞锡君认为"所谓江海水环境分治指目前全国普遍存在的江河湖泊水污染防治与海湾河口水环境治理人为分割的制度安排和不协调现象"，这种缺乏区域合作的江—海分治制度暴露出明显的局限性。首先，主管机构不一样。江河湖泊水污染防治由环保部门主抓，海湾河口水环境治理则由海洋（渔业）部门为主。海洋（渔业）部门职能众多，难以集中力量实施海域水环境治理。以浙江省海洋渔业局为例，内设处室13个，环境处只是其中的一个处室，容易顾此失彼，粗放管理；其次，地方政府对江河湖泊与海湾河口的治理重视程度有差异。如属于江河湖泊的钱塘江流域，近10年来浙江省级机关发布的钱塘江流域水污染防治和生态补偿的专门文件就有10多个；而属于海湾河口的杭州湾地区治理，在省级层面只有在2013年由省环保厅与省海洋渔业局联

---

① 张良．长江三角洲区域危机管理与合作治理［J］．人民论坛，2013（32）：82-83.

合发布《杭州湾区域污染整治方案》；第三，尾水排放标准和监管水准不一样。一段时间以来，污水处理厂尾水排海标准明显低于江河湖泊，导致杭州湾两岸城市竞相投巨资在杭州湾（河口）岸边建设污水处理厂。目前，长三角江河湖泊监测断面水质状况已做到月报，而海湾河口还处于年报。

国家有关部门在部署流域水污染防治时，往往忽视起决定作用的海湾河口水环境容量，同时，在推进海湾河口水环境治理时又往往由于区域的限制而力不从心。由于长三角整个流域众多，行政区水环境保护不到位，加之相关区域多种形式的非合作排污博弈，从而造成长三角海湾河口的贫困性生态。要根本改善海湾河口水环境，必须坚持全流域和河口地区的合作治理。

（五）长三角海岸带生态环境治理的信息网络亟待提升覆盖范围和覆盖要素

长三角海岸带生态环境信息网络还不够全面，信息化水平以及信息共享程度不足。各级监测经费比较有限，监测数据的利用、协调配合不充分，海洋环境监测整体能力还比较薄弱。因此，对于海洋环境风险管控和应急存在信息障碍，是海洋环保执法队伍在海洋环境治理中的一块短板，尤其是政府间联合执法、协同监管的范围亟待扩展。

（六）长三角海岸带城市政府亟待创新环境治理行动战术

盐城作为江苏沿海城市，自发地将海岸带生态保护纳入"263"专项行动，推动了盐城生态环境陆海统筹治理。宁波市利用环境污染第三方治理、连云港海州湾试点"湾长制"等一系列的地方海洋生态环境保护探索，彰显了长三角各城市务实处理海岸海洋环境保护的态度。但是如何推动省、市、乃至中央政府重视海岸海洋环境新型治理工具或地方实践探索，既可以根据国家推行制度进行的创新，又可以自我摸索，显然两种治理方式在长三角个别城市都取得了明显的成效。海岸海洋生态环境治理是一个长期的、艰巨的过程，这个过程中不断发现问题，不断解决问题，所以治理工具和制度的创新至关重要。

（七）缺少区域性海岸带生态环境合作治理的规范制度

为千岛湖的水资源保护，浙皖两省及其各部门不断交流、研讨制定了长效机制，但管理过程缺乏一个强有力的综合管理机构，存在多部门都有管理权，而多部门又无法进行综合管理的尴尬局面。海岸带跨域治理也同样存在类似问题，海岸带生态环境相关的主管部门缺位、地方政府以及各职能部门、渔民之间的权利与义务模糊不清，尤其是国土部门、环保部门与海洋部门之间的衔接不利，导致海岸带生态环境管理效率不佳。长三角个别城市正积极探索，如连云港海州湾试点"湾长制"，明确了不同部门的责任，并且有效调动地方政府履行近海海域环境监管职责的执政能力。然而，类似乐清湾和台州的近岸海域污染趋势日益严峻，主要成因在河流入海污染防治、生活污染、养殖污染等方面的规定较薄弱，甚至存在空白，在海洋生态和生物多样性保护等方面的规定也大多不具有可操作性。同时，尽管我国海洋环境保护法律法规对违法者设置了民事、行政、刑事 3 种法律责任形式，但在实践中几乎是以行政处罚作为唯一的手段，原因是海洋法律法规对刑罚的规定比较笼统，使得执法者在实际办案中无法参照。海洋行政执法部门与司法部门之间还未建立起行政执法与刑事司法的衔接机制，因而海洋部门查处的违法行为大都没有相关的移交程序。这些都严重影响了海洋环境执法工作的进行，不利于海岸带生态环境的保护和管理。

海岸带生态环境合作治理的规范制度难以达成。我国出台了一系列危机管理法律规范，以提高我国危机管理的法治能力。《国家突发公共事件总体应急预案》是对突发公共事件具有指导性质的国家层面的总体应急预案。《国家自然灾害救助应急预案》《突发事件应对法》《中华人民共和国防治海岸工程建设项目污染损害海洋环境管理条例》《防治船舶污染海洋环境管理条例》《中华人民共和国船舶污染海洋环境应急防备和应急处置管理规定》《中华人民共和国船舶及其有关作业活动污染海洋环境防治管理规定》《船舶载运危险货物安全监督管理规定》等，对中央与地方在危机管理的职责、分工、领导、协调方面中央领导下各省组织危机管理层面作了明确详细的规定，但是对省际间危机管理合作、地级市间危机管理协调涉及较少，国家层面法规缺失造成跨区域危机管理合作治理无法规可依的局面。在长三角各地方政府层面，虽然目前形成了很多的协商会议与机制，但大多数是一种非制度化的产物，可供操作的具有指导性与规范性的制度难以达成[①]。海岸带的陆海特性、污染源的跨域性等，决定了政府仍然是海洋环境危机治理的主体，然而长三角区域性海洋环境危机管理在实践中，实行分级管理、属地管理为主原则，但这就造成了突发事件管理中政府和部门的碎片化合作。

第三节　长三角海岸带生态环境治理关键问题识别

一、海岸带生态环境共治法制化进程与保障制度建设滞后

跨区域及海陆间的协调缺乏制度保障。海洋环境污染具有流动性的特点，一旦发生海洋环境污染问题往往涉及多个沿海地方政府，作为海洋环境污染治理的核心主体，地方政府之间的关系如何，在很大程度上影响着海洋环境污染治理的效果。海洋环境污染复杂，治理难度大，技术要求高，单个地方政府难以承担全部治理活动。当面临重大海洋环境突发事件时，仅靠单个地方政府也难以及时有效解决。尤其是海洋环境

---

① 王荣华. 创新长三角协调功能，提升协调服务能力 [M]. 上海交通大学出版社，2007.

污染的流动性和扩散性，不可避免地会影响到相邻行政区域的海洋环境。各地方政府的互不合作，分散运作，往往会因沟通不畅，信息不对称而引起海洋环境污染的外溢甚至矛盾冲突。[①]

一般而言，地方政府间能否合作，取决于能否构建良好的制度环境、合理的组织安排以及完善的合作规则。其中，制度环境是基础保障，组织安排是结构保障，合作规则是约束保障。[②] 长三角区域在合作治理中主要是通过开展访问，会议，签订宣言、倡议书或协议，制订规划，成立组织机构等约束力比较弱的方式，整个过程中没有良好的制度环境（如宏观层面的法律法规），没有合理的组织安排（缺乏相应的协调和监督机构），没有完善的合作规则（主要是集体磋商，没有一套制度化的议事和决策机制），因此他们所做的努力往往流于形式，操作性不强，没有约束力，各地方政府作为一个独立的利益主体，行政力量不相上下，遇到利益相关的事项很容易开展合作。一旦彼此间出现强大的利益冲突，就难以协调，这些约束力弱的协议和不成熟的机构就会"不堪一击"。

目前，跨界环境保护事件的协调机制法律条文是《中华人民共和国环境保护法》第二章第十五条的规定："跨行政区的环境污染和环境破坏的防治工作，由有关地方人民政府协商解决，或者由上级人民政府协调解决，做出决定"。跨界水环境污染事件的协调解决办法的法律基础为《中华人民共和国水污染防治法》第三章第二十八条的规定："跨行政区域的水污染纠纷，由有关地方人民政府协商解决，或者由其共同的上级人民政府协调解决"。跨界海洋环境污染事件的协调解决办法的法律基础为《中华人民共和国海洋环境保护法》第二章第八条的规定："跨区域的海洋环境保护工作，由有关沿海地方人民政府协商解决，或者由上级人民政府协调解决。跨部门的重大海洋环境保护工作，由国务院环境保护行政主管部门协调；协调未能解决的，由国务院作出决定"。虽然有上述法律条文作为协调机制运行的基础，但这些规定都过于原则，缺乏实际可操作性。长三角跨区域共同协调的上级政府并未建立生态环境治理协调机制，没有明确环保部门的职责和权限以及处理机制和处理程序，由于对参与协调各方的权责未做明确认定，对协调的程序未做程序立法，共治协调法制化进程缓慢，致使行政自由裁量的空间较大，协调过程中的推诿卸责现象屡见不鲜。法律规范的缺失，在一定程度上导致了地方割据、无序竞争、利益分配不均衡等问题，政府间的合作治理容易陷入僵局。例如，在20世纪末杭湖嘉绍跨行政区域环境联合执法就已经进行了不断探索和实践，通过倡导企业接受非管辖地环保部门的监督，在一定程度上突破了行政壁垒，但此种"民间做法"尚存在体制上不顺、法律上不支持的弊端。

---

① 顾湘. 海洋环境污染治理府际协调研究：困境、逻辑、出路 [J]. 上海行政学院学报，2014, 15 (2)：105-111.

② 易志斌，马晓明. 论流域跨界水污染的府际合作治理机制 [J]. 社会科学，2009 (3)：20-25.

此外，海岸海洋管理区域划分不当，出现了地理区域与政治区域分离，政策规划出现海陆分割。目前，海岸海洋的分区管理主要基于政治因素，没有充分重视海岸海洋的生态整体性和跨界流动性，从而造成了海岸海洋在区域内的无序开发和利用。

二、现行行政架构下政府部门纵横向协作机制有待完善

（一）管理部门上下级行政不畅

在纵向权利分工上，中央政府往往涉及政策的创新和制定，而地方政府则涉及政策的认知和执行。我国目前实行的体制是一种"自上而下"的单方向输出方式，即中央政府单方面向地方政府灌输政策规定，而地方政府拥有很大的自主权。这就使得中央和地方直接缺乏互动，也不利于中央对地方的监督控制，影响中央的宏观调控能力。在权力级别和组织层级上低于省级行政区，没有自主管理权，较难履行流域管理职责，并且流域行政执法，无论是强制执行或司法救济都要依托于地方政府或司法机关，其权威性受到了来自地方保护主义的挑战，由于权威性不足，做出的涉及全流域的重大决策产生的效力难以保证，流域行政执法难。信息流是用于控制环境风险系统中各要素之间的相互联系、状态及其反馈作用。由于跨区域环境监管体制、机制的缺失，环境风险信息流的异化，导致信息缺失、沟通断裂、决策失误，进而裂变为威胁性系统，引发环境损失。

（二）区域内部门间协调不力

在横向权利分工上，与中央政府同地方政府之间的关系相类似，各地方政府都想依靠"搭便车"享受其他地方政府对生态治理带来的利益而不付出相应成本，地方政府间不能形成约束，地方政府与中央政府之间又缺少承接，这就使某些区域形成了生态治理权力上的"真空地带"，治理效果当然要大打折扣。① 胡锦涛总书记在十七大报告中提出要"加大机构整合力度，探索实行职能有机统一的大部门体制，健全部门间协调配合机制"。国人对大部制的关注超乎寻常，但对部门间的协调配合机制缺乏足够的重视。② 长三角地区主要涉海部门（表5-10）中有中央、省属的"条条"单位，有各地市属的"块块"部门，都在一定管辖区域内享有独立的海洋执法权，相互之间又互不隶属缺乏协调，因此经常由于部门利益和地方保护主义，出现各自为政的现象，自然无法高效地进行海洋管理和海洋污染治理。

---

① 李昕曈. 生态文明视域下我国生态治理问题研究［D］. 大连：东北财经大学，2016.
② 周志忍. 整体政府与跨部门协同——《公共管理经典与前沿译丛》首发系列序［J］. 中国行政管理，2008（9）：127-128.

表 5-10　长三角地区主要涉海部门及职责

主管部门	海洋管理职责
国家海洋局东海分局	承担江苏连云港至福建东山的海洋监督管理和海洋事务的综合协调；承担国家海洋经济区海洋经济运行监测、评估及信息发布工作；承担海区海域使用的监督管理；承担海区海岛保护和无居民海岛使用的监督管理；承担海区海洋环境保护的责任；承担海区海洋基础与综合调查；承担海区海洋环境监视、监测和观测预报体系的管理；承担海区涉外海洋科学调查研究活动和涉外活动的监督管理；承担有关海洋事务的国际合作与交流；承担中国海监东海总队队伍建设和管理
上海市海洋局（上海市水务局）	贯彻执行和研究起草有关水务、海洋管理的法律、法规、规章和方针、政策；负责编制相关规划和年度计划；主管防汛抗旱工作，承担市防汛指挥部日常工作；负责水利、供水、排水行业的管理；主管本市河道、湖泊、江海堤防建设和管理；负责本市海域海岛的监督管理；承担保护海洋环境的责任，组织海洋环境调查、监测、监视和评价；依法实施水行政执法和海洋行政执法，查处违法行为，海洋突发事件的应急处理；监督管理涉外海洋科学调查研究、海洋设施建造、海底工程和其他海洋开发活动；研究制定水务和海洋发展的重大技术进步措施
上海海事局	贯彻和执行国家水上交通安全、航海保障、船舶和水上设施检验、环境保护、海洋管理等方面的法律、法规；管理或负责规定区域内航行船舶登记；负责部分相关机构监督管理工作；负责辖区航运公司安全与防污染监督管理工作；负责工作人员证件发放及培训管理及其考试发证工作；负责辖区内重大水上交通事故、船舶重大污染事故处置及调查处理的组织、指挥和协调工作；负责组织、指导或具体实施辖区海上事故的调查处理工作；管理、指导或具体负责辖区内"船旗国""港口国"和"沿岸国"管理；管理、指导或具体负责辖区内"沿岸国"管理；负责相关非税收入的征收管理工作；负责监督管理或指导规定区域内的船舶及水上设施检验工作；负责东海辖区海上巡航执法和航海保障的行政管理和执法监督工作；负责辖区海事公安工作；负责管理、指导本局机关和所属分支机构的部分工作；承办交通运输部及交通运输部海事局交办的其他事项
上海渔港监督局上海渔业船舶检验局	贯彻执行国家和本市有关渔港管理、渔业船舶检验、渔业船员管理的方针、政策和法律、法规、规章；负责本市渔港监督管理有关工作；负责本市渔业船舶检验有关工作；负责本市渔业船员考试、考核、发证工作；依法对渔港管理、渔业船舶检验、渔业船员管理中的违法案件实施查处

续表

主管部门	海洋管理职责
浙江省海洋与渔业局	贯彻执行国家有关海洋与渔业的法律、法规和方针政策以及有关国际公约、条约和双边多边渔业协定；承担有关海洋与渔业行政管理的地方性法规、规章草案的具体起草工作；负责对海洋事务的综合协调管理；承担规范管辖海域使用秩序的责任；负责海洋环境、渔业水域生态环境和水生生物资源的保护工作；负责渔业行业管理。承担海洋环境观测预报和海洋灾害预警预报的责任。组织实施海洋与渔业行政执法管理工作；负责海洋与渔业的科技管理工作；负责海洋与渔业外事、外经工作，组织开展对香港、澳门特别行政区及台湾地区有关海洋与渔业经济、技术的交流与合作；负责海洋与渔业经济的统计及相关核算工作
浙江省海事局	贯彻和执行国家水上交通安全、航海保障、船舶和水上设施检验、环境保护、海洋管理等方面的法律、法规；管理或负责规定区域内航行船舶登记；负责部分相关机构监督管理工作；负责辖区航运公司安全与防污染监督管理工作；负责工作人员证件发放及培训管理及其考试发证工作；负责辖区内重大水上交通事故、船舶重大污染事故处置及调查处理的组织、指挥和协调工作；负责组织、指导或具体实施辖区海上事故的调查处理工作；管理、指导或具体负责辖区内"船旗国""港口国"和"沿岸国"管理；管理、指导或具体负责辖区内"沿岸国"管理；负责相关非税收入的征收管理工作；负责监督管理或指导规定区域内的船舶及水上设施检验工作；负责海上巡航执法和航海保障的行政管理和执法监督工作；负责辖区海事公安工作；负责管理、指导本局机关和所属分支机构的部分工作；承办交通运输部及交通运输部海事局交办的其他事项
江苏省海洋与渔业局	贯彻执行国家和省有关海洋与渔业的方针政策和法律法规；承担综合协调全省海洋监测、科研、倾废、开发利用和渔业管理的责任；承担规范管辖海域使用秩序、海岛生态保护和无居民海岛合法使用的责任。组织编制并监督实施海洋功能区划；依法实施海域使用的监督管理，组织实施海域权属管理和有偿使用制度，负责海域使用申请的审核报批和海域界线的勘定管理；拟订并监督实施海岛保护与开发规划、政策，实施无居民海岛的使用管理；承担保护海洋环境和渔业水域生态环境的责任；承担海洋灾害预警预报、海洋与渔业防灾减灾的责任；指导渔业产业结构和布局调整；负责水产品质量安全监督管理；依法维护国家海洋与渔业权益，负责海洋监察和渔政、渔港、渔业船舶检验的监督管理；负责海洋与渔业科技管理工作；负责海洋与渔业对外交流与合作工作，处理海洋与渔业具体涉外事务，指导协调远洋渔业管理工作

续表

主管部门	海洋管理职责
江苏省海事局	贯彻和执行国家水上交通安全、航海保障、船舶和水上设施检验、环境保护、海洋管理等方面的法律、法规；管理或负责规定区域内航行船舶登记；负责部分相关机构监督管理工作；负责辖区航运公司安全与防污染监督管理工作；负责工作人员证件发放及培训管理及其考试发证工作；负责辖区内重大水上交通事故、船舶重大污染事故处置及调查处理的组织、指挥和协调工作；负责组织、指导或具体实施辖区海上事故的调查处理工作；管理、指导或具体负责辖区内"船旗国""港口国"和"沿岸国"管理；管理、指导或具体负责辖区内"沿岸国"管理；负责相关非税收入的征收管理工作；负责监督管理或指导规定区域内的船舶及水上设施检验工作；负责海上巡航执法和航海保障的行政管理和执法监督工作；负责辖区海事公安工作；负责管理、指导本局机关和所属分支机构的部分工作；承办交通运输部及交通运输部海事局交办的其他事项
浙江省、江苏省水利厅	浙江省水利厅：指导重要河口的治理和开发；依法组织、指导海塘的安全监管；负责滩涂资源的管理和保护，指导滩涂围垦、低丘红壤的治理和开发 江苏省水利厅：指导长江等流域性河口、海岸滩涂的治理和开发
浙江省、江苏省国土资源厅	江苏省：研究草拟并组织实施有关海洋矿产资源地方性法规、规章；拟定管理、保护和合理利用海洋矿产资源等有关政策；组织制订省内海洋矿产资源的技术标准、规程、规范和办法 浙江省：负责全省海洋矿产自然资源的保护与合理利用
上海市规划和国土资源管理局	制定上海市海洋经济发展规划，牵头提出发展战略；贯彻执行海洋矿产的法律法规、规章、方针等，研究起草相关城市地方性法规、政策，并组织实施
苏、浙、沪环境保护厅（局）	上海市：负责防治陆源污染物对海洋污染损害的环境保护工作，指导、协调和监督海洋环境保护工作；协调、监督生物多样性保护、野生动植物保护、湿地环境保护工作；牵头协调重大环境污染事故和生态破坏事件的调查处理；协调区域间环境污染纠纷及辖区外的环境污染纠纷 浙江省：指导、协调、监督各种类型的自然保护区、风景名胜区的环境保护工作，协调和监督生物多样性保护、野生动植物保护、湿地环境保护工作；指导、协调和监督海洋环境保护工作；牵头协调重特大环境污染事故和生态破坏事件的调查处理，指导、协调各地重特大突发环境事件的应急、预警工作，协调解决跨区域环境污染纠纷 江苏省：牵头协调全省范围内重特大环境污染事故和生态破坏事件的调查处理，指导协调各市、县政府重特大突发环境事件应急处置、预警工作，协调处理有关跨区域环境污染纠纷，统筹协调全省重点海域污染防治工作，指导、协调和监督海洋环境保护工作；指导、协调、监督各种类型的自然保护区、风景名胜区的环境保护工作，向省政府提出各类省级自然保护区审批建议。协调和监督野生动植物保护、湿地环境保护工作

续表

主管部门	海洋管理职责
上海市交通运输和港口管理局	贯彻执行有关港口和航运行业的法律、法规和方针、政策；研究起草有关港航管理的地方性法规、规章草案和政策，并组织实施；负责制定港口等发展战略，编制上海港口（含洋山新港区）的总体规划，并组织实施；负责港口、航道的管理
浙江省港航管理局	依法承担船舶、海上设施和船用产品的法定检验工作；承担全省港口、航道管理工作
江苏省交通运输厅港口局、航道局	港口局：承担全省港口岸线、陆域、水域统一管理工作；承担全省港口规划（含港口岸线审批）、计划和统计工作；负责港口建设市场秩序、经营秩序、安全生产的监督管理；负责港口港政管理；承担港口规费征收管理工作 航道局：承担全省航道（不含长江）、省交通运输部门所属通航船闸的建设和维护工作；承担航政管理工作（除上航执法以外）；负责航道、省交通运输部门所属船闸重点建设项目资金筹集；编制年度养护计划；承担省交通运输部门所属船闸规费的征稽管理工作

资料来源：两省一市各部门官网

我国当前的海洋行政管理体制，以行业和部门管理为主，属于分散型的管理体制，除了自然资源部代表政府行使管理海洋事务的职能外，其他涉海行业部门也具有管理本行业开发利用海洋活动的职责。各单位部门围绕其所属职能和管理权限制定了许多法律法规，这就导致同一环境问题治理协调中力量分散且冲突，同时海洋管理权限交叉、职责不清晰，缺乏高层次海洋工作协调机构。推动合作治理的主要部门为海洋行政主管部门，水资源管理和水环境管理分属水利和环保两大部门，体制不统一，且又缺乏有效的沟通和协商平台，使治理问题更加尖锐，实行一体化管理的要求越来越迫切。例如，上海海事局虽针对海上搜救与船舶污染制定了应急预案，但涉及多达26个相关部门（表5-11），部门职责不清且多处存在交叉，实施过程并不尽如人意。

表 5-11　上海海上搜救和船舶污染事故相关单位

相关单位	职责
上海海事局	负责统一组织、指挥、协调和监督各种海上应急力量开展海上突发事件应急行动；负责维护海上应急处置现场的通航秩序，必要时实施海上交通管制；发布海上航行警（通）告和安全信息；负责污染事故的海上监视；审核和批准使用消油剂；核实海上船舶污染清除和损害情况；负责船舶污染事故的调查处理和索赔调解工作；承担搜救中心办公室日常工作和搜救应急值班工作
东海救助局	负责组织本单位专业救助力量对海上遇险的船舶、设施、航空器及人员实施救助；负责为海上应急行动的指挥、协调提供技术支持；参与海上污染情况的监视、应急拖带和应急清污行动

相关单位	职责
东海第一救助飞行队	负责出动本单位专业救助力量参与海上应急行动，救助遇险人员；负责提供海上污染区域空中监视保障
上海打捞局	参与海上船舶、设施污染应急处置行动并提供技术支持；对事故船舶、可移动设施实施拖带、清障打捞作业
上海市公安局	负责组织本系统力量参与海上应急行动；负责船舶、码头等设施的火灾扑救和遇险人员救助，排除险情，扑灭火灾；负责疏散和抢救事故现场遇险人员，必要时开设专用通道，协助营救遇险人员；负责陆上处置现场警戒和秩序维护工作
上海市交通港口局（市地方海事局）	负责组织本单位应急力量和协调辖区其他应急力量参与海上应急行动；负责所属辖区海上搜救和船舶污染事故等突发事件的报警接收和处置；负责组织应急行动所需人员及物资的运输；负责提供海上应急行动所需的码头泊位；负责调用内河应急力量参加清污等工作
国家海洋局东海分局	负责提供海洋水文、海况等资料；负责实施海上污染情况的监视和监测；负责组织海监船舶参与海上应急行动
上海市气象局	负责及时提供相关区域气象监测实况，提供近期天气预报和气象灾害预警信息
东海渔政局	负责组织、协调有关渔业行政执法船、渔业船舶等力量参与海上应急行动；负责组织制订和实施东海区损失额1 000万以上及涉外海洋渔业污染事故（不包含公共养殖水域污染）应急方案
市农委（市水产办）	负责组织、协调上海市渔业行政执法船、渔业船舶等力量参与海上应急行动，指导上海市管辖渔船组织自救、互救；负责调查处理上海市渔业管辖水域内损失额1 000万以下的渔业污染事故
上海市绿化市容局	参与船舶污染事故的相关应急处置行动；协调组织污染废弃物的收集、处置工作；负责现场环卫设施的设置和管理工作
上海市环保局	组织对船舶事故产生的污染区域开展环境监测工作；对船舶事故引发的污染提出处置建议；组织对可能受污染损害的区域开展环境影响评价工作
上海市水务局（市海洋局）	负责提供上海所辖海域水文、海况的实测和预报信息；负责实施海上污染情况的监视、监测和海洋环境污染评价；负责组织所属海监船只参与海上应急行动；负责取水口、防汛设施、湿地的保护；为应急处置行动提供水源保障
上海国际港务集团	负责调用所属港内作业船舶和相关设施参与海上应急行动
上海远洋运输公司、中海（集团）总公司等航运企业	负责组织所属船舶协助专业部门参加海上搜救和应急行动

续表

相关单位	职责
驻沪部队	根据应急处置需要和兵力行动的有关规定，由搜救中心报请市委、市政府统一协调，组织相关兵力和装备参加海上应急行动
上海市财政局	负责将应急资金保障纳入财政预算，按照分级负担的原则，承担由市政府委托的应急保障资金
上海市发展改革委、市商务委、市经济信息化委	负责协调组织相关应急物资的储备、调度、供应和生产
上海市建设交通委	负责协调组织陆上交通运输工具、应急设备、保障人员参与应急处置行动
上海市卫生局	负责组织开展遇险人员医疗救护工作，提供现场医疗救护保障；根据需要派遣医务人员赴现场执行海上医疗救援；转送并安排救治伤病人员
上海市民政局	负责协调做好获救中国籍人员的生活安置和对中国籍死亡、失踪人员的善后处置工作
上海市台办、市政府外办（港澳办）	负责协调和指导做好获救港、澳、台或外籍人员的生活安置、对港、澳、台或外籍死亡人员的善后处置工作和向外国驻华使领馆的通报
上海市安全监管局	负责提供安全生产方面的信息和技术支持
上海市通信管理局	负责组织协调电信运营企业为海上应急行动提供应急通信保障服务
民航华东管理局	负责海上应急行动中航空搜救的技术支持，必要时协调解决民用航空器等设施设备参与人命搜救和应急物资运输
长江航运公安局上海分局	负责参与海上应急救助行动；维护所属辖区现场水上治安秩序
相关区县政府	负责组织属地有关部门和单位开展海上搜救和船舶污染预防及清除工作；负责组织救助医治受害人员和人员疏散安置工作；负责封闭隔离和限制使用有关场所，终止可能导致损害扩大的活动；组织抢修被损坏的公共设施；为属地内的应急行动提供必要的后勤保障

注释：来源于《上海海上搜救和船舶污染事故专项应急预案》

（三）跨区域环境保护协调不足

长三角地区地方政府之间的关系是一种纵横交叉、错综复杂的多边多级关系。同时由于地方政府具有"经济人"的特性，在这种缺乏利益补偿和利益保障的情况下，各弱势和利益受损害的地方政府就会主动回避或撤出合作而导致合作治理的失败，也使得短期内区域的地方利益与整个区域利益偏离。所以，尽管近年来长三角区域地方政府出台了《长三角海洋生态环境保护与建设合作协议》等一系列合作协议，同时建立了苏浙沪两省一市海洋生态环境保护与建设共享和协调机制，但是由于海域生态合作治理的政府间横向协作关系发育不良，合作的主观能动性和积极性不高①，且部分地方政府行动滞后，一旦涉及实质性利益问题，往往会由于分歧太大而无法达成共识，合作治理海洋环境污染难以实现。尤其在当前财政分权改革的宏观背景下，建立完善且稳定的地方政府间的协调机制，为海洋环境污染治理提供保障成为迫切的需要。

我国海洋跨界污染治理模式强调地方政府对本辖区环境质量的责任，因此只有上级政府部门，如国务院、国家环保总局等出面协调，才能通过调集各方资源来治理跨界污染。但此种模式下形成的机制具体到下级政府而言，实施情况无法评估，协调效率低。跨流域水污染事件具有外溢性、开放性特征，加剧了传统单一的行政区域管制模式的矛盾，简单的政府之间的协商确定在建立跨区域水污染事件防治机制上则显得力度不够。在长江入海口处的流域污染纠纷中，江苏省与浙江省曾经多次协商，关于水污染控制事宜，但因种种原因均未达成共识。处于上下游的地方政府在水污染事件中难以形成统一的利益分配，也很难协商处理水污染事件与水纠纷。本质上是由于现行的单一部门对单一要素管理的行政管理体制，地方政府利益多元化构成了管理上错综复杂的法律关系，使江浙两地政府在解决跨行政区江—海污染处理时，很难达成真正的合作，导致其进程缓慢。

三、海岸带地区相关规划亟待整合

在生态环境治理中，企业和沿海居民是带来海岸带环境问题的主体，同时也是受益主体，居民生活理念、企业经营理念以及政府人员的管理理念对海岸海洋生态环境的维护和治理至关重要，而政府工作人员、居民和企业作为理性人对效益最大化的追求和绩效的追求将带来持续的污染及治理的延缓。对企业家、老百姓及政府工作人员进行公共教育可使其理念向良性发展，但其效率及成效显著性较小。海岸带生态环境治理还是要靠法律法规的监管和规划对日常涉海活动运作的规范和引导，随着沿海地区海岸海洋一体化管理的加深，规划制定过程越发重视利益相关者的参与，其参与能够增强海岸海洋规划实施的确定性，加深海洋资源使用者各方了解，将各方的想法、问题整合起来，从而产生一个能够顾全多方利益的解决方案，保证海洋资源环境的长期利用以及共同目标的实现②。

涉海相关规划种类众多，规划的编制由各部门围绕着自身职责和管理权限进行（表5-12）。江浙沪两省一市海洋发展出台了许多相关规划，如《长江三角洲地区区域

①　李娜.长三角海洋经济整合研究［M］.上海社会科学院出版社，2017.

②　刘曙光，纪盛.海洋空间规划过程中利益相关者参与问题理论研究［J］.中国渔业经济，2015，33（6）：51-59.

规划》《江苏沿海地区发展规划》《国家东中西区域合作示范区规划》《浙江海洋经济示范区规划》《浙江舟山群岛新区规划》《国务院关于推进上海加快发展现代服务业和先进制造业建设国际金融中心和国际航运中心的意见》，海洋空间规划有《浙江省海洋主体功能区划》《浙江省海洋功能区划》《江苏省海洋功能区划》《上海市海洋功能区划》等，还有专门针对海洋生态环境保护的《江苏省近岸海域污染防治"十二五"规划》、《江苏省海洋环境保护与生态建设规划》等。规划的目的、依据、期限、范围等不同导致在一定时期内、一定区域内规划存在不协调，各规划主导部门围绕着所属职能和管理权限进行各类规划的编制与实施，导致在个别海域空间出现规划不统一的现象。这种情况导致部分海域海洋开发建设项目上位规划指导先天不足，给海洋环境保护和地方海洋经济发展埋下了不确定因素。所以，实现"多规合一"能够有效避免各部门、各级层面规划的相互矛盾，将所有规划置于统一空间，实现衔接与协调。《中华人民共和国国民经济和社会发展第十三个五年规划纲要》中要求以主体功能区规划为基础统筹各类空间性规划，推进"多规合一"，这一要求体现了我国坚持陆海统筹，坚持在经济发展、空间布局、环境保护等全方位陆域、海洋协调发展的基本原则。多规合一的基本职能决定其不是一个规划，而应该是一个总分有序、层级清晰、职能精确的规划体系。所以综上所述，涉海相关规划的制定及其整合是海岸带治理的重要抓手。

表 5-12　主要涉海相关规划

规划体系	规划	主导部门
经济发展规划	国民经济和社会发展规划	发改委有关部门
	海洋经济发展规划	发改委、国土部门、海洋主管部门
空间发展规划	城市总体规划	城市规划部门
	土地利用规划	地方国土部门
生态环境保护规划	海洋生态红线	海洋主管部门
	海洋环境保护规划	发改委有关部门、海洋主管部门
	海岸带保护和利用规划	发改委有关部门、海洋主管部门
	海洋生态环境保护规划	发改委有关部门、海洋主管部门
海洋主体功能区区划		发改委有关部门、海洋主管部门

四、海岸带生态损害评估及其损益主体界定难

海岸带生态损害指在海岸带所包含的生物体与生态系统及其所依托的自然环境，因外部原因而发生负面生态效应，包括自然性状与功能的损害和多方面的价值衰减。

明确外界胁迫如涉海事件、开发建设项目对海洋环境与生态造成破坏和损害的性质、范围和程度，评价该种破坏和损害对生物的生存与发展、生态系统功能及其生物资源可持续利用性的影响①是确认海洋生态环境损害发生及其程度、认定因果关系和责任主体、制定生态环境损害修复方案、量化生态环境损失的技术依据，而评估报告是海洋生态损害赔偿诉讼的重要证据。②

海洋具有极强的流动性，其污染扩散速度非常快，若得不到及时的控制，将形成较广的扩散范围，这就给海洋生态损害评估提高了难度。此外海洋生态损害的价值评估具有不确定性，人类试图用海洋生态系统服务价值损害、环境功能损害、生物生境损害、海洋环境容量损失等生态学概念来衡量和评估生态利益，而并非实际存在的具有财产价值的物，因而在司法实践中会引起不少质疑。生态环境具有很强的公共物品的特性，而这种公共物品的价值不仅具有经济价值，更具有生态价值。海洋生态损害的量化是海洋生态损害赔偿的前提和基础。为了更好地加强海洋生态环境管理决策，在对海洋生态损害进行定性分析的基础上，还需要对其进行定量分析。而生态价值由于很难量化，往往也难以货币化。既然环境损害难以量化，则很难确定地证明加害人的行为造成的除人身和财产损害之外的环境污染的经济衡量。所以，定量分析需要对海洋生态价值和海洋生态损害两者进行科学评估和认定，这是学术界研究和亟需突破的重大理论课题和实践课题，成为政府部门、立法机关和科学家等共同关注的热点和难点问题。

海岸带生态损害评估不仅是一项技术难题，同时也存在评估及赔偿相关制度问题。离开实定法的支持，受损害的海洋生态将难以成为法律保护的对象。所以，海洋生态损害评估和赔偿目前最迫切需要解决的现实问题就是获得立法支撑。海洋生态损害赔偿的制度依据主要包括国际公约、法律法规、司法解释、部门规章、地方规章等。自2013年底以来，中央和国务院频频发布顶层设计的政治文件，在生态文明建设领域做出了一系列重大制度安排，包括生态环境损害赔偿制度。2015年11月，中办、国办印发《生态环境损害赔偿制度改革试点方案》。但令人遗憾的是，海洋生态损害赔偿被明确排除在试点方案之外，而其"适用海洋环境保护法等法律规定"的表述又十分模糊，因为海洋环境保护法等法律也没有非常明确的、具有可操作性的规定。这种情况也表明，海洋生态损害赔偿涉及很多难题，目前甚至还无法进行"试点"。②

海岸带生态环境损益主体，即通过直接或间接使用海岸带资源获利者和自然资源开发、生态环境破坏过程中的利益受损者。利益相关者一般包括政府、企业、其他社

---

① 汪依凡. 海洋生态损害评估［A］. 中国航海学会船舶防污染专业委员会.2007年船舶防污染学术年会论文集［C］. 中国航海学会船舶防污染专业委员会；2007：22.

② 蔡先凤，郑佳宇. 论海洋生态损害的鉴定评估及赔偿范围［J］. 宁波大学学报（人文科学版），2016（5）：105-114.

会组织、自然人等，这些利益相关者均是海岸带资源的受益者，但也都有可能是利益受损者。海岸带生态环境治理中生态补偿是重要部分和抓手，补偿主体和对象的界定是海洋生态补偿机制的基础，是解答谁补偿谁的问题。界定海洋生态补偿的主体和对象需要进行利益相关者分析，甄别出受益者和受损者。而在现实中，由于海洋生态资源的价值是长期的和连续的，其影响的区域和范围也是广泛的，并且由于海洋生态资源本身具有的整体性和系统性特点，利益相关者的范围可能很广。同时若想要界定一个利益相关主体是否是受损者，需要进行海岸带生态损害评估及规制支持，但目前生态损害评估存在难题和规制不完善且修订不及时。因此，要准确划定受益和受损的群体和范围也是一个技术难题。

五、海岸带生态环境要素规制亟待修订

随着生态破坏、环境污染问题的日益严重，海水中的污染成分越来越多且越来越复杂，为控制不断新生的各种污染物质的危害，就需要及时制定各方面的环境标准。环境标准不是通过法律条文规定人们的行为模式和法律后果，而且通过一些定量性的数据、指标、技术规范来表示行为规则的界限、调整人们的行为。标准体系建设作为标准化工作的顶层设计，一直以来受到各个方面的高度重视。我国于 1991 年发布了《标准体系表编制原则和要求》（B/T13016）国家标准，2009 年进行了修订，推动和指导我国实施了"国家标准化体系建设工程"，依据《国民经济行业分类》（GB/T4754）构建了各个行业的标准体系。

海洋环境保护标准体系框架由三级构成，即国家标准、行业标准和地方标准三级。国家标准包括海洋环境质量标准、污染物排放标准、海洋环境监测方法标准、标准样品和基础标准。根据陆地环境标准实施情况，地方海洋环境保护标准应优先于国家海洋环境保护标准执行。可用三维立体式结构表示海洋环境保护标准体系框架，如图 5-3。2016 年底，我国海洋国家标准有 70 余条，海洋行业标准近 300 条。

海洋环境保护标准体系建设是一个长期的、持续性的工作，难以一蹴而就。海洋环境保护标准体系被赋予的功能和环境变化发展的客观规律，决定了建立标准体系必然是一项兼具创新性和继承性的工作，既不能因循守旧、墨守成规，也不宜推倒重来、另起炉灶。同时，标准工作的复杂性决定了体系建设必然采取顶层设计与实践修正相结合的方法。顶层设计重点解决体系建设的路线图问题，描绘发展前景，明确发展方向，确定发展目标。实践修正重点解决体系建设中的校准问题，在接近预订目标的过程中，通过反馈和执行机制，不断根据实际情况调整方向和姿态，将宏观目标细化为具体的工作任务①。

---

① 冯波. 建立和完善环境标准体系［N］. 中国环境报第 2 版，2011-12-01.

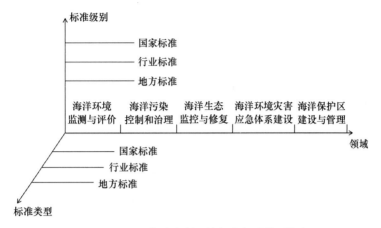

图 5-3　三维立体式海洋环境保护标准体系框架

第六章　长三角海岸带生态环境治理障碍

我国海域划分以行政区划为基础，各地的海岸带生态环境治理范围自然也是自身行政区规定的范围。自主治理理论中提到了八项设计原则，包括清晰界定边界、使占用和供应规则与当地条件保持一致、集体选择的安排、监督、分级制裁、冲突解决机制、对组织权的最低限度的认可和分权制企业。这八大设计原则应用于海岸带生态环境公共治理中可以得到强有力的约束，但我国的地方治理并不能很好的遵循这些原则，尤其在政府、企业及公众多元主体共治方面。同时，环境污染以及环境污染治理具有较强的外部性，特别是具有较强流动性的海洋外溢性特征更为明显，所以地方政府除了本辖区海岸带环境治理外，还涉及相邻辖区的治理。显然，地方政府在海岸带生态环境治理中不止要做好"分内之事"，还需要协同相邻区域进行共同治理。通过梳理海岸带生态环境共治主体博弈关系及政府参与共治工具，识别共治实施困境，为长三角海岸带生态环境共治路径及策略的提出奠定基础。

第一节　生态环境治理与海岸带生态环境共治

一、公共治理

公共治理是政府、公共机构、私营部门、社会组织或个人等公共治理主体以实现公共利益为核心，共同协调管理公共事务方式和过程的总和。尽管不同学者对公共治理内涵的解读有所差异，但却存在着一些共同的特征（表6-1）。

表6-1　公共治理特征①

公共治理特征	特征内容
主体多元性	治理中的主体具有多元性，除了传统的政府主体外，至少还包括社会团体、市场组织、公民群体等其他利益相关者

---

① 沈费伟，刘祖云. 合作治理：实现生态环境善治的路径选择［J］. 中州学刊，2016（8）：78-84.

续表

公共治理特征	特征内容
主体依赖性	由于现代公共事务的复杂性、多变性，使得以往单一的治理主体不能拥有足够的资源和能力来独自解决和处理公共事务，组织目标的实现需要合作治理中各主体之间的资源依赖、互通有无、相互补足
利益共同性	尽管治理过程中的主体具有多样性，但是其都是围绕着共同的利益而聚集在一起的，在集体行动中以实现公共利益为价值目标

公共治理的形成必须有四个基本条件：一是合作治理中的各主体都是平等主体，彼此之间相互尊重，互相认同和信任；二是合作治理中所产生的科学决策必须是基于各治理主体的共同意志，合作治理的推进是在整合所有治理主体意见的基础上来实现的；三是合作的最终目的在于开展行动，只有在行动中才能实现共同的利益和价值目标。此外，公共治理核心要点是：在公共治理中，治理的主体并不一定是政府，它既可以是政府部门，也可以是其他公共机构，甚至是社会组织和私人机构及其他们之间的合作；治理的客体是以公共利益为核心的公共事物，治理的目的是最大限度地增进公共利益，在各种制度关系下通过对权力的运用，引导、控制和规范公民的行为，其最终目的都是落脚在公共利益上①；公共治理的互动式权力运行向度，因公共利益的价值核心、多元主体的治理参与，使得公共治理与传统的统治、公共行政和公共管理等理论区别开来。而权力的运行向度也由传统的自上而下的单一向度管理向多向度的、互动式交互影响的方向转变②。

长三角区域合作 20 多年来，合作不断深化和推展，各地区间无序、分散的合作逐步整合到相应统一的平台上，使要素合作、体制建设与制度对接，统筹兼顾，形成合力，协调推进。在合作协调机制建设上取得了显著成就，形成了长三角区域政府协调"三级运作"体系（图 6-1），并逐步健全。四个层次合作平台支持协调机制运作：由苏浙沪党政主要领导进行的长三角地区区域合作与发展座谈会，两省一市常务副省（市）长进行的沪苏浙经济合作与发展联席会，各成员城市市长参与的长江三角洲城市经济协调会以及苏浙沪有关政府职能部门进行的各职能部门的行政首长联席会议。这种递进式的多层次协调机制为一般事务交流和重大问题协调统一、日常运行与应急处置相结合提供了有效保障。

长三角地区合作主体由政府单个部门向多个部门以及社会协同推进转变，进一步转向横向、纵向综合协调。对于区域发展中的综合性专题业已形成主要部门牵头，多

---

① 俞可平．治理和善治：一种新的政治分析框架 [M]．南京社会科学，2001．
② 邓贵川．我国环保运动的公共治理参与：模式与发展 [D]．南京：南京大学，2012．

部门协同攻关的良好态势。此外，相当一些部门根据本部门工作需要，主动实施区域合作，或者进行政策对接，或构筑区域性合作平台，通过联席会议、论坛、项目合作、专题研究等多种形式，使区域间政府部门合作达至广覆盖。其次，行业协会和企业也积极展开合作，作为长三角行政协调机制建设至关重要的有机组成和促进力量。

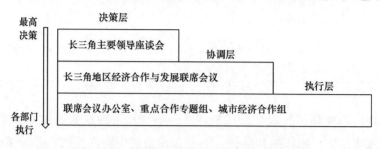

图6-1　长三角地区政府"三级运作"协调机制

二、生态环境治理

(一) 生态环境治理内涵

对"生态环境治理"概念的理解和运用，不同学科背景研究者有着不同的探索。不同用法中，体现了"生态环境治理"的不同含义。第一种是技术层面的用法，把"生态环境治理"理解为是工程技术和生态学意义上的治理，是相关的专业人员对受破坏的生态和受污染的环境按照生态学规律进行技术上的修复和改进。如水环境的治理、盐碱地生态环境治理、"三废"治理等。第二种是行政管理层面的用法，认为环境管理的主体是政府及有关环境管理机构。如法学教授苏哈列夫在《自然保护活动的法律调整》中对环境管理的定义是："国家生态管理的一种国家活动，它通过相应管理机关保障建立良好周围环境和保护社会生态利益的国家权力的实现。"曲格平认为："环境管理是指各级人民政府的环境管理部门按照国家颁布的政策法规、规划和标准要求而从事的督促监察活动。"[①] 在环境管理过程中，政府及有关机构要以生态规律和经济规律为指导，根据国家的有关法律、法规，运用一切手段来调控人类社会经济活动与环境的关系，实现国家生态可持续的目标。和技术层面的生态环境治理相比，管理层面的生态环境治理的对象发生了变化。提倡环境管理并做过联合国环境计划（UNEP）事务局局长的 M. K. 图卢巴指出环境管理"并不是管理环境，而是管理影响环境的人的活动"。[②] 第三种是公共管理学和政治学层面的用法，是治理理论在生态环境领域的应用。

---

① 白志鹏，王珺主 . 环境管理学 ［M］. 化学工业出版社，2007：3 .
② 岩佐茂 . 环境的思想——环境保护与马克思主义的结合处 ［M］. 中央编译出版社，2006：76 .

这里的治理和传统的政府管理不同，治理既涉及政府又涉及私人部门和民间组织。在治理的主体方面，也有学者出于不同的学科背景对单一的主体更加看重，如市场主体、社区主体等，但更多的则是显示出对多元主体的多中心治理的认同。有学者就认为环境治理是"政府机构、公民社会或跨国机构通过正式或非正式机制管理和保护环境资源、控制污染及解决环境纠纷"。生态环境治理不仅涉及谁来决策，而且涉及如何决策。朱留财就认为"环境治理就是在对自然资源和环境的持续利用中，环境福祉的利益相关者们谁来进行环境决策以及如何去制定环境决策，行使权力并承担相应的责任而达到一定的环境绩效、经济绩效和社会绩效，并力求绩效的最大化和可持续性。"①

（二）生态环境治理模式

政府环境管制是当前我国生态环境治理的主流模式，这种模式对生态环境的治理起到了一定作用。但是，由于知识的局限性、认识能力不足等原因，该模式导致了当前单纯的政府行为在生态环境治理上的有限结果，这种结果促使以政府管制为主流的生态环境治理模式逐步走向合作治理，以便重构我国的生态环境治理模式。

1. 政府管制模式

政府环境管制成为我国生态环境治理的目前主流模式，并非是一种巧合，是源于计划经济时代遗留下来的政府直接控制型政策。政府管制理论源于管制经济学，在资本主义市场经济体系中，亚当·斯密所提出的完全竞争与市场模式是不可能存在的，由于外部性的存在、信息不对称以及天然垄断等的制约与威胁，市场失灵时常发生。Adams认为存在固定的、下降的以及上升的规模效应的产业，天生垄断依附于上升的规模产业，为了持续大规模生产的垄断性优势，需要实行政府的规制②。也有学者基于公共选择理论的"经济人"视角，认为生态环境属于纯公共产品，其供给单纯依靠市场的自行调整无法实现，企业垄断本能性地追求自身利益最大化，致使分配效率难以实现，消费者的利益受到侵害，因此，必须依靠政府的管制与监督，追求实现社会福利的最大化，保持社会经济效率的整体性，故政府管制下的生态环境治理是有效的（表6-2）。

政府管制虽然解决了许多问题，但也不能赋予政府管制一切的地位。正是市场的不完善才导致政府有更大的活动空间，政府的首要任务是完善市场，只有当市场出现纯粹失灵时，政府管制才有其合理性。同时由于客观知识世界的复杂性，政府人员对生态环境的认知并不完全，对环境突发事件预测也并不准确，且有些地方政府公共利

---

① 朱留财. 从西方环境治理范式透视科学发展观［J］. 中国地质大学学报（社会科学版），2006，24（5）：52-57.

② Adams H C. Relation of the State to Industrial Action［J］. American Economic Review，1887，1（6）：7-85.

益核心价值缺失，对公民参与的回应存在不足，所以转向多主体共同治理是生态环境治理的必经之路。

表6-2　政府管制模式优点①

优点	具体内容
能高效实现对公共事务的管理，纠正"市场失灵"	管制理论把政府管制视为从公共利益出发而对"市场失灵"下发生的资源配置的非效率和分配的不公②进行调解与纠正的过程，认为加强政府的管制是必要以及不可避免的，其能够高效实现对公共事务的管理③，能实现对公共利益的有效整合、维护以及分配，因而公共利益也为政府环境管制的出发点。特别是，生态环境问题是典型的负外部性表现，其利益分析表现为私人利益大于社会利益
政府规制可视为一种市场有效替换	科斯（Coase）将直接规制作为治理外部性的一种对市场的有效替换，产权解决方案由于交易成本过大而无法通过市场与个人的谈判解决负外部性，此时政府规制必然发挥其无可替代的作用
弥补信息不对称	信息不对称状态是由众多因素产生的结果，一般意义上的垄断与强势垄断是其重要原因，因此造成的逆向选择和道德风险是信息不对称对信息掌握较多者的偏袒，也是对不知情者的损害，此时进行政府管制，可以保障与维护处于信息劣势地位各群体的权利，如对环境污染受害者、消费者、劳动者做出的保护措施等

2. 合作式治理模式

生态环境问题的多领域特性决定了其治理主体的多元性，而现代治理理论也认为多元主体共治是降低治理成本、提升治理效益的重要途径。"政府—社会—市场"合作式治理就是构建国家、非政府组织、公民相互独立又相互合作的互动治理结构，而多元共治模式则是打破了传统观念的束缚，各自有不同的手段与机制，那么在生态环境治理中，可以将政府的权威性、高效性，市场回应性、限制性，以及企业的自愿性、多样性等各自优势充分利用，从而提供一种"多元共治"的生态环境治理新范式。④

生态环境的共同治理典型特征：一是治理主体具有多元性，政府已不再是唯一的权力中心，而是存在多个供给主体，如社会组织、公众等，因为这样既可以保持公共事务的公共性，又可以通过多种主体的参与，从而破除传统观念中由单一主体垄断的局面；

① 谭九生. 从管制走向互动治理：我国生态环境治理模式的反思与重构 [J]. 湘潭大学学报（哲学社会科学版），2012，36（5）：63-67.

② 余晖. 政府与企业：从宏观管理到微观管制 [M]. 福建人民出版社，1997：145.

③ Bodenheimer E Jurisprudence：The Philosophy and Method Of the Law [M]. Cambridge：Harvard University Press，1962.

④ 田千山. 几种生态环境治理模式的比较分析 [J]. 陕西行政学院学报，2012，26（4）：52-57.

二是在共同治理的主体中政府仍然是治理的核心力量，企业是治理的重要辅助力量，公民是治理的基础力量，即政府在宏观调控和微观操作层面保持的公正性。同时各主体通过建立合作、协商的伙伴关系，确立生态环境意识的认同感和共同的生态环境目标；三是治理结构具有网络性，共同治理打破了原来政府自上而下与发号施令的生态环境治理模式，将责任与权力赋予其他治理主体，将政府组织、私营企业、公众自治组织、利益团体、社会组织等治理主体围绕着生态环境问题，建立共同解决生态环境问题的纵向、横向或二者相结合的网络状结构，形成资源共享、彼此依赖、互惠合作的机制与组织结构。生态环境合作共同治理较政府管制模式更高效、更全面（表6-3）。

表6-3　生态环境合作共同治理优点[①]

优点	内容
充分发挥治理主体优势	能充分发挥政府、市场、社会等各类治理主体的优势，需要依靠综合政府强权、市场调控、企业自觉的作用来解决生态环境问题。换句话说，治理污染生态环境的主因，单靠"堵"是远远不够的，还要通过其他综合性手段来进行"疏"
降低单一主体治理成本	这种治理模式明显提高了效率，同时在生态补偿机制下，降低了单一主体的治理成本，使生态环境治理收到更好更优的实质性效果
可建立区域协调机制	共同治理模式解决跨区域生态环境治理的难题，尤其是治理外部性明显的生态环境问题，生态环境的整体性往往因为区域划分的问题被人为分割，在单一主体模式的治理下，往往会将难以界定的区域环境问题的治理成本转嫁给他方。而多元共治模式不仅可以建立区域政府间的协调机制和竞合意识，还可引入第三方对其达成意向的落实情况进行监督，并通过一定压力使其调整、纠偏

生态环境共同治理虽然是现在治理模式转变的趋势，但过程中会出现各种问题：一是出现治理权利交叠的现象，由于多元共治的治理结构呈网络状，因此极有可能造成部分治理权利交叠现象的产生。权利交叠现象并非权利的越界，只是在同一个范围内，权利主体在正常行使权利时，出现与他人的权利界限发生交叠，这种现象极易造成权利冲突。这种权利交叠除了出现在不同主体间，还存在于政府内部不同部门间；二是在生态环境治理过程中，政府、市场、公众、社会组织等不同的治理主体，可能存在具有不同的利益诉求和不同的治理目标。各主体都有各自的利益归属，而其生态环境治理目标都会以此为出发点，自然就会产生冲突和博弈；三是由于多元共治强调各主体间关系的相互依赖性，使得政社之间、公私之间的责任边界变得模糊，其结果是难以明确责任主体，最终导致本应由政府承担的公共责任反而出现主体缺位的问题。

三、海岸带生态环境共治

根据海岸带生态环境问题将海岸带受损类型主要分为近海海域污染、陆源污染、突发性海洋污染三大类，近海海域污染包括近海富营养化、海洋工程、油气污染；陆源污染包括生物资源破坏、生活垃圾和固体废弃物污染及海洋倾废。这些污染类型明显呈现了海岸海洋环境污染外部性特征，决定了海岸海洋环境污染需要协同治理；决定了海岸海洋环境的治理不是某一个区域的分内事，仅凭自己的力量难以有效治理。海岸海洋环境污染一般会涉及多个地区，只有这些地区的管理机构协同合作才能有更好的治理成效。但是，由于不同行政区域的主管部门之间利益诉求不同，会使各个治理主体往往为了追求自己的利益，而推卸治理的责任。相关行政区域之间海洋环境的治理主体，需要明确之间的权利和义务、职权职责，协同合作、互助共赢。海洋环境的治理虽然已经出现合作，但也主要是政府之间的合作，还没有涉及政府和社会组织、公众的分工协作问题。这种合作往往体现为"互助"的合作形态，一般是临时性的、松散的、没有固定的协作机制，只是为了解决某个临时性的突发问题而联系在一起。此外，海洋环境突发事件的应对需要进行协同治理。海洋环境突发事件具有不可预测性，往往传播速度快、涉及面广、危害大。虽然海洋环境突发事件的应对方法有很多种，但毫无疑问的是"单兵作战"的治理模式时常会捉襟见肘、治标不治本。综上，海岸带生态环境共治主要解决治理主体间、地方之间、我国与邻国的利益冲突问题（图6-2）。

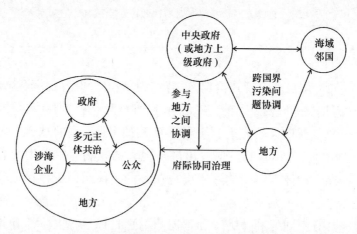

图6-2　海岸带生态环境公共治理协调重点

2008年以来，长三角海岸海域生态环境治理存在三种政府间横向协调机制实现形式。

(一) 科层协调机制

该机制表现为中央政府通过建立并授权长三角海域海洋管理机构、构建区域法规体系、实行一体化区域海洋管理、采用绿色 GDP 政府绩效考核制度以及加强执政资源整合等方式，在长三角海域进行自上而下的政府间横向协调。科层协调机制主要依靠中央政府来促进长三角海域政府间横向协调，其优势在于，可以凭借中央政府的权威实现以长三角海域为单元的统一海洋管理，从而规范同一海域权力、产权边界，避免相互间出现正交易成本，造成同一海域经济活动外部性而引起同一海域资源配置使用的负外部性。

(二) 市场协调机制

通过市场力量的引入，发挥其基于海洋生态环境保护的资源配置作用，从而规范区域政府对长三角海域的职能行使，减少其对辖区资源配置使用的负外部性实施地方保护的机会，进而促进长三角海域生态环境治理的区域政府间合作。市场协调机制注重的是，采用针对同一海域的政府间生态补偿、排污收费和排污权交易、污水处理设施民营化等方法，抑制长三角海域资源配置使用的负外部性的发生，进而有效减少长三角海域海洋生态破坏、环境污染现象，维护和增进长三角海域政府间横向协调关系。

(三) 府际治理协调机制

长三角海域同样可以被视作一个社群，横向并存的各沿海政府是该社群的基本成员，之间有可能以类似"自主治理"的互惠协商方式来解决同一海域的环境和生态问题、纠纷，从而形成一种有别于科层和市场协调机制的府际治理协调机制。该机制可以采取这样一些实现形式：构建"公共能量场"、推进政府间电子治理、缔结政府间联盟以及制定和实施长三角海域开发整体规划，从而抑制长三角海域经济活动外部性乃至海洋生态环境治理失灵的出现。

目前长三角海域海洋生态环境治理中，市场机制、府际治理机制均受到科层机制的挤压。尽管长三角区域地方政府从 2002 年起就开始合作治海，近几年也出台了《长三角海洋生态环境保护与建设合作协议》等一系列合作协议，同时建立了苏浙沪两省一市海洋生态环境保护与建设共享和协调机制，但由于习惯了科层机制的挤压，海域生态合作治理的政府间横向协作关系发育不良，合作的主观能动性和积极性不高。①

---

① 陈莉莉，王勇. 论长三角海域生态合作治理实现形式与治理绩效 [J]. 海洋经济，2011，4 (4)：48-52.

第二节　海岸带生态环境共治的主体识别及利益博弈

一、海岸带生态环境治理主体识别

海岸带生态环境污染根据受损原因可分为三大污染类型，不同类型所涉及的治理主体不同，而每种类型都有可能存在跨界污染问题，其治理主体相比不跨界污染复杂的多（表6-4）。

表6-4　不同污染类型所涉治理主体矩阵

海岸带污染类型	跨界			不跨界
	跨县	跨市	跨省	
近海海域污染	涉海企业（从事海上工作）或渔民、所涉县政府及海洋管理部门、本市政府及管理部门、民众和社会组织	涉海企业（从事海上工作）、所涉市和县政府及海洋管理部门、本省政府及管理部门、民众和社会组织	涉海企业（从事海上工作）或渔民、中央政府、地方政府及其海洋主管部门、民众和社会组织	所涉地方政府各部门、公众、涉海企业（从事海上工作）或渔民
陆源污染	涉海企业（陆域排海企业）、所涉县政府及海洋管理机构、本市政府及管理部门、民众和社会组织	涉海企业（陆域排海企业）、所涉市和县政府及海洋管理部门、本省政府及海洋管理部门、民众和社会组织	涉海企业（陆域排海企业）、中央政府、地方政府及其海洋主管部门、民众和社会组织	所涉地方政府各部门、公众、涉海企业（陆域排海企业）或渔民
突发性海洋污染	国家海洋局东海分局、本市海事部门、其他相关配合部门（公安局、驻地方部队等）、船舶企业、民众和社会组织	国家海洋局东海分局、各市海事局、其他相关配合部门（公安局、驻地方部队等）、船舶企业、民众和社会组织	国家海洋局、各市海事局、其他相关配合部门（公安局、驻地方部队等）、船舶企业、民众和社会组织	该地方上级的海洋局、船舶企业、其他相关配合部门（公安局、驻地方部队等）、民众和社会组织

据表6-4分析，可以将海岸带生态环境治理主体分为三大类（表6-5）：政府、企业、社会（社会组织、公众）。在生态环境治理模式的优劣势比较分析中发现，单靠政府的方针政策，甚至市场及技术上的措施是不够的，而是更加强调政府（管理者）、企业（经营者）和社会（社会组织、公众）等各主要利益相关者价值判断的交织、碰撞与磨合，每个主体都有不可替代的地位和作用，每一方都是不可或缺的。

表 6-5　海岸带生态环境治理中治理主体地位与功能①

治理主体	地位	具体治理作用
政府	我国海岸带生态环境治理中，政府作为一个公共权力主体和国家意志的执行者通常承担着集合体的重要职能，起到总体规划、组织、支持及协调的作用	纵向功能通常表现为从中央到地方自上而下的治理政策的制订、方法的实施； 横向功能通常表现为在政府各具体职能部门间为达成同一治理目标而进行的合作管理活动
企业	在海岸带生态环境治理中，企业是破坏海岸带生态的主体，但保护海岸带生态的重要力量也有企业。由于企业对海洋环境所具有的双重影响，因而决定了企业在海洋环境治理中的特殊地位。若海岸带生态治理中缺少企业的参与，将不可能真正取得成效	企业可通过上交利润、提供援助资金给社会，自行减少污染物排放来解决或减轻海洋环境问题
社会组织（NGO）	民间海岸带生态环保组织主要起到协调作用，其对海岸带生态环境治理的影响程度远超作为个体的公民；在海洋环境治理中，民间海洋环保组织在成立时就天生具有积极性和参与性，它们通过彼此沟通、相互激励、竞争和协作，有助于让公共环境治理进一步规范化	海岸带生态治理的社会组织成员的"草根性"，能深入民间宣传海岸带生态环境的重要性，又可以及时组织企业、公众将相应的诉求反馈给社会、政府，逐渐将大多数公众的消极观望情绪转化为积极行动
公众	公众参与使公众与政府等其他要素形成职能互补，有利于实现公共利益最大化。公众利益群体中成员间的信息交流与决策形成多元化的利益格局和制约关系，有利于符合社会公共利益要求的政策输出，从而保证整个社会利益分配的总体平衡，促进海岸带生态环境治理决策的实施	参与海岸带生态环境的保护、海洋污染治理决策的制定和执行； 海岸带生态环境治理工作的监督；公民利益群体中成员间平等交流信息，决策、执行透明化

（一）政府

改革开放 40 年来，中国政府确立了"经济建设为中心"的发展思路，虽然该思路在被党中央不断的优化，如"三个代表、科学发展观、习近平新时代中国特色社会主义思想"等②都强调经济发展与环境保护、民生需求的协调性，但是地方生产总值

---

① 全永波，尹李梅，王天鸽. 海洋环境治理中的利益逻辑与解决机制［J］. 浙江海洋学院学报（人文科学版），2017，34（1）：1-6.
② 编写组. 十九大党章修正案学习问答［M］. 北京：党建读物出版社，2017.

（GDP）的增长仍然成为各级政府的首选目标。地方政府优先考虑议程是海洋资源与能源利用、海洋产业群集与海洋空间开发等。地方政府作为发展的首要利益相关者，执行或创新中央、省市政策落地过程都与海岸生态环境有着直接的关系，但将（海洋）经济建设作为重点的发展思路容易导致海岸海洋环境治理缺失，尤其是将生态文明贯彻到海岸海洋环境治理中经常或因利益被忽视或搁置在各项议程之后，又由于公共资源的管理是政府职能所在，所以政府是海岸海洋生态环境治理的第一主体，具有不可替代的作用。政府治理海岸海洋生态环境的当前要务是扭转当前海洋经济活动的资源密集型发展方式，推动海洋经济趋向低耗高效的发展，强化公共资源的管理和服务职能，制定和执行促进外部性内在化的制度，建立起合理的海岸海洋环境与经济、地方可持续发展的实践逻辑。海岸带生态环境治理中政府部门间存在多层次交织关系（图6-3)，中央政府与地方政府及同级政府不同部门在不同类型的海岸带污染中涉及的利益问题不同。

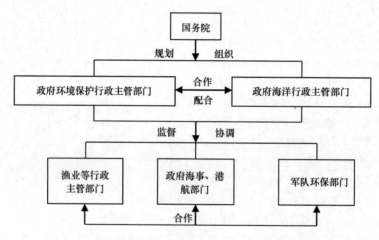

图6-3　海岸带生态环境治理中政府部门间逻辑关系

（二）企业

社会系统中，在企业及其利益相关者之间，存在着一系列多边契约，如企业与股东、管理层、雇员之间，企业与债权人、供应商、消费者之间，企业与社区、政府以及受企业影响的公众之间，都存在某种显性的或隐性的契约。这些多边契约中，各利益相关者以各种方式向企业投入资源，提供直接或间接的支持，为企业创造价值做出了贡献；作为交换，企业理应向利益相关者分配利润；或以承担社会责任的方式予以回报。而且企业的经营业绩有赖于各相关方的参与，只有企业承担其相应的社会责任，利益相关者才可能具有参与、合作的动力和积极性，企业才能诚信经营，取得好的效益和发展机遇。否则，在各利益相关者的维权行动中，企业损失的不仅是各方的支持与合作，更可能是声誉、形象和发展的可能性。现代的社会化大分工使得企业将追逐自身利益最大化作为目标，追求利益最大化的市场原则和行为在为人类创造了无比财富的同时，也带来了海岸带环境污染、生态破坏等负面效应；甚至有时在利益的驱使下，涉海企业为了追求短期利益，以牺牲海岸海洋环境为代价，而且这种破坏有时是毁灭性的。企业从事的涉海经济活动是海岸带环境污染物的主要来源，因此布局在滨海地区的企业是海岸带生态环境治理的重点和难点。

长期以来，企业并没有被认为是环境治理的主体，反而部分企业为逐私利而成为生态环境问题的制造者。滨海地区，由于涉海企业的生产经营活动一刻也离不开海岸带资源环境，因此企业有责任和义务做好活动过程的海岸带生态环境保护工作，减少或避免自身活动造成的海岸带环境"负外部性"。企业经营者们必须认识到，企业不能只考虑增加盈利，而应计算提高利润率时所带来的环境成本。同时社会环境和经济体系之间存在价值重叠的事实使得企业必然受到社会氛围影响，从而产生了企业自愿承担社会责任的现象。但是现阶段企业在公共治理范式下参与方式依然以回应政府法律政策的规范、第三部门的参与诉求为主[①]。在道德方面，企业在经济社会发展中的地位也决定了必须强化它在海岸带生态环境治理中的责任，要始终将环境保护与企业地位、信誉、发展乃至生死存亡捆绑在一起，时刻可以接受社会检验和拷问。违背者不仅在法律上要受到惩罚，更会在市场上被谴责，信誉丧失的企业得不到社会的同情与原谅，最终将会被市场抛弃。[②]

（三）公众

公众是生态环境状况的直接受益者和受害者，海岸带生态状况对当地居民的生产、生活造成极大的影响，环境的恶化最终直接或间接的影响损害公众的利益，作为环境价值主体的公民对环境事件有着"切肤之痛"。由于公众与海岸带生态环境保护有着密切的关系，而且随着人们生活水平的日益提高，使人们对自己的生存环境有了更高的要求，公众可以在政府的引导和法律法规等行为准则的保障约束下，通过多种渠道和途径参与海洋生态安全的治理、对政府行为进行监督，作为环境治理过程中的监督者，为生态环境治理和社会经济的协调发展做出贡献。公众对海岸带生态环境治理的参与保证了治理措施的有效实施。特别是环境保护者，他们主动解决现实的和潜在的环境问题，协调人类与海岸环境的关系，使人类经济活动与海岸环境相协调发展，保障人类社会的可持续发展而采取各种行动，环境保护者可以是个人，也可以是群体，这种群体一般称之为环保非政府组织。

①　田千山．几种生态环境治理模式的比较分析 [J]．陕西行政学院学报，2012, 26 (4): 52-57.
②　刘湘溶，罗常军．生态环境的治理与责任 [J]．伦理学研究，2015 (3): 98-102.

（四）社会组织

国内环保非政府组织（NGO）是独立于政府部门之外，为实现社会公益目标而组成的非营利性、非政府性、自主性、自律性的社会组织，围绕着共同利益、目标和价值而行动，具有非强制性特点。环保 NGO 对于海岸带生态环境保护的目标很明确，就是为了保护和改善海岸带生态环境，可以说相对其他治理主体来说，治理愿望最"纯粹"，是可靠的治理主体。环保 NGO 能迅速兴起和发展壮大，不断扩大社会基础和社会影响力，积极参与到公共治理中来，源于民众环境意识的增强。中国市场经济改革后的市场经济结构、社会结构的变化，大城市新中产阶级的兴起，使非政府组织的兴起和发展具备了一定的社会基础和内部驱动力和国际社会的影响。[①] 政府管理方式的转变，以及改革开放以来各项制度性激励，如包括各项法律法规政策的支持、政府高层领导人的支持、政府鼓励社团谋求自主和独立的做法等。[②] 中国的环保 NGO 越来越多，越来越受到重视。NGO 在海岸带生态环境治理中的作用有：第一，政策倡导功能，是公民表达海洋利益诉求的重要途径，同时政府也非常需要 NGO 代表公民对我国政府环境决策表达利益诉求、提出倡导性意见、监督政府环境政策的实施、甚至提起环境公益诉讼，来达到政府积极应对环境治理的目的（图 6-4）。第二，环保 NGO 为海岸带生态环境治理提供治理环境问题的技术支持。第三，督促可能制造污染源的企业不要制造污染源或者尽量少制造污染源，社会公众就会在特定利益团体的领导下，对企业和政府施加正面的压力，以提高企业污染物排放的安全性标准。[③] 第四，对国家海洋环境政策精神的宣传和教育，提高公众的海洋环境意识和对海洋环境政策的支持度，意识层次的提高将对公众的行为产生积极的指引作用。

不得不提的是，公众和社会组织中的科研机构、科技工作者在海岸生态环境治理中扮演特殊的角色，发挥特殊的作用。技术经济社会，科技至上和科技万能的思维方式支配人类，人和自然在生态系统中被割裂开来，社会发展被仅仅理解为人们对世界的物质占有，人类凭借着先进的科学技术手段去征服自然，对自然进行无情掠夺，使人类自己的无机的身体遭到异化力量的摧残，从而导致人在建立自己家园的同时又在毁坏自然的家园，使人类面临灭顶之灾。20 世纪中后期以来，人类已经觉醒，科技虽然为人类利用自然、造福人类创造了有利条件，但同时也加剧了人类对自然的负面影响[⑤]。虽然人类运用科技在改造自然的过程中带来了生态环境问题[⑥]，但必须承认在工

---

① 洪大用. 转变与延续：中国民间环保团体的转型 [J]. 管理世界，2001（6）：56-62.
② 颜敏. 红与绿——当代中国环保运动考察报告 [D]. 上海：上海大学，2010.
③ 莱昂纳多·J·布鲁克斯. 商务伦理与会计职业道德 [M]. 北京：中信出版社，2004.
④ 罗玲云. 我国海洋环境治理中环保 NGO 的政策参与研究 [D]. 青岛：中国海洋大学，2013.
⑤ 伊格尔斯. 二十世纪的历史学 [M]. 济南：山东大学出版社，2007：5.

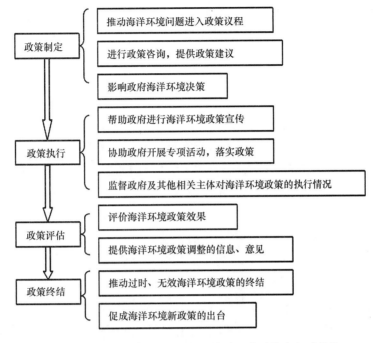

图 6-4　我国环保 NGO 在海洋环境治理中政策参与过程①

业文明时代，科学技术的发展和应用对于增强人类改造自然的能力起到了巨大作用，生态文明建设不能因噎废食，仍然要依赖科学技术的进步来修补已经破坏了的人与自然关系，所以科学技术的发展要有正确的方向，科研机构与科技工作者在进行研究的过程中，必须将海洋生态环境保护这一条件输入其中。

二、海岸带生态环境治理利益冲突与利益均衡的博弈分析

（一）海岸带生态环境治理主体博弈分析

利益主体都为"理性人"，都渴望自身利益最大化，由于海岸生态环境治理存在跨区域性，涉及不同政府主体、非政府组织和公众，海岸带生态环境治理合作过程中必然存在利益的冲突和博弈，海岸带生态环境治理应基于治理主体利益均衡逻辑展开，以利益为基础的国家公共政策考量实际也是当前环境治理制度探索难点。

（1）海岸带环境污染未跨界时，治理主体间有三类关系至关重要：企业与政府、中央政府与地方政府、政府与公众。企业与政府是一对典型的博弈对象，海岸海洋生态环境是典型的公共资源，政府和企业都需要投入成本维护和改善海洋环境，对公共

---

①　马伯．科学与社会秩序［M］．三联书店，1991：25.

资源进行有效保护，海洋的修复具有正的外部性和长期性，但是企业追求短期利益最大化，即使对企业向海洋排污进行行为规制和约束，如果政府不监督，企业的自觉性会受到质疑，政府不清楚企业是否采取适当措施处理污染物，由于监督成本过高，包括行政人员出勤费用、对企业错误判断的时间成本等，政府不可能随时监督其行为，毫无疑问产生了"公地悲剧"。但从建设"环境友好型"的和谐社会角度来看，面对日渐严重恶化的海洋生态环境，政府又不得不对沿岸企业的过度生产和排放进行干涉，这样就会产生相应的成本，所以政府是否管理干预、如何管理干预，以及企业是否排污、如何排污，这两者之间构成了陆源污染治理前的博弈。二元治理主体无法真正达到彼此监督制约的最优，存在陆源污染治理的空白点，由于二者自身的缺陷，都无法进行弥补。在污染治理中企业如果缺乏政府的指导和激励，就难以主动应对污染，政府作为社会的代表，不仅关注短期收益更关注长远利益，包括环境、社会利益等，政府给予企业激励使企业在最大化自身效益的同时有动力治理污染，政府通过激励系数调整来调节企业应对污染的努力水平。[1]

　　政府与公众之间存在的利益冲突包括：一是由于政府思想不到位、经济利益趋势和制度不合理等原因造成的腐败，对海岸带生态环境造成破坏或未达到应有治理效果，对公众造成的利益损失。我国的政府绩效评估制度在一定程度上造成了公众对政府的冲突和不信任，过分注重GDP的考核指标给了地方政府一个以污染海洋环境换取经济增长的冠冕堂皇的幌子，使地方政府常常借口发展经济在即，不断招商引资，而忽视市场监管、社会管理和公共服务等职能，但其结果是经济在飞速发展，社会在缓慢"爬行"，人民的满意度、幸福感在降低[1]。公众对政府的工作是否满意，本该是由最广大的社会公众来评价的，可我国的绩效评估方式却是"上对下"的，这就导致地方政府只需对上级领导负责，而无须对公众这一弱势群体负责，因而公众反映上来的海洋环境污染问题，很多被诿搁置。二是公众生态环境保护意识薄弱，缺乏保护海洋渔业环境、监督违规排污行为的自觉性，在利益驱使下不配合或阻碍政府的海岸带生态环境保护工作；三是公众在参与海岸带生态环境治理工作中的地位缺失严重，不利于海岸带生态环境公共治理的推进。纵观长三角地区合作治理尝试，从最初的合作倡议到中期合作事项的商议再到最后合作计划的实施，公众的主体地位明显缺失，会使本身参与意识淡薄的公众积极性大大降低。同时，我国公共参与机制不健全也成为公众参与海岸带环境治理的障碍。政府对社会缺乏一定的信任，未能开辟广泛的渠道把社会力量充实到部分公共管理事务中，使得一些有心参与合作的社会团体和公众不知该通

　　①　于谨凯，李文文．海洋资源开发中污染治理的政府激励机制分析——以海水养殖为例［J］．浙江海洋学院学报（人文科学版），2010，27（2）：8-14.

过怎样的方式来表达自己的利益诉求，阻碍了上行沟通①，这些导致了长三角地区海岸带生态环境治理的公众参与度极低。

我国改革开放已过 40 年，在中央与地方的关系问题上，一个明显的趋势是增加了地方政府自我管理、自我约束的弹性，逐步打破中央政府在经济领域上的高度单一的体制。中央政府进行了财权、事权等方面的放权让利和"分灶吃饭"的财政管理体制等一系列改革措施，地方政府在经济和社会活动的主体地位日益增强，同时也面临着不可避免的与中央政府间的博弈。对于海岸带环境污染的问题，地方政府与中央政府的利益目标不总是完全一致的，特别是分税制改革以来，地方政府与中央政府有各自的财政利益追求，宽容创税大户同时也造成了一定的合法但超越海洋生态红线的排污行为。

（2）海岸带环境污染的流动性和污染自然累积性决定了治理污染难以有清晰的行政边界限制，是一种跨区域的公共污染。当海岸带发生跨界污染时，博弈现象比未跨界污染复杂的多，因其无法回避地方政府间的博弈。在经济发展水平不同的情况下，率先进行先进设备或技术投资的地方政府不愿同落后地区分享自己的投资成果，彼此之间的利益难以协调，各地方政府理性博弈的结果便导致了海岸海洋环境污染治理中政府间的自然无关联。因此，地方政府部门在权衡利弊后，往往选择海岸海洋环境污染治理的不作为，从而使得生态环境治理的低效同时增加了社会成本。国内外学界对越界污染的合作博弈分析和非合作博弈分析进行比较发现：区域之间的合作是解决越界污染问题的一个有效方式，合作能使社会总效益达到最优，但这又是最不稳定的策略。因此，中央政府在地方政府污染治理博弈中扮演着非常重要的角色，中央政府应该强化制度约束，完善基层政府考核制度，促进地方政府间良性竞争②③（表6-6）。

表6-6 跨域治理模式

跨域治理模式	中央政府主导模式	平行区域协调模式	多元驱动网络模式
治理阶段	短期阶段	中期阶段	长期阶段
治理动力	政策驱动	利益驱动	议题驱动
治理主体	中央政府主导平行政府主体第三部门有限参与	中央政府指导平行政府主导第三部门广泛参与	中央政府监督平行政府参与第三部门深入参与
治理组织	派出机构组织	核心职能组织	综合职能组织

① 傅广宛，茹媛媛，孔凡宏.海洋渔业环境污染的合作治理研究——以长三角为例［J］.行政论坛，2014，21（1）：72-76.

② 欧阳帆.中国环境跨域治理研究［M］.北京：首都师范大学出版社，2014.

③ 曹海军，张毅.统筹区域发展视域下的跨域治理：缘起、理论架构与模式比较［J］.探索，2013（1）：76-80.

续表

跨域治理模式	中央政府主导模式	平行区域协调模式	多元驱动网络模式
治理类型	政府间府际协作	政府间府际协作公私部门协作	政府、企业、非政府组织全方位合作
治理范围	区域规划、流域治理等合作性框架	经济发展、公共服务等实质性合作	公共危机、战略管理等区域协同发展
协作伙伴类型	资源共享	共同生产联合投资	协力合作

资料来源：张成福、李昊城、边晓慧. 跨域治理：模式、机制与困境［J］. 中国行政管理，2012，（3）：102-109.

（3）公众与社会组织也存在着冲突。环保 NGO 作为公众环境权益的代表，并没有得到广大社会民众的心理认同。中国多数环保 NGO 行政色彩过浓，政府发起的GONGO 无论数量还是规模都远远超过民间自发形成的 NGO。它们的建立大多依据行政部门的分工和行政区划立，有些组织甚至拥有政府行政级别，人员也有退休政府官员担任，普遍只做一些收会费、宣传教育等工作，属于事实上的"二级政府"。这些环保组织往往在政府指导下开展工作，活动内容未必贴近公众的实际需求，自然得不到公众的认同，甚至还会遭到公众的排斥。对 NGO 监督政府，更被一些公众视为泛政治行为，涉及政治行为而退避三舍。[1] 虽然环保社团的活动要靠志愿者的支持，但实际上那些掌握社团经济命脉的人对如何使用资源有很大的发言权。他们所作的决定往往既不必征求志愿者的意见，也不必对社会大众负责。在慈善捐款免税等资源分配方式意味着，那些接受政府隐性补贴（即免税）的组织不必将其内部决策过程民主化，也不必接受社会监督[2]。

（二）海岸带生态环境治理主体均衡分析

1. 基于跨域合作机制建立的利益主体均衡

长三角海岸带生态环境治理的合作机制构建，指长三角范围内各治理要素间相互联系、相互作用、相互制约的关系和功能，以及为保证区域海岸带生态环境趋向可持续所采取的具体管理形式、工具的总和。治理利益主体的均衡不可能保证每个利益主体在公共治理中达到自身愿望利益最大，而是在整个海岸带生态的环境保护与可持续发展目标下每个利益主体都能达到最大利益收获。该合作治理机制的构建，首要目标是保护长三角海岸生态环境，当然也必须兼顾利益主体的均衡过程及其协商保障。

---

① 匡立余. 城市生态环境治理中的公众参与研究［D］. 武汉：华中科技大学，2006.
② 赵素丽. 环境影响评价中如何搞好公众参与［J］. 太原科技，2005（5）：24-25.

　　长三角区域不同城市主体对海岸带生态环境治理有不同的诉求，导致各类跨域海岸带生态环境治理冲突，这些问题就形成了长三角区域海岸带生态环境共治的源动力，即以制约平衡各行为主体，实现激励相同为目的的利益激励机制。在利益激励的作用下，结合海岸海洋管理的综合协调机构和一定的监督考核手段，形成区域海岸带生态环境共同治理的主要整合推动力，即海岸带治理的综合协调机制。此外，海岸海洋的各类民间或政府间合作组织进行不可缺少的辅助与强化。在这些动力的作用下，可以形成长三角海岸区域内城际及城市内部部门之间相互协同（图6-5）。

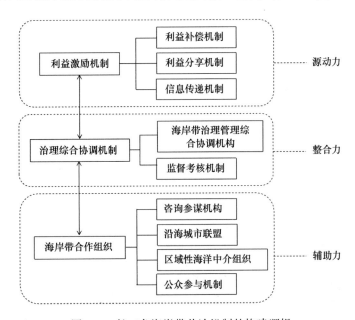

图 6-5　长三角海岸带共治机制的构建逻辑

2. 面向利益主体均衡的海岸带生态环境共治实施路径

　　在公共治理理论中，公共治理诸多主体中政府是治理的核心力量，涉海企业是治理的重要辅助力量，公众是治理的基础力量，主体间可建立如图6-6的相互利益博弈关系。

　　企业被认为是最大的污染源，在生产过程中若削减污染会增加其成本，导致企业产品价格的提高，会因此降低企业产品市场竞争力，或因企业不愿提高产品价格而减少企业的利润。那么，企业通过消减污染，提升了产品的环境品质，可以再以广告等手段向消费者传递环保产品与非环保产品（绿色产品和非绿色产品）的区别，逐步引导人们愿意为环境友好产品支付额外的费用，来打破产品因成本提高带来的销量下降。甚至企业能通过产品环境品质的高低获得出售环保产品与一般产品的价格差，从而实现企业收益的增加。即使有些消费者不会购买价格高昂的环保产品，若在同等价格下，

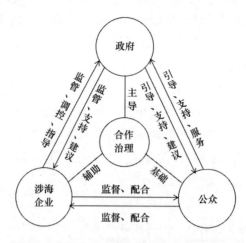

图 6-6　海岸带生态环境共治主体的治理逻辑

还是会考虑选择环保产品，这也是解决投入合理成本治理同时又保持企业竞争力这一矛盾的有效手段。[①] 此外，随着国际社会绿色经济、绿色贸易的呼声越来越高，绿色消费观念深入人心，要让企业主知道，若想在竞争中取胜，就必须树立自身的绿色形象，要合理开发利用资源，减少对海洋生态环境的破坏活动，履行好社会义务，促进经济社会可持续发展，致力于成为对全社会负责任的企业，并以此取得消费者与全社会的认同，从而保证企业在激烈的市场竞争中占据一席之地。当今，越来越多的企业通过各种环保质量体系的认证，提升产品竞争力，扩大发展空间。所以，很多企业已经深入到环境治理中来，具有很高的积极性和主动性[②]。这种通过经营理念和环保意识的教育为治理主体间的均衡提供了更大的空间，换句话说，涉海企业不愿意或不积极主动参与海岸带生态环境治理的主要原因是因为参与治理会使其成本上升，而经营者经营理念和环保意识的改变，使企业能够接受原本接受不了的均衡条件，解决了"根"的问题，大大增加了治理主体间的利益均衡可能性。

　　长三角地区各市业已开始尝试一些海洋商品的环境认证，并强化了休渔期和渔业种质资源的保护，能提高某些海洋渔业经济品种的产量、质量，同时保护海洋生态系统，实现可持续发展。例如海洋牧场，可以通过优化海域的生态环境和科学的管理，使得渔业资源大幅增加，生物质量得到改善，同时海岸带生态环境能够得到保护和修复，这种项目的发展构建了在政府、企业和渔民间的均衡桥梁。在项目实施的过程中政府承担主管作用，建立健全长效机制，出台相关管理制度和政策，保障管理与研究，主要负责项目具体实施工作，引导渔民并充分发挥渔民的积极性。社会参与可以解决

① 田千山．几种生态环境治理模式的比较分析［J］．陕西行政学院学报，2012，26（4）：52-57.
② 沈承诚．政府生态治理能力的影响因素分析［J］．社会科学战线，2011（7）：173-178.

政府投资建设项目而出现"公地的悲剧"，所以项目实施中社会资本投资明显优于政府投资，缓解了外部性问题。因此，除了政府投入外，应以开放性姿态，积极推动建立多渠道、多层次、多元化的长效投入机制，鼓励更多社会资本参与海洋生态经营项目的建设与管理，要尽快补齐这方面相对滞后的"短板"。对于投资者，应按照"谁投资、谁负责、谁收益"的原则，研究并合理确定投资经营者的权利和义务，充分调动社会各界参与的积极性。此外，沿海地区各级各类发展规划或空间规划应该体现政府管理层、沿海资源利用者和当地居民的诉求与参与程度，或在同一层次的政府不同部门间的利益需求，因此构建海岸生态环境共治机制是协调多元利益主体均衡的重要路径之一。

第三节　政府视域海岸带生态环境共治的行动工具与实施困境

政府作为海岸带生态环境治理中位居主导作用的治理主体，它以法律的权威性作为机制规范涉海活动，运用市场性政策影响行为者选择行为方式，让当事人认为采用更有利于环境的行为意味着更多的好处，使其态度和行为自动地转向更有利于社会的方向上来，从而把环境污染成本外部性转化为内部性的政策工具。海岸海洋环境问题产生于社会经济发展方式，解决问题的着眼点也应聚焦于此，是典型的生产过程的环境外部性问题，加强政府作用，合理的环境规划将环境问题内部化是实现经济可持续发展的有效措施。政府制定海洋法规、政策、规划等，保证了海洋事业的推动，经济社会发展与海洋资源、海洋生态环境相协调的海洋开发格局的建立，以及陆海统筹形成，因此要实现海洋经济与海岸海洋环境的协调发展，实现海岸带生态环境可持续，海岸海洋环境多规合一具有举足轻重的作用。同时，多规合一的空间规划实施需要法律的监督，两者相辅相成。综上所述，涉海政策和规划是政府在海岸带共治中的主要工具。

一、体系化海洋法律：统筹长三角区域立法工作推进海岸海洋规制建立

体系化是我国法律建设所倚重的重要路径，体系化视角审视和完善现有海洋法律是推动我国海岸海洋生态环境制度建设的重要途径。就涉海法律体系化的定位而言，涉海法律的体系化是以克服当前涉海法律存在的独立性、协调性和完整性缺失问题等为导向，构建能够反映海岸海洋自身特性和陆海统筹的海洋基本法。就涉海法律体系化重点在于，兼顾内部协调与外部协调两个维度。涉海法律的体系化，首先要关注各涉海法律间的内部协调，其次关注涉海法律与相应陆上法律的协调，再次要关注中国海洋法律体系与国际海洋公约等的协调。长三角地区海岸带生态环境具有高度的相似性和关联性，各省、市的相关环境立法在一定程度上基本上都是结合辖区海岸海洋管

理体制和海岸海洋利用趋势有针对性的立法，尚缺乏更多的省际协调。因此，有必要统筹长三角全域的生态环境立法工作，共享立法信息，尽量减少长三角地区海岸海洋生态环境立法的独立性和不协调性。因此，结构严谨、陆海统筹、体例科学的海岸海洋法规是长三角各级政府治理海岸海洋生态环境必备的行政准绳。

二、市场性政策：利用政策工具从根源限制利益主体海岸污染行为

当事人的价值结构或偏好是不容易改变的，所以可以采用市场性政策工具，利用市场机制改变当事人的行为。以市场性政策工具对市场的利用程度，将其分为两类：利用市场和创建市场。利用市场主要是基于税收的思想而实施的，即利用市场和价格信号去制定适合的资源配置政策（表6-7）。创建市场主要是基于科斯定理的思想而实施的，即通过界定资源环境产权、建立可交易的许可证和排污权、建立国际补偿体系等途径，以较低的管理成本来解决资源和生态环境问题（表6-8）。[①]

表6-7　我国区域生态环境治理中的"利用市场"的政策工具

主要形式		实施部门	开始时间（年）	实施范围
税收	环境资源税（仅有矿产资源税）差别税率	税收部门、矿产部门	1993	全国
		税收部门、财政部门	1994	全国
补贴	如对电价和煤炭价格的补贴	环保部门、财政部门	1982	全国
绿色信贷	对严重污染的企业限制贷款	环保部门、银行	2007	全国
用者付费	排污收费 超标排污费；污水排污费等	环保部门	1978	全国
	汽车尾气收费（试点）	环保和公安部门	1996	部分城市
	飞机噪声收费（试点）	环保和民航部门	1998	部分城市
	自然资源有偿使用 育林费、森林植被恢复费、森林生态效益补偿基金；野生动物资源保护管理费；草原植被恢复费、耕地开垦费、土地复垦费；水资源费、渔业资源增殖保护费	相关行政部门		全国
押金和保证金	保证金 "三同时"保证金；治理设施运行保证金等	环保部门、财政部门		部分地区
	押金 啤酒、桶装水等行业	企业	1989	部分地区
环境保险	污染责任保险；环境损害保险等	环保部门、保险公司	1991	少数城市

---

① 甘黎黎. 我国区域生态环境治理中的市场性政策工具研究［J］. 鄱阳湖学刊, 2015（2）：109-114.

表 6-8　我国区域生态环境治理中的"创建市场"的政策工具

主要形式		实施部门	时间（年）
排污权交易	SO$_2$排放权交易、CO$_2$排放权交易、水污染权交易等	环保部	1987
生态补偿	流域生态补偿；自然保护区生态补偿等	环保部门、林业局等	1998
财政转移支付（海域海岸整治修复工程和海岛的整治修复工程）	自2010年起，我国相继开展。财政转移支付为生态补偿提供了资金保障，通过依靠财政转移支付政策，从制度上制定与保护海洋生态环境相关的生态补偿支出项目，用于保护和利用海洋资源	国家财政部	2010
专项基金	是我国开展海洋生态补偿的重要形式，对有利于海洋生态保护和建设的行为进行资金补贴和技术扶助。如：中央海岛保护专项资金用于海岛的保护、生态修复。捕捞渔民转产转业专项资金用于吸纳和帮助转产渔民就业、带动渔区经济发展、改善海洋渔业生态环境的项目补助	国家或地方财政专辟资金	2010
重点工程	政府通过直接实施重大海洋生态建设工程，不仅可以直接改变项目区的生态环境状况，而且为项目区的政府和民众提供了资金、物资和技术上的补偿。海洋自然保护区、海洋特别保护区、海洋公园以及海洋生态文明示范区建设，对于引导当地居民转变生产生活方式、减轻生态环境压力具有重要的意义	国家或地方政府	2010
资源税（费）	是"使用者付费"原则的体现，一方面为资源保护提供一定的资金支持，实现资源的稀缺价值；另一方面则通过资源价格的变化，引导经济发展模式。2011年我国修订的《对外合作开采海洋石油资源条例》规定对开采海洋石油资源征收资源税。《渔业法》和《渔业资源增殖保护费征收使用办法》对渔业资源增殖征收保护费作出了相关规定	国家海洋局、农业部	2011
排污收费制度	是"污染者付费"原则的体现，可以使污染防治责任与排污者的经济利益直接挂钩，促进经济效益、社会效益和环境效益的统一。2000年新修订的《海洋环境保护法》明确规定直接向海洋排放污染物的单位和个人，必须按照国家规定缴纳排污费，以法律的形式建立海洋排污收费制度。《海洋工程排污费征收标准实施办法》确定了我国海洋工程排污收费的制度和标准	国家	2000

续表

主要形式		实施部门	时间（年）
倾倒收费制度	是指一切向海洋倾倒废弃物者，都必须按照国家的有关规定，缴纳用于补偿海洋环境污染的费用。依据1982年《海洋环境保护法》我国建立了海洋倾废许可证制度。海洋倾倒收费制度在激励海洋开发工程建设减少污水排放，促进排污企业加强污染治理，节约和综合利用资源，促进海洋环境保护事业的发展过程中发挥了重要作用	国家	1982

总体而言，中国沿海省、市、区自 2010 年以来已经开始探索海洋生态补偿的有关市场性工具，综合而成了初步的海洋生态补偿制度，主要包括四类[①]：一是对海洋环境本身的补偿，即生境补偿和资源补偿，例如为了恢复和改善海洋生态环境、增殖和优化渔业资源，建设人工鱼礁、设立海洋自然保护区等；二是对个人、群体或地区因保护海洋环境而放弃发展机会的行为予以补偿，例如对支持海洋渔业减船转产工程、实施渔船报废制度、退出海洋捕捞的渔民给予补贴等；三是对海洋工程、海岸工程建设和海洋倾废等合法开发利用海洋活动导致海洋生态环境改变征收相应的费用，例如征收海域使用费、渔业资源增殖保护费等；四是对海洋污染事故、违法开发利用海洋资源等导致海洋生态损害征收的费用，例如溢油污染事故赔偿等。

显然，长三角地区海岸带生态环境治理的市场性工具还存在诸多可以创新的空间：

（一）按照运行机制的差异，可将海洋生态补偿划分为政府补偿、市场补偿和社会资本参与补偿

1. 政府补偿

是指通过政府界定产权、制定法律法规、确定技术标准等方式，借助财政转移支持、建立专项海洋生态保护基金、补贴新兴海洋产业研发创新、开征海洋生态环境税等手段实施补偿的机制。对于受益范围广、正外部性很强或受益主体模糊不清的海洋生态系统，宜采用政府机制进行补偿。

2. 市场补偿

是指由于海洋生态保护或破坏行为而出现利益增损的经济双方之间，通过市场的支付及交易，使海洋生态服务的价值功能得以兑现的经济补偿。对于权责关系明确的海洋生态服务领域，宜采用市场补偿机制。

---

① http://www.oceanol.com/guanli/ptsy/toutiao/2015-03-10/41848.html，2017 年 10 月 10 日进入

3. 社会资本参与补偿

指原本不直接负有海洋生态补偿责任的组织或社会公众，通过购买海洋生态社会保险、海洋生态补偿彩票、直接捐赠等方式积极参与海洋生态补偿的机制。对于政府单一补偿、市场单一补偿或政府与市场共同补偿都力所不能及的巨灾海洋污染和环境破坏，耗资巨大且周期特长的大型海洋生态保护工程建设及环境友好型海洋新兴产业的培育发展等，宜引入社会资本参与补偿机制。可见，社会资本参与补偿的相关实践和补偿机制均未受到重视。

（二）市场补偿机制由海域使用权交易机制、海水排污权交易机制等构成

首先，合理配置海域使用权与海水排污权。初始海域使用权与海水排污权的合理配置是进行市场交易、形成真实价格的前提。在中国，海洋生态环境的产权归属于国家，确定产权实际上只是确定使用权（开发权）与排污权的配额，配额的分配宜引入拍卖和期权交易机制，实施政府与市场相结合的分配方法。其次，确立海域使用权、海水排污权二级市场交易的定价机制，针对众多的海洋生态补偿主体，结合国际海域权交易市场的实践，全面引入市场竞争机制，通过交易合约和交易方式的创新安排，让各个利益相关者进行市场竞价。再次，设计独特的交易规则和市场制度。海域使用权与海水排污权交易市场不仅是一个利益导向的市场，更是一个以通过生态补偿改善生态环境为导向的市场，其制度设计应有别于一般商品市场，可根据海水排污规模、实际海洋资源开发规模、海洋生态承载力等因素，设定具体的市场准入门槛与交易制度。

（三）构建社会资本参与补偿机制①

社会资本参与补偿机制由海洋生态强制社会保险、海洋生态补偿彩票、海洋生态补偿捐助基金及其运行机制等构成。海洋生态补偿具有高风险性特性，因其赔偿金额巨大可能使企业面临破产，进而导致海洋生态损害无人支付。基于分散海洋风险、补偿损害的目的，应对船舶油污、核泄漏海洋污染、海洋巨灾等，建立强制性责任海洋生态社会保险制度。由于进行海洋生态修复需要大量资金，因此可以充分利用海洋生态补偿彩票等筹资快、参与广、可持续的筹集资金渠道，筹措社会层面的生态补偿资金。此外，还可建立专项海洋生态补偿社会基金会和海洋生态补偿公益团体，广泛传播海洋生态文明理念、营造海洋环境保护氛围、接受国内外基金和社会民众的各种捐赠，调动民众参与海洋生态损害修复与保护的积极性，协同政府、市场共同治理海洋污染，改善海洋环境。

---

① 黄晓凤、王廷惠. 创新海洋生态补偿机制［N］. 中国社会科学网–中国社会科学报, 2017 年 03 月 08 日. http：//www. cssn. cn/zx/201703/t20170308_ 3444041. shtml, 2017 年 10 月 10 日进入。

当然政府补偿系统履行财政分配、制度供给、产权界定等功能，是生态补偿运行机制的调控系统；市场补偿系统发挥海洋生态资源高效配置功能，是机制的动力系统；社会补偿子系统履行海洋环境保护价值观传播、海洋环境质量需求信息传递和海洋生态补偿社会基金筹措等功能，是补偿机制的保障系统。

三、涉海空间规划合一：推进基于技术规范的长三角海岸规划多规合一

进行海岸带相关规划研究和编制的基础是海岸带范围界定、海岸带地理信息统一建库及动态更新，以及确定一致的（海域）土地利用类型和打通各类部门规划的编制技术规程。长三角地区海岸带范围包括陆向和海向，同时滨海地区还涉及国土、规划、海洋、环境保护、林业、旅游、交通、测绘等多个部门，各部门均有明确管理主体和分部门编制相关规划的法律依据，所以海岸带地区相关规划包括了陆域各部门规划和海洋规划的总体及行业规划（表6-9）。除表中所提海岸带陆域规划外，旅游部门编制的滨海旅游发展规划、林业部门编制的沿海防护林和红树林规划以及交通港口部门编制的港口与岸线利用规划等也都涉及海岸带陆向地区。

当前，推进海岸带地区涉海空间规划多规合一面临四个难点：一是如表6-9所列举的部门规划为主但都趋向综合；二是如表6-9所示的条块分割的政府管理体制；三是涉海空间规划编制的法律依据不同，如陆域向海排污是否受海洋功能区、近岸水环境功能区、陆域生态红线等不同部门的规划制约？四是规划编制技术标准的不同，核心在于对同一地块的评价导向和功能定位差异。显然，推进长三角涉海空间规划的技术标准统一和多规合一，首先需要省、市采用统一的规划技术，即将基础数据、规划期限、用地（海）分类、信息平台等统一，并能进行跨地市的交互访问，进而构建涉海多规融合平台。实施该项工作的重点在于以土地利用分类为主线，推进海岸带涉海利用土地供给的相对一致性的审批标准；继而构建精细化的海岸带多规合一空间治理模式，并探索作为第三方独立的公益性平台型海岸带各类功能区规制、用海（地）的审批及自身信息系统动态更新、集成等企业化政府运作方式。

长三角地区最新版的地方海洋生态环境保护规划有《江苏省海洋环境保护与生态建设规划》、2017年批准实施的《江苏省海洋生态红线保护规划》以及2016年印发的《浙江省海洋生态环境保护"十三五"规划》。很明显，海洋经济发展与海岸海洋生态环境保护问题必须一起考虑，并在经济社会发展中求得解决。在有限的资源和资金的条件下，特别是对处于发展中的长三角来说，如何利用最少的资金，实现经济和环境的协调发展，显得十分重要。海岸带涉海多规融合规划是运用科学的方法，保障在发展经济的同时，用最小的投资获取最佳环境效益的有效措施之一。多规合一的空间规划研究并制定海岸海洋的功能区划、质量目标、控制指标和各种措施以及工程项目，给人类经济社会活动提供了海洋环境保护工作的方向和要求，而环境建设和环境管理

活动的开展，对有效实施海岸生态环境科学管理起着决定性作用。此外，海岸带多规合一的空间规划具体体现了国家陆海统筹、海洋保护等政策和战略，其所作的宏观战略、具体措施、政策规定，为实行海岸海洋生态环境目标管理提供了科学依据，是各级政府和涉海部门开展海岸海洋利用工作的依据。

表 6-9　海岸带所涉主要空间规划

陆海向	规划	作用
陆域规划	土地利用总体规划	沿海省、市的土地利用总体规划中也提出了合理利用城市滨海岸线，差异化安排海岸沿线土地利用功能的规划要求。保护滨海地区的滩涂、湿地的物种多样性；对于水深条件良好的地区可作为港口建设及发展临港工业等的选址；对于城镇居住区内的海岸线，则要重视城市滨海景观带的建设；在围海造地方面，提出围海造地应坚持"因地制宜"的原则，宜农则农，宜建则建
	城市总体规划	滨海地区的城市总体规划对于海岸线功能利用和海岸资源保护管制政策也有所涉及，如制定海岸线保护与利用的目标，控制对自然岸线的占用，保持岸线生态和景观资源的完整，保障对岸线的合理开发利用，同时也要保证滨海城市景观。但对于滨海岸线的管理在城市总体规划中较少提到
海洋规划	海洋功能区划	海洋功能区划，是指根据海洋的自然属性和社会属性，以及自然资源和环境条件，界定海洋利用的主导功能和使用范畴。最新的海洋功能分类体系将海洋功能分为八类：农渔业区、港口航运区、工业与城镇用海区、矿产与能源区、旅游休闲娱乐区、海洋保护区、特殊利用区、保留区
	海洋主体功能区划	海洋主体功能区是根据海洋资源承载力、开发强度和发展潜力，从科学开发的角度，统筹考虑海域资源环境状况、海域开发利用程度、海洋经济发展水平、依托陆域的经济实力和城镇化格局、海洋科技创新能力以及国家战略选择等要素，所划定的不同主导功能定位的海域。依据主体功能，将海洋空间划分为以下四类区域：优化开发区域、重点开发区域、限制开发区域、禁止开发区域
	海域使用规划	海域使用规划是根据社会发展和自然、社会经济条件，对海域开发利用、治理保护在空间和时间上所做的总体部署与统筹安排。其制定的目的在于妥善解决各行业的用海矛盾，调控海域资源开发利用的速度和规模，提高海域资源开发利用的综合效益，促进地方陆海经济统筹协调发展，提升海域使用管理水平
	海岸保护与利用规划	海岸保护与利用规划是通过确定海岸基本功能、开发利用方向和保护要求，建立以海岸基本功能管制为核心的管理机制，进一步落实海洋功能区划，规范海岸开发秩序，调控海岸开发的规模和强度。海岸保护与利用规划是海洋功能区划的配套制度，其目的是通过科学确定海岸的基本功能，对海洋功能区划规定的海岸部分做进一步的量化和具体化
	海洋环境保护规划	海洋环境保护规划是环境决策在时间、空间上的具体安排，是规划管理者对一定时期内海洋环境保护目标和措施所作的具体规定，是一种带有指令性的环境保护方案，其目的是在发展海洋经济的同时保护海洋生态环境，使经济、社会与环境协调发展

四、共治工具的实施困境分析

（一）政府海洋生态思想认识及执行力不到位

推进海岸带生态环境治理，亦即生态治理有序的设计、开展、运作都有赖于政府系统的海洋生态思想。在海岸带生态环境治理中需要政府人员去执行，而他们思想认识是否到位，对于海洋生态思想的理解是否存在偏差直接关系到长三角跨域海岸带生态环境共治机制的落地。即便一些大众媒体能对地方政府的海洋生态保护执行不力行为进行报道，也只是在舆论上引起群众或上级政府的重视。因此，海洋生态思想为相关政策的制度实施提供理念支持，并指导政府官员的行为。

政府对海岸带生态环境管制的能力受到知识的影响。现代社会科技日新月异，使政府制定的海岸海洋环境排污指标受到知识的分散性制约。知识的这种分散化甚至还由于社会的分工组织而得到程度急剧的强化：没有一个人能够支配比如需要用来生产一个面包的（全部）知识。[①] 因为"人类关于事实性的知识存在着不可避免的永恒局限"[②]，使制定的海岸海洋生态环境管制标准面临无处适应的尴尬，因而对海岸海洋生态环境的治理作用也只能是有限的。

（二）涉海法律制度体系亟待完善

1. 分税制造成政府部门生态治理不力

我国从 1994 年开始实行分税制，它所产生的两个结果将影响地方政府的生态治理：一是它能增强地方政府的财政独立性，二是分税制使地方政府财政缺口加大，这将直接导致地方官员更加注重地方的经济增长及由此伴随的税收收入。由此，一些地方政府官员引入了高污染企业，其中很多是中小企业。这些企业能带来较高的税收收入，却因为规模小、实力弱、资金不足等原因不能对所产生的污染物进行处理，对当地环境造成了极大的伤害。而当地政府部门却因为要保证税收收入而漠视这种行为。此外，政府部门与企业之间容易结成"利益同盟"。在政府部门对企业的监督审查过程中，很少能做到严格按照规章制度对违规企业进行处罚，更多的情况是企业与政府的利益具有一致性，再加上腐败行为的干扰，使得政府部门更加亲商而不亲民。地方政府在对所管辖区域内的企业的审批等环节具有决定性权力，这种监守一体的模式使很多企业通过选择贿赂规避监管，此时无论是法律法规还是激励政策都不能起到应有的作用，也就严重阻碍了海岸生态环境治理。长三角也深受影响，政府为了加快本地经

---

① 载帕普克. 知识、自由与秩序——哈耶克思想论集 [M]. 北京：中国社会科学出版社，2001：91.

② 马云驰. 无知、自由与法律 [J]. 现代哲学，2006（2）：48.

济的发展，不断出台各种优惠政策，招商引资。在经济利益的驱动下，哪怕是污染性项目也敢怀迎接。由于利益上的一致性，加之"在制度不完善的条件下，流域政府对辖区内微观主体负外部性行为往往采取默许甚至自觉支持的地方保护行为，以此在短期内降低辖区总体经济成本或提高总体经济收益，并且增加官员个人的经济和政治收益"。近年来，长三角一些地区伴随着经济的发展陆陆续续出现了"癌症村"就是地方政府重经济发展轻环境保护的恶果。

2. 涉海生态保护政策体系的不完善、实施不到位等问题，进一步加剧了海岸带生态环境问题治理的难度

梳理涉海规划发现涉海法律存在众多问题：法律立法、修法滞后；将涉海法律视为陆上法律自然延伸存在弊端且统筹陆海区域的海岸带法律法规缺失；海洋行政立法缺乏合力；污染源防治之间缺乏协调；法律法规仍侧重末端治理缺乏源头性治理。在跨区域生态环境问题的合作方面，存在立法空白，使得政府之间的协商对话难以展开。同时，"条块式"的行政区模式不利于海岸带生态环境问题的治理。无论是横向，还是纵向，政府间在解决海岸带生态环境问题时缺乏法律对接与协调，"存在纵向上的'上有政策，下有对策'，横向上的'零和博弈'的困境"。①

（三）海区层面的跨部门协同机制尚不够有力

20世纪以来，以专业分工、等级制和非人格化为特征的"权威制"政府组织形式的确立为分割管理模式的形成奠定了基础，并日益发展成为支配公共行政的普遍组织形式。这种基于专业分工、等级制的权威制组织形式和分割管理模式，虽然一直占据着公共行政的管理地位，但随着现代经济社会发展和科学技术的发展，这种分割管理模式日益暴露出其固有的弊端。②伴随着长三角地区海岸海洋的深度开发和利用，海岸海洋区域管理中暴露出的严重分割行政问题已引起政府、学界和当地居民日益广泛的关注。世界银行的研究表明，传统的海洋管理往往是行业分割管理，不同行业和不同政治边界之间的海洋资源利用矛盾以及用海洋机构职能协调问题与日俱增。由于我国海洋区域管理中涉及的部门行政主体众多，制度规则和部门管辖边界往往是分立设置，分割行政的弊端表现得尤为突出，严重影响了海洋区域管理绩效的持续提高。跨部门协同强调公共政策目标的实现应在不取消部门边界的前提下实行跨部门合作。③这就要求涉海部门之间要形成紧密的协同关系，建立起良性互动的"连锁机制"。而目前的海洋区域管理中，尽管部门间合作有了一定发展，但在涉及各部门的核心职能，需要推进不同部门涉海职能的深度合作及融合时，跨部门协同机制的建立就会遇到难以跨越

① 施从美，沈承诚．区域生态治理中的府际关系研究 [M]．广州：广东人民出版社，2011：80.
② 蔡立辉，龚鸣．整体政府：分割模式的一场管理革命 [J]．学术研究，2010 (5)：33-42.
③ 孙迎春．国外政府跨部门合作机制的探索与研究 [J]．中国行政管理，2010 (7)：102-105.

的屏障。

（四）涉海规划编制与实施存在问题

1. 规划编制难题

较高层次的综合规划也能积极地影响地方的相同类型的规划的制定，由于较高层次规划的本质决定了它们不能具体地解决所有问题，所以需要从中选择一些方案来解决地方问题。每个规划覆盖沿海 20 km 范围十个这样的地方沿海管理规划同一个覆盖 200 km 的较高层次规划相比也是不能达到相同目标的，认为多个地方沿海规划可以达到和一个较高级别规划相同的目标是不现实的。首先是因为地方综合规划的重点往往是一些地方性问题方案可能成为国家方案中沿海管理规划的特有弊病，结果导致较高层次沿海规划被忽视；二是当上位规划应用于一个个拥有特殊沿海问题的危机地区时却由于不是对症良药而不能解决问题。编制还存在全局和局部问题，怎样在《长三角区域规划》这一大范围规划中，做到既符合大规划，又解决滨海各市、县、区的自身规划问题，这也是海岸海洋多规合一的空间规划编制过程中的问题。

2. 陆域、海洋规划统筹不到位且不同行业部门规划管理有交叉

由于海岸带地区功能的多样化、利用程度较高，涉及的管理部门也相对较多，长三角区域的苏浙沪内部都有海洋、国土、规划、林业、水务、旅游等部门，各主导部门围绕着所属职能和管理权限进行各类规划的编制与实施，导致在个别海域空间出现规划不统一的现象，且各部门在实际管理工作中缺乏有效的协调和统筹。而且，不同部门的规划依据不同，规划编制原则、目标、标准、期限不同，所采用的基础数据格式、标准、分类等不同，规划对海洋部分的规划侧重点不同。这就导致有的区域在规划和管理上存在交叉，多头管理、规划冲突的现象严重，而有的区域又属于"三不管"地带，管理上出现盲点。如在原有海岸线向海一侧开展了围海、填海等活动的区域，在当地的实际管理工作中，常常出现部门多头管理、分别规划的现象。所以，就算相关部门虽然意识到了海岸带及其资源的重要性，但由于缺乏有针对性的管理依据，各部门的规划缺乏充分的衔接，难以指导海岸带区域科学合理地规划与利用。缺乏统一管理的法律法规，规划矛盾协调难在具体管理和开发行为中，缺乏对海岸带专门的管理法律规定，导致海岸带地区开发利用的随意性较大。

3. 海洋空间规划前期的利益相关者参与过程中，会产生问题和冲突

海洋空间规划是一个综合的以生态系统为基础的海洋管理方法，其从空间和时间维度对人类用海行为进行客观透明的定位，合理规划海域使用，最终实现生态、经济和社会的可持续发展。海岸带空间规划的实施改变了原有的利益格局，促使动因机制的核心要素——利益相关者参与到海岸带空间规划中，促使利益相关者的利益诉求得

以表述。① 利益相关者的参与程度直接决定了海洋空间规划的成功与否。利益相关者参与到海洋空间规划中，存在四个重要的问题需要解决：第一，各个海域的生态、社会以及经济条件非常复杂，并且具有多样化的海洋利用活动以及利益相关者的利益诉求；第二，海洋空间规划过程中涉及大量复杂的政策、管理条例、指导方针，这使得非管理机构的利益相关者无法清晰地了解这些方针的内涵；第三，不同的利益相关者参与的时段不同；第四，利益相关者之间的信任度不同，这种信息的不完全致使利益相关者难以形成利益合作团体。②

（五）市场性政策不成熟

首先，我国海岸海洋生态环境治理中影响市场性政策工具选择和实施效果的因素非常多，且异常复杂，对编制者的要求较高，不仅需要了解海洋学、生态学、空间规划学、公共管理学，还要了解社会学、经济学以及中国各级政府涉海部门的运作规则③。同时，还需要拥有足够的海洋生态意识和陆海统筹观，而现实中的政策制定者并不一定能达到要求。其次，我国海岸海洋产权市场不成熟，包括产权交易市场及其主体的内在盈利逻辑使市场、企业、地方政府在海岸海洋生态环境治理中难以合作，政府的介入虽必要，但我国海洋行政干预海洋资源环境市场行为较为严重，及至产权制度不合理也直接影响了海岸海洋生态环境共治的市场性政策工具的实施效果。

---

① 刘曙光，纪盛．海洋空间规划及其利益相关者问题国际研究进展［J］．国外社会科学，2015（3）：59-66.

② C. Plasman. Implementing Marine Spatial Planning：A Policy Perspective［J］. Marine Policy，2008，32（1）：56-60.

③ 托马斯·思德纳．环境与自然资源管理的政策工具［M］．上海人民出版社，2005.

第七章　长三角海岸带生态环境跨域治理路径与策略

　　跨域海岸带治理是解决区域海岸带生态环境问题的有效模式，其有效性取决于多元治理主体间的利益均衡与协同式决策。在长三角区域海岸带生态环境治理中，共容利益使得各辖区政府、相关企业、社会公众之间的合作变得必然和可能，利用共容利益理论研究长三角区域环境治理多元主体的利益问题，探寻增进共容利益的协同治理路径，对于长三角整体竞争实力的提升和生态文明建设具有重要的理论和现实意义。促进长三角多元主体利益共容是海岸带生态环境协同治理的关键，政府应出台相应法律法规，完善跨域生态补偿制度，建立以协同治理为核心的多元治理的共治机制、形成以健全法规为手段的共同治理的整合机制、形成以项目活动为载体的契约治理的保护机制、强调以循序渐进为动力的绩效治理的评估机制、倡导以培育精神为根本的过程治理的引领机制，兼顾各辖区利益平衡与互补，提高区域的整体实力和发展潜力，实现长三角区域海岸带生态环保一体化。

第一节　长三角海岸带生态环境跨域治理既定前提

　　日益严重的海岸海洋生态环境危机，其影响范围之广、程度之深、时间之长、规模之大、危害之严重都是前所未有的。西方国家在海岸海洋环境治理过程中，认识到海岸海洋生态环境是一种公共物品，因此政府在提供优良环境这一公共物品时，必须恰当处理好政府和市场的关系，政府必须从公众利益出发，制定科学合理的海岸海洋生态环境建设规划和行动指南。既要采取通过经济手段构建生态环境治理模式，又必须运用法律手段保障环境治理活动的有序进行。此外，必须发挥公众作为推动海岸海洋生态环境治理的主要力量，最大限度地挖掘公众参与的积极性、主动性和创造性，形成在海岸带生态环境治理中政府发挥决策、组织、协调、控制、服务等基本主导功能；企业遵律守纪依法进行技术的创新和承担环境社会责任的主体功能；公众参与监督、建言等基本功能协同发力的格局，确保海岸带生态环境治理取得实效。

　　海岸带生态环境治理是一项复杂的、系统的工作，需要政府及各级行政部门职权明晰、各司其职才能更好达到理想的治理效果。长三角地区海岸带生态环境的管理体制还存在一些问题，如各部门职权不明晰，协作机制不健全等，需要从纵向和横向对各部门的管理权限进行合理的配置与协同，健全海岸带生态环境治理中政府责任及其匹配行政体制。

一、政府责任管理体制的纵向优化

政府责任体制的纵向配置即中央与地方权责的分配。海岸带生态环境管理现状中，我国对中央与地方的职权界限划分比较模糊，且在多数海洋事务的处理上实行职责同构（图7-1）。这样难免造成在实际操作中的职责冲突，应该具体根据中央与地方能力的不同设置不同的职责权限，如在实际治理过程中，各级地方政府及执法部门应依据法律、政策的规定更多的进行具体的执法工作，中央政府更多的对其执法工作进行监督①。正确处理中央与地方的关系，设立国家级的专门海岸带生态环境管理机构进行各方面的统管工作，实现中央治理的权威性，对地方执法部门的"不作为、乱作为"行为进行责任追究。另外，在海岸带生态环境相关法律的制定上，权限主要集中在中央，应依据"海洋生态文明"的理念制定完善的法律法规。地方政府在法律规定的范围内制定符合本地或本海域实际情况的具体实施细则。

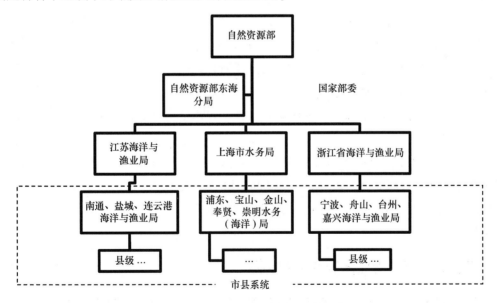

图7-1　政府责任管理体制的纵向配置层级图

---

① 潘佳. 政府在我国生态补偿主体关系中的角色及职能［J］. 西南政法大学学报，2016，18（4）：68-78.

（一）应实行地方两级垂直管理

就省来说，应该实行省、县两个层次的垂直管理。作为较长期的发展目标，可以在南通、上海、宁波等大城市进行直派机构的试点，总结经验，分析利弊，争取尽早设立区域性的长三角海岸带环境保护派出机构，加强对区域性环境问题的协调和解决；作为近期目标，可以开展设立分区如长三角区域派出机构的可行性研究，提出具体的设立方案和操作程序。

（二）减少地方环境管理层级——省直管县

在地方海洋环境管理机构建设方面，目前长三角海岸海洋环境管理机构是按行政层级对口设立的，在领导体制上是受同级地方政府和上级主管机关双重领导。对这种双重领导体制是存在弊端的，个别地区为谋发展而不惜损害其他地区利益以及阻碍海洋环境管理的地方保护主义现象时有发生，有的甚至还相当严重。吴卫星教授认为环境管理机构设置应打破现有行政区划的限制，按生态属性实行垂直管理。应根据各地区自身的特点，以实现环境管理组织结构的"扁平化"为目标，遵循"扩省、缩市、强县"的思路进行环境管理机构改革，即增加省级机构数量、减少市级机构数量，加强基层机构建设。这样做既有利于扩大管理幅度、缩减管理层次，也有利于降低管理成本、提高管理效率。与此同时，废除以往环境管理中的双重领导体制，实现国家对整个环境管理工作的垂直领导[①]。

值得一提的是，海岸海洋生态环境的治理不仅需要各地方政府对辖区内的海洋环境监管和辖区相互间的合作治理，也需要企业与社会公众的参与，需要政府与社会的联动[②]。在长三角海岸海洋环境治理中既要加强占主导地位的地方政府之间的协同，也要扩大以行业协会或商会为代表的企业之间的协同以及政府、企业和以环境 NGO 为代表的公众之间的协同，形成立体化的协同治理长效机制，实现海岸海洋生态环境一体化治理。

二、政府责任管理体制的横向协同

政府责任体制的横向配置即指政府各部门之间的权责分配。国务院和县级以上地方人民政府土地、矿产、林业、农业、水利行政主管部门根据分类原则，依照法律的规定实施资源保护的监督管理。国家海洋行政主管部门、港务监督、渔政渔港监督、环境保护部门和各级公安、交通、铁道、民航管理部门是环境污染防治的分管部门，

①　曾庆丽. 海洋生态环境治理中政府责任研究［D］. 青岛：中国海洋大学，2014.

②　施从美. 长三角区域环境治理视域下的生态文明建设［J］. 社会科学，2010（5）：13-20.

依照有关法律的规定对特定领域的环境污染防治实施监督管理。各部门依职责对资源保护和环境污染实施监督管理的专业部门内部因为行政机构的层级设置还存在着内部的分级管理。《环境保护法》对其他有关部门在环境保护方面的职责分工不是十分明确，这些部门在环境保护方面的职责到底是什么，由于没有具体规定，所以在有关环境保护立法时，往往发生争议。关于这些部门的环境保护职能散见于各单行法或行政法律法规中。

海岸带生态环境涉及的范围面较广，其中参与治理的部门包括海洋、环保、渔业、矿产、水利、交通、海事等部门①。长三角地区的市一级已建立起以海洋与渔业局为行政管理主体的海洋综合管理机制，但是管辖范围主要限定于海域，运作起来存在一些缺陷，主要不足之处在于：一是与陆域管理部门之间的协调力度不够，尤其是与土地管理部门、环境保护部门、规划管理部门的协调不够；二是对于各种规划的协调机制不健全、不完善，无法进行各种规划的协调；三是无法对海岸带范围内的各种规划进行全面的生态环境影响评价。这些部门之间的权力界限并不十分明确。在实际操作过程中经常出现"有利可图就上，无利可图就退"的现象，甚至有些问题还存在着治理空白。因此，必须合理分配各部门的职责权限，使各部门有事可做，做好自己的事情。首先，长三角地区沿海各市应构建以海洋与渔业局、环保局、水利局、林业局、国土局等各行业管理部门构成的海岸海洋生态环境管理协调机构，成立跨部门的、专门的协调管理机构，本着陆海统筹、跨界一体化的综合治理理念，以海岸海洋生态系统恢复为目标，加强海岸带综合管理力度，实现长三角海岸带的可持续发展。

长三角地区可以借鉴美国国家海洋大气局的做法，将海洋局、气象局、渔业局等原本权限分散的各个部门集中起来，进行统一管理，进一步细化在海岸海洋生态环境治理中政府责任的保障措施。如在省（县）可以成立海岸海洋生态环境管理委员会，负责各地重大海岸带生态环境问题的宏观协调问题，平衡各行政职能部门之间关于海岸带生态环境保护的各项活动，各部门之间的恶性竞争将会减少。逐渐建立综合海岸带生态系统管理体制，这是一种单一中心管理、多部门参与的管理体制。海岸带经济的发展对海岸海洋生态环境的保护有着重要的影响，逐渐将海洋经济等部门纳入到海岸海洋生态环境管理体制中，实现其非管理责任。如，平衡经济发展与海岸带保护的责任、防范海洋生态事故的责任、促进海洋生态文明建设等责任。此外，建立由海洋专家、城市规划专家及相关专家组成的海岸带综合管理咨询机制，负责海岸带规划和重大工程开发的组织协调和指导工作。成立垂直管理的海岸海洋污染、海洋渔业、海上交通等一体化行政执法队伍，负责监督、检查综合管理的实施情况，完善海岸带综

---

① 王春子．海岸带地区协调发展研究［D］．厦门：国家海洋局第三海洋研究所，2013.

合执法体系，保证海岸带综合管理工作的顺利开展[1]。

其次，针对海岸带这一特定类型生态系统，在进行环境保护时还涉及同级政府间、同级政府省内地级市间以及跨界乡镇间的合作，在合作时如何进行权责分配，如何进行环境保护专项资金投入，能最大限度地实现互利共赢，都是海岸带生态环境共治需要协商式讨论的前奏议题。如长三角地方政府主要是执行中央政府的各项陆域、海洋环境政策，全面负责地方的环境质量，更多的是从本地区利益出发，注重短期利益。这样就出现了地方和中央政府之间目标的不一致，地方政府会想方设法提高经济发展速度、增加地方财政收入，而不会过多考虑耗费了多少资源、付出了多大环境成本。从长三角地区改革开放40年的经济发展及环境保护情况看，沿海省、市经济发展速度普遍较快，但耗费的资源和环境成本也是巨大的，很多县级单元走高消耗高排放的传统经济发展道路，直接导致地方生态环境的急剧污染和生态恶化。此外，长三角各级行政部门按照属地管理原则统筹辖区环境质量，这与海岸海洋生态系统的相互联系、循环系统相悖。当出现跨区域海岸海洋环境问题，不同地方政府就会从地方利益出发，优先考虑当地环境治理，对本地转移的环境跨界污染缺乏治理积极性，影响了全域海洋生态环境政策的实施。

针对这种现象，长三角地方政府间需要建立一种长效的协作机制。基于已有的《长江三角洲区域环境合作倡议书》《长江三角洲地区环境保护合作协议》《长江三角洲地区区域规划》等[2]，深化长三角城市经济协调会联席会议制度，重点推动长三角城市市长论坛对于海岸海洋联保联防联控的协调机制、跨界执法联动机制、流（海）域生态补偿机制等的讨论、研究与决策，提升相关决议的稳定性、持续性、资金保障长期性和制度化。在此基础上，推进长三角海岸海洋的市场或社会主导的生态补偿机制、海洋环境信息公开与共享机制、监测基础设施共建与共享机制、协同监督机制，以联合共治取代竞争，以优势互补促进共同发展。

第二节　长三角海岸带生态环境跨域治理的主要路径

只有在尊重自然、顺应自然、保护自然的生态文明理念指导下，长三角沿海各城市形成共同预防、共同补偿、共同保障的合作模式，按照海岸带生态环境承载力，以生态友好、环境友好的方式利用海岸带，才能达到维护海岸海洋生态系统可持续，实现经济发展与海洋保护的和谐共进。

---

[1]　周志忍．整体政府与跨部门协同——《公共管理经典与前沿译丛》首发系列序［J］．中国行政管理，2008（9）：127-128.

[2]　王翠．基于生态系统的海岸带综合管理模式研究［D］．青岛：中国海洋大学，2009.

一、共同预防

海岸带生态环境保护作为长三角地区经济社会发展所面临的重大难题，有着难以被描述或预测的特性。因此，长三角海岸带生态环境的预防亟待提升水平。开展长三角海岸带生态环境共治，首要任务是建立时效共享的海岸海洋生态环境监测体系，形成全民化的公众科普教育，奠定长三角地区可持续发展的关键预防体系。

（一）时效共享的海岸海洋监测体系

经过"十二五"的发展，长三角海岸带环境监测体系有了进步，但各海岸带环境监测预报中心并未实现海岸带环境监测独立开展的既定目标，部分中心实验室尚在规划中，而现有的分中心实验室工作量几近饱和。海岸带环境监测工作的开展主要以完成上级下达各项任务为主，监测业务延续部分委托的方式。多数滨海区、县监测机构处于空白状态，监测体系建设进展缓慢。尽管部分城市（如上海等）所辖的海域面积不大，但开发利用强度大，海岸带功能区复杂，风险源多，溢油等突发事件风险高。尽快建立起完善健全时效共享的长三角海岸带监测体系，对于积极主动的开展长三角海岸带环境监测工作和有效应对各类海洋突发事件具有极其重要的意义。

1. 统一国家和地方监测体系标准，实现信息共享整合

我国海岸带环境监测的主要机构包括国家海洋环境监测中心、海区海洋环境监测中心、海洋环境监测中心站及所辖的海洋站，还有沿海省、市、自治区海洋行政主管部门所辖的海洋环境监测机构和海洋研究院所等，其中国家下达的业务化海洋监测与调查任务由各中心站、海洋站负责实施[①]。但是现有监测体系存在：

（1）海岸带环境监测网络混乱。国家海洋局直属机构与地方海洋主管部门权责交叉严重，缺乏有效沟通和协调机制，造成个别环境监测工作机构设置、任务实施和网络布局出现重复，力量布局和资源配置不合理，海岸带保护工作无法统一协调。

（2）各部门海岸带环境保护信息不共享、不交流，使得获得的信息不系统、不全面，甚至存在相互矛盾的环境信息，严重损害了涉海部门的公信力，制约了相关部门的发展。

（3）缺乏统一的应急响应机制。面对严重的海岸带突发事件，各部门尚未形成合理分工共同解决问题的长效机制，使得工作十分低效。因此，长三角地区需要按照构建生态环境保护战略要求，建设长三角海岸海洋生态环保科技交流平台，合力开展近岸海域污染管理、陆源污染控制等大项目科研合作；交流海洋倾废、海上油气勘探开发、涉海工程油气泄露事故等海岸带生态保护重点技术政策；推进污染物排放在线监

---

①　伦凤霞，田华，何金林. 上海市海洋环境监测现状研究［J］. 海洋开发与管理，2017，34（1）：97-100.

测，健全应急响应体系，构建生态环境监测大数据平台和海洋生态文明建设绩效考核机制，建立多级联动海洋环境监测与保护体制机制，为推进海洋生态文明建设提供技术支撑和服务保障。共同推进长三角海岸带生态环境防治项目合作与互动，加快建立组织化、网络化、社会化程度较高的海岸带生态环境预防机制①。

2. 营造配套监测环境，实现高效优质监测

县级单元海岸海洋监测机构人员缺乏，结构不合理，尤其是技术岗位上的专业人才极为匮乏，严重影响了海岸带环境监测工作的完成效率和质量。除了人员短缺，监测机构的硬件设备也十分薄弱，大型精密的分析仪器数量少、分布不均，多集中在省、市级单位，基层单位很难开展正常的海岸带监测工作。因此，创造良好的海洋监测环境，引导群众共同参与监督，是海岸海洋监测工作得以高效实施的重要组成部分。首先，对基层海洋环境监测体系给予充足的资金支持；其次建立和修缮可以满足监测条件数量的监测站，以及监测所需的一切硬件设施；再次，通过多种渠道公开各种环境保护监测的标准，让地方企业和居民严格遵照相应法律法规，坚决抵制危害海岸带生态环境的偷排、漏排等行为。

3. 国家与地方政府层面网络化互动，协同提升，实现跨界监测

"十三五、十四五"期间，应进一步明确省-市-县三级监测机构的职能定位，优化全国海岸带生态环境监测力量布局，以此为契机，各地可以积极推进省-县（区）两级管理体制，完善海岸带环境监测机构。同时，借鉴"水十条"健全跨部门、区域、流域、海域的海岸海洋环境保护议事协调机制。建立囊括各涉海主管部门在内的首接处置到底原则和相关部门协同原则，全面监控入海污染物来源及其海岸带环境影响。同时，应充分与高校、科研院所建立良好的交流机制，加强对海岸带敏感功能区的监测与研究，切实提升海岸带生态环境监测的立体网络与跨界协同水平。

（二）全民化的海洋科普教育

保护海洋环境是全民族的事业，要组织开展多途径的海洋生态环境保护教育，深入地进行海洋资源和海洋环境保护的国情教育，培植长三角地区海洋可持续发展意识和法治观念。建立健全从家庭到学校，再到社会的全方位海洋生态环境教育体系，利用各种新媒体、各种宣传手段广泛宣传有关海洋生态文明建设的科普知识，将海洋生态文明的理念渗透到生产、生活各个层面。

1. 建立健全从家庭到学校，再到社会全方位立体海洋生态教育体系

鼓励公众参与海洋环境保护，提高公众保护海洋环境的自觉性。加强实物感官海

① 许丽娜，王孝强. 我国海洋环境监测工作现状及发展对策 [J]. 海洋环境科学，2003（1）：63-68.

洋教育，如在港口、码头、大型排污口设立中小学生态环保教育体验基地，以实物图片、仿真模拟、参与体验等手段，形象生动的向公众宣传各类不文明行为及其造成海洋生态环境危害。或者在滨海旅游景区设立不文明行为的展示牌或者相关展览，提升社会公众海洋教育水平，向公众普及海洋生态环境保护知识，鼓励动员公众参与各种层次的海洋生态环境保护行动。

2. 利用新媒体和创新宣传手段宣传海洋生态文明，实现海洋教育均衡化

海洋环境宣传教育是实现国家海洋环境保护意志的重要方式，海岸带生态环境保护不仅是针对沿海居民，广大内陆居民也要有海岸带生态环境保护的观念。要围绕开发建设的各项工作，全面加强海岸海洋生态环境保护的宣传教育，充分运用新媒体等多种手段，广泛开展形式多样的宣传活动，不断提高各级决策者和公众的海洋生态环境保护意识。与此同时，还要创新教育手段和大众传媒工具，广泛普及国家关于海洋资源节约和海洋环境保护的方针政策、法律法规，相关的标准和生活、生产技术伦理。

二、共同补偿

由于海洋经济的飞速发展，海洋资源环境供需矛盾与可持续利用问题日益突出，严重地影响了长三角地区经济社会的可持续发展。构建长三角海岸带生态补偿机制，通过各种补偿方式调节利益分配格局，解决受益地区对受损地区的补偿，实现环境利益在受益者与受损者、保护者与破坏者之间的公平调节，有利于实现社会公平及社会矛盾化解。所以，构建合理有效的海岸带生态补偿机制，对长三角地区可持续发展具有重大的现实意义。

经济补偿责任机制确立的关键是确认经济补偿利益相关者的责任关系，主要是为明确经济补偿的主体（提供补偿者）与客体（接受补偿者），也就是确定资金的路径、明确资金来源及去向（图7-2）。

（一）受损类型识别

长三角海岸带生态环境保护现状是，海洋倾废、海上油气勘探开发、涉海工程未对周边海洋生态环境及其他海上活动产生明显影响，基本符合海洋功能区的环境保护要求；海水增养殖区环境质量基本能满足海水增养殖活动的功能要求。陆源污染物排放对近岸局部海域海洋生态环境带来较大压力，在主要监测的入海河流中，全年不符合监测断面功能区水质标准要求的河流超过50%，主要超标污染物为总磷。赤潮发生次数和累计影响面积有所增加，绿潮最大覆盖面积相对减少。海岸侵蚀、海水入侵与土壤盐渍化等问题依然存在。因此，可将海岸带受损类型分为近海海域污染和陆源污染两大类。

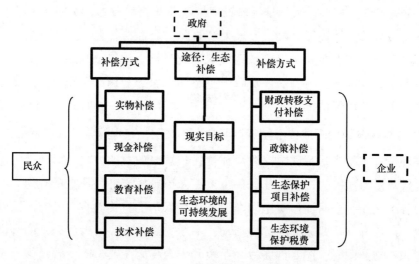

图 7-2　生态补偿流程图

1. 近海海域污染

长三角近海海域的环境质量状况中劣于四类海水水质标准的海域主要分布在江苏近岸、长江口、杭州湾、浙江近岸海域。超标因子主要为无机氮和活性磷酸盐，局部海域化学需氧量、溶解氧、石油类和重金属超第一类海水水质标准（表7-1）。

表 7-1　长三角近海海域污染一览表

近海海域污染类型		主要污染物或污染行为	存在区域或形式
近海富营养化	海水增养殖	高浓度的N，P和频发的赤潮以及养殖动物病害等是近海污染的主要环境特征，贝类体内的汞、铜、铅、镉、铬、锌、砷和粪大肠菌群出现一个或多个指标超标的现象	重度富营养化海域主要集中在灌河口、长江口、杭州湾等局部海域，其中象山港、三门湾、三门浦坝港和洞头增养殖区出现铜超标，普陀中街山增养殖区有机碳超标

续表

近海海域污染类型		主要污染物或污染行为	存在区域或形式
海洋工程、油气污染	海洋倾废	长三角倾倒物质主要为清洁疏浚物	主要倾废区域有：长江口海域疏浚物倾倒区群、盐城港大丰港区深水航道一期工程疏浚物临时倾倒区、嵊泗上川山疏浚物海洋倾倒区、甬江口七里屿外侧疏浚物倾倒区
	海洋油气勘探开发、溢漏油事故	对近海海域及海滩等的石油污染，对人们在天然浴场游泳和海滩休闲娱乐活动产生了不利影响。另外，滩涂的酸性土质排放到周围水体中，使水体的 pH 值降低，将对很多水生生物造成危害①	在浙江、上海、江苏近海海域主要为海上油气平台从事生产作业中各平台的生产水、生活污水、钻井泥浆和钻屑的排放以及各平台、管线运输船舶发生的溢油事故
	涉海工程	主要表现为非法占有海域、垃圾违规堆放等。对邻近海域海水及对浮游植物、浮游动物、底栖生物群落结构的影响，对邻近海域的潮汐潮流性质总体的影响，对海域表层海水及所在海洋功能区环境的影响，对江水流速、纳潮量以及围堤周围冲淤产生一定影响，周围鱼卵和仔、稚鱼个体密度有所下降，取水卷载效应导致浮游生物损失明显	港口航道工程：如连云港港 30 万吨级航道工程、南通洋口港工程；海上风电场工程：如东海大桥风电场工程；海洋排污管道工程：如石化工业区配套污水排放管系统工程尾水排海工程；围填海工程：如温州市瓯飞淤涨型高涂围垦养殖用海规划一期工程；滨海电厂工程：如浙能乐清电厂、华能玉环电厂、苍南核电等

2. 陆源污染

长三角地区陆源污染主要分为生物资源破坏、生活垃圾和固体废弃物污染两大类。

生物资源破坏主要是由人为破坏、海岸带污染和生物入侵造成的。长三角海岸近10多年来，由于围海造地、围海养殖、砍伐等人为因素，港湾围海造田、围滩（塘）养殖、填滩造陆和码头与道路的建设，使得海湾生物多样性下降，同时导致外来物种（如大米草、互花米草）的入侵②。因受养虾业的高额利润驱使，大面积的滩涂植被区被改造成了养虾池塘，滩涂生态环境遭到严重破坏，使一些经济种类失去自然栖息的

---

① 苗卫卫，江敏．我国水产养殖对环境的影响及其可持续发展［J］．农业环境科学学报．2007，26（S）：319-323.

② 左平，刘长安．中国海岸带外来植物物种影响分析——以大米草与互花米草为例［J］．海洋开发与管理，2008（12）：107-112.

环境，生物多样性降低，且造成海岸侵蚀与沿海滩涂当地植物竞争生长空间，造成海滩上大片红树林消失，威胁当地生物多样性；而且还堵塞航道，影响各类船只出港，给海上渔业、运输业甚至国防带来不便。同时，因近海生物栖息环境遭到破坏，致使沿海养殖贝类、蟹类、藻类、鱼类等多种生物窒息死亡，海带、紫菜等也因其争夺营养，造成产量逐年下降①②。受赤潮的影响，长江口-杭州湾附近海域浮游植物和浮游动物的密度很高，浅海大型底栖生物密度和多样性指数基本呈现由北向南升高的趋势，潮间带大型底栖生物在浙江中南部种类较多（表7-2）。此外，船舶压舱水导致的生物入侵问题也给人类造成了巨大的经济损失③。我国对压载水的认识和处理还处在起步阶段，查明并采取有效措施来预防和解决压载水所导致的生物入侵问题已刻不容缓④。

表7-2　长三角海岸生物资源破坏

受损地区	现存状态	受损主要因素
苏北浅滩	生态系统处于亚健康状态。部分水体呈富营养化状态，沉积环境总体良好；浮游植物密度偏高，浅海大型底栖生物密度和生物量偏高。互花米草、碱蓬和芦苇是苏北浅滩湿地的主要植被，与去年相比，滩涂植被面积略有减少	陆源排污、滩涂围垦和滩涂养殖等是影响苏北浅滩湿地生态系统健康的主要因素
长江口	生态系统处于亚健康状态。部分水体处于严重富营养化状态；沉积环境总体良好；生物体内镉、铅、砷和石油烃残留水平较高；浮游植物密度和浅海大型底栖生物密度偏高，鱼卵和仔稚鱼密度偏低	陆源排污和外来物种（互花米草）入侵是影响长江口生态系统健康的主要因素
杭州湾	生态系统处于不健康状态。水体富营养化严重，无机氮含量劣于第四类海水水质标准，沉积环境良好；浮游动物密度、鱼卵和仔稚鱼密度、浅海大型底栖生物密度与生物量偏低	陆源排污、滩涂围垦和各类海洋海岸工程建设是影响杭州湾生态系统健康的主要因素
乐清湾	生态系统处于亚健康状态。大部分水体处于富营养化状态，沉积环境良好；浮游动物密度和浅海大型底栖生物密度偏高，浅海大型底栖生物生物量偏低，鱼卵和仔稚鱼密度偏低	陆源排污、围填海、海水养殖和电厂温排水是影响乐清湾生态系统健康的主要因素

---

① 吴敏兰，方志亮. 大米草与外来生物入侵［J］. 福建水产，2005（1）：56-59.
② 陈郁敏. 生物入侵对福建省养殖水域的危害及对策［J］. 水利渔业，2006，26（1）.67-68.
③ GREGORY M, RUIZETC. Glabal spread of microorganisms by ships.［J］. Nature, 2000（408）：49-50.
④ 陈立侨，李云凯，侯俊利. 船舶压载水导致的生物入侵及其防治对策［J］. 华东师范大学学报：自然科学版，2005（5/6）：40-48.

　　生活垃圾和固体废弃物污染及海洋倾废造成的海岸带生态环境受损，主要有滨海旅游和陆源固废流失等人类活动使塑料垃圾进入海洋，目前已被认为是海岸带塑料固体废弃物的主要成分①。首先，长三角 2016 年江河污染物入海通量中不符合监测断面功能区水质标准要求的河流超过 50%，主要超标污染物为总磷。主要污染物入海通量分别为：化学需氧量（CODCr）约 1 039.5×10⁴ t，氨氮约 13.4×10⁴ t，总磷约 15.2×10⁴ t，石油类约 3.0×10⁴ t，重金属（铜、铅、锌、镉、汞）约 0.9×10⁴ t，砷 2 322.5 t（表 7-3）。其次，长三角陆源入海排污口分为工业类排污口、市政类、排污河及其他类型排污口，其中排污口邻近海域可能危害到海洋功能区，如在农渔业区、旅游休闲娱乐区、海洋保护区等敏感区周边的排污口，因其主要污染物是无机氮和活性磷酸盐；主要超标污染物（指标）为铜、粪大肠菌群、滴滴涕、多氯联苯；超标污染物（指标）为铅、锌、铜、镉、砷，使其邻近海域生物质量均不能满足所在海洋功能区环境质量及水质要求。2016 年江苏省、上海市、浙江省达标排放次数与各自年度监测总次数之比分别为 27%、73%、65%。第三，长三角海洋垃圾主要包括海滩垃圾、海面漂浮垃圾和海底垃圾的种类和数量。海洋垃圾以塑料类和聚苯乙烯泡沫塑料类垃圾居多。①海滩垃圾。在海域海滩垃圾中塑料类垃圾最多，超过 50%；其次是聚苯乙烯泡沫塑料类、木制品类；橡胶类、纸类、织物（布）类、金属类、玻璃类和其他人造物品类垃圾数量第三。其中象山石浦皇城沙滩、崇明东滩的垃圾数量密度分列前两位。②海面漂浮垃圾。在海域海面漂浮垃圾中聚苯乙烯泡沫塑料类垃圾最多，超过 50%，其次是塑料类和木制品类。其中象山石浦皇城沙滩海域、洞头状元岙元觉岛海域、连云港市连岛东海域漂浮的大块和特大块垃圾数量密度分列前三位；崇明岛邻近海域、象山石浦皇城沙滩海域表层水体小块及中块垃圾数量密度分列前两位。此外，沿海居民生活垃圾以及海洋船舶垃圾排放入海量也不容忽视。

表 7-3　2016 年长三角主要河流入海污染物总量　　　　　　（单位：t）

江河名称	化学需氧量	氨氮	总磷	石油类	重金属	砷
长江	7535122	73314	115824	25700	7468.6	2044.4
瓯江	706669	8324	11042	326	199	17
钱塘江	297810	12216	3938	975	360	108
飞云江	320725	1166	4755	99	40	3

　　① 洪华生，丁原红，洪丽玉，等．我国海岸带生态环境问题及其调控对策［J］．环境污染治理技术与设备，2003，4（1）：89-94.

续表

江河名称	化学需氧量	氨氮	总磷	石油类	重金属	砷
黄浦江	205725	11436	2892	1354	663	54
射阳河	187237	3912	1004	138	9.6	16.5
临洪河	145512	2311	357	165	149.2	6.2
灌河	135819	4159	1287	216	194.8	12.2
新洋港河	130630	3276	1971	63	3.9	11.3
椒江	129619	763	818	148	52.3	9.2
小洋口外闸	115209	773	1226	255	2.0	8.6
苏北灌溉总渠	81793	1151	172	22	3.6	3.7
黄沙港河	57311	1809	375	28	2.4	5.8
遥望港闸入海口	48239	312	254	24	0.5	3.2
斗龙港	45435	1321	342	20	5.3	4.4
四卯西闸入海口	34145	1210	392	15	1.1	4.8
甬江	89842	4462	1189	111	47	3
鳌江	74965	981	4051	40	18	1
通吕河	12998	108	53	10	0.5	0.8
川东港入海口	11493	302	131	9	0.3	1.9
梁垛南河	10731	231	126	3	0.6	1.4
梁垛北河	9468	340	165	2	0.8	1.2
中山河	8553	190	27	6	0.4	0.9
合计	10395050	134067	152391	29729	9222.9	2322.5

数据整合自 2016 年东海区海洋环境公报

（二）生态补偿主客体认定

海岸带生态损害补偿是长三角地区对海洋资源使用过程中相关利益方经济利益的协调。因此，明晰海岸带海洋生态损害补偿中的主客体是实施海岸带生态损害补偿的前提（图 7-3）。

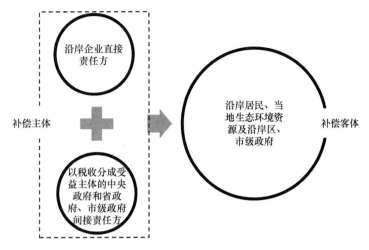

图 7-3　主客体认定图

1. 经济补偿的主体

长三角海岸生态损害对沿岸产生的环境污染和破坏造成的损失主要由污染治理成本和环境退化成本组成。从长三角海岸生态损害对沿岸产生的环境污染和破坏而产生的利润受益主体来说，主要有沿岸企业及获得财税收入的政府，根据污染者付费原则（PPP），经济补偿主体（提供补偿资金者）的直接责任方是沿岸企业，如沿岸的石化工业区、风电场、水产养殖场等，间接责任方是沿岸企业财税的受益主体——政府。经济补偿的间接责任方——政府，由沿岸区政府、沿岸市政府、省和中央政府三层构成。由于沿岸企业存在体制的不同，沿岸企业除少部分税费上缴区政府，其他企业上缴的税费最大部分在中央和省政府，次之则在市级政府，而县级政府则通过每年的市财政以城建税和教育费附加（含地方教育附加费）等方式返还所缴税总额一小部分，仅占1%~2%。从受沿岸企业排污影响程度的角度来说，越靠近海岸所受影响越大，次之为沿海城市，省域范围及全国范围受影响较小。而对沿岸的环保设施投入主要为区级或市级政府，且对沿岸区绿化、污水管网等基础设施的投入已经超过其税收所得。因此，间接责任方所指的政府主要是中央及省政府和部分市级政府。因此长三角海岸生态损害对沿岸产生的环境污染和破坏造成的生态环境影响的经济补偿主体是以沿岸企业为直接责任方；以税收分成受益主体——中央政府和省政府、市级政府为间接责任方。

2. 经济补偿的客体

从污染物排放产生的影响看，长三角海岸带沿岸企业的海洋倾废、海上油气勘探开发、涉海工程等的大气污染物排放量大，对生态环境以及当地居民等造成了影响，水污染物的排放对海洋渔业资源带来了一定影响，污染物排放的受害方则是沿岸的各类生态环境和当地居民。但从全体居民被转化为政府的角度，滨海基层政府代表了补偿客体。从降低沿岸企业污染物排放产生的危害，建设环保设施保护生态环境的角度论，沿岸区县、市级政府也做了大量工作，投入了大量财力，因此污染物排放的利益损失方为沿岸区县、市级政府。因此长三角海岸生态损害对沿岸生态环境影响的补偿客体是沿岸居民、当地生态环境资源及沿岸区县、市级政府。

（三）补偿标准及原则

目前，我国海岸带生态补偿尚处于起步、探索阶段，补偿标准及原则的确定一直是公认的重点和难点[①]，明晰确定海洋生态补偿标准和补偿原则的是测算确定共同补偿的关键与前提。为此，在借鉴国内外生态补偿与环境成本核算研究成果与经验的基础上[②]，探讨、构建了长三角海岸带生态环境共同补偿的标准及原则。

1. 经济补偿的实施标准

（1）收益分享与成本分担的对等标准。长三角海岸带经济效益的提高与地方社会效益、生态效益的降低形成鲜明对比。这种不对等的关系，不仅使长三角海岸带的生态环境保护工作面临很大困难，而且也影响地方的可持续发展[③]。为解决这一问题，首先应坚持"财权与事权相匹配"的原则，财力的分配适当照顾沿岸各市的利益，能让提供保护沿岸各市生态环境的主体（市级政府）有更大的财力支援环境建设，提高沿岸各市的环境质量。长三角海岸带上的企业对海岸带生态环境影响的经济补偿机制应从收益分享与成本分担的标准出发，重构中央和地方（省、市、区）在发展海洋产业中收益共享和生态环境保护成本分担的有效机制。这既有利于长三角海岸带产业的可持续发展，也有利于长三角海岸带的生态环境治理、社会稳定发展。

（2）时段区分与逐步推进标准。对于历史欠账，按实际发生额进行省、市、区县及企业多边磋商，商讨补偿额度；对于新上项目或企业，可以采用土地参股享受分红提成以维持地方生态环境治理投入。对于以往发生的各类投入，可以通过新上项目的地方参股分红或生态基金设立等形式逐步解决。

（3）多边磋商、共同参与实现共赢标准。长三角海岸带大型相关海洋企业对沿岸生态环境保护的投入，既可通过企业绿色生产行为与企业社会责任实现，又可通过市级或上级政府财税转移支付、生态基金设立等形式实现，关键问题在于沿岸企业、区县政府、市政府、省和中央政府在现行前提条件下达成生态环境保护补偿机制共识，通过多边磋商、共同参与实现经济补偿机制的落实[④]。

---

①　黄彦臣. 基于共建共享的流域水资源利用生态补偿机制研究［D］. 武汉：华中农业大学，2014.
②　黄秀蓉. 海洋生态补偿的制度建构及机制设计研究［D］. 西安：西北大学，2015.
③　李晓光，苗鸿，郑华，等. 生态补偿标准确定的主要方法及其应用［J］. 生态学报，2009（8）：4431-4440.
④　李国平，李潇，萧代基. 生态补偿的理论标准与测算方法探讨［J］. 经济学家，2013（2）：42-49.

2. 生态环境影响成本核算标准

补偿标准上，王金南提出了核算和协商两个补偿标准，康慕谊提出受偿方的补偿标准和受益方的补偿标准两个方面，中国生态补偿机制与政策研究课题组提出从四个方面价值核算（生态系统服务的价值、保护者的投入和机会成本的损失、破坏者的恢复成本、受益者的获利）和协商法两种方法。其中核算法主要从环境治理成本（环境保护投入）和环境损失（生态服务功能价值）两个方面计算，而核算往往难以取得一致的意见；协商法是通过协商确定补偿标准的方法。根据长三角海岸带的实际情况，采取核算和协商法，既有利于补偿标准的科学核算，也有利于经济补偿的落实。核算法是对生态环境影响的量化分析，协商法主要是由补偿主体和补偿客体之间协商确定。长三角海岸带沿岸海洋活动对沿岸生态环境影响主要从污染治理成本和环境退化成本（污染损失）两个方面核算，"三废"排放对海岸带环境造成经济损失最大的是水污染物排放引起的损失，次之则是海洋倾废排放产生的影响（若贮存固废未排放进入环境则不考虑产生的影响），再次之为海上油气勘探开发、涉海工程及船舶溢漏油事故造成的影响。最后在生态环境影响的成本核算基础上，通过各利益相关者的协商共同参与确定补偿标准。

3. 补偿责任的确定原则

生态环境影响的经济补偿是多方经济利益相关者对权利、义务、责任的博弈过程，最终确定的经济补偿结果是利益方相互间平衡的结果。而经济补偿责任主体应根据对应的事件以经济补偿责任原则来确认。经济补偿的原则主要有污染者付费原则（PPP）、使用者付费原则（UPP）、受益者付费原则（BPP）及保护者得到补偿原则。从经济补偿主要责任角度及资金来源角度来看，主要从污染者付费原则、使用者付费原则以及受益者付费原则来考虑。污染者付费原则（PPP）主要应用于环境污染或破坏的情况，主要针对责任方（生态环境污染者）对公益性生态环境产生的不良影响，引起生态系统服务功能的退化所进行的补偿，强调责任方对环境污染造成的损失及防治污染费用的承担，而不应转嫁给个人、社会和政府，明确了责任方治理污染及防治污染的责任[1]。结合长三角海岸生态损害的情况及其对地方生态环境影响，主要从近海海域污染和陆源污染两个方面造成地方生态环境污染的角度研究，即考虑长三角海岸生态损害对沿岸产生的环境污染和破坏情况。因此补偿责任的确定原则应当遵循污染者付费原则（PPP）。同时长三角海岸带因生态损害上缴的税费由上级政府（中央和省政府、沿线各市、县区政府）收取，其中大部分由中央和省政府、沿岸各市政府收取，即上级政府获取了污染破坏产生的经济利益，也从环境污染中获益。

---

① 贾欣．海洋生态补偿机制研究［D］．青岛：中国海洋大学，2010.

4. 经济补偿责任的法律关系原则

通过法律制度确定相关责任，生态环境影响的经济补偿是指有民事责任能力的法人和自然人，分为经济补偿的实施主体（给付主体和接受主体）和经济补偿的受益主体（政府、国家和全体人民，一般全体人民被转化为政府）的法律关系。长三角海岸生态损害对沿岸产生的环境污染和破坏产生影响的直接受害者是经济补偿的受益主体。从法律关系的角度，政府是生态服务功能的行政管理主体、环境资源价值的所有人主体以及享受财税的利益主体。

（四）实践局限

长三角各级政府近 10 年来在海岸带生态补偿机制建设方面进行了一些有益的探索，但总体存在如下问题：生态补偿机制的理论与其在海洋领域的实践还未有效统一，海洋生态补偿长效机制还没有建立，补偿方式单一、资金投入有限、补偿主体和标准不明等问题突出。

1. 海岸带生态补偿资金投入有限

环保资金用于陆源污染治理较多，用于海洋生态建设较少。这和海洋环境污染有 80% 来源于陆源的客观事实有关。但海洋生态建设也需要大量资金投入，如果资金投入不及时，一旦超过生态系统的自我修复限度，所需要的资金量将呈几何级数上升。从浙江省来看，迫切需要进行海洋生态建设的地方普遍位于偏远海岛地区，这些地方经济不是特别发达，地方财力有限，而生态建设的任务又十分迫切。例如，浙江省已建立的 11 个海洋保护区基本都处于生态敏感和脆弱地区，而保护区的经费仅能应付核心区管理事务，管理人员少，科研设备缺，全面监管和保护整个区域存在普遍困难。

2. 海岸带生态补偿机制单一，补偿标准局限性大

当前，生态补偿资金投入主要来自于省政府转移支付。省政府生态资金转移支付总额虽然呈逐年增长的趋势，但海岸带生态建设的占比仍然较小。2008 年以来，长三角部分省市开始进行海洋工程建设项目对海洋生物资源损害的补偿试点。可以说，陆海之间，河海之间，不同群体之间的横向转移支付基本没有。长三角海岸带生态补偿机制尚处于探索阶段，对海洋生态系统服务功能价值的认识还不统一，生态补偿金额计算方法还不完善。例如，现阶段补偿建设项目也仅针对资源损失大，危害明显的围填海、海上爆破等工程，补偿计算依据仅为渔业资源损失①。

3. 海岸带生态补偿缺乏长效机制和统筹规划

海洋及海岸带生态环境保护涉及环保、水利、海洋、渔业、林业、海事等多个方

---

① 安鑫龙，齐遵利，李雪梅，等. 海岸带生态环境问题及其解决途径 [J]. 安徽农业科学，2008（27）：11967-11969.

面，生态保护需要多个部门间的协调配合和统筹推进。现行中，环保部门对环境保护工作进行统一监督管理，主导制订和执行生态补偿等环保政策。海洋、渔业等部门在各自职能范围内实施具体的生态补偿政策。海洋生态治理和建设在资金投入、区域治理、监督管理等方面难以形成合力。以现行海洋补偿机制为例，生态补偿金都是以项目、工程的方式组织实施的，虽然可操作性强，但是海域环境天然具有整体性特征，单个项目之间缺乏统筹安排和协调规划，生态建设难以形成合力。

4. 海岸带生态补偿方式使补偿者与受益者之间的利益关系相脱节

生态补偿最终是要形成生态环境的受益者和损害者付费、保护建设者得到合理补偿的一种机制。沿岸各省关于推进生态文明建设的决定亦指出，按照"谁保护、谁受益"，"谁改善、谁得益，谁贡献大、谁多得益"原则，健全生态环保财力转移支付制度。然而，现有的生态补偿限于行政区划、组织方式以及政策因素等，难以做到海域整体规划与整治，再加上生态补偿的主体、客体不清晰，致使出现"海洋负担、陆域受益"，"渔民负担、政企受益"，"生态建设者负担、资源开发者受益"的不合理局面。

5. 海岸带生态建设未有效统筹生态和经济效益

从现行海洋环保政策看，政策硬性规定多，将环保效益转化为经济效益的理念不够。生态建设与当地居民、周边群众的生产生活、脱贫致富不能有机结合，很难得到当地群众的支持。以浙江省南麂列岛国家自然保护区为例①，按照条例规定保护区的核心区和缓冲区属于限制和禁止开发，然而，南麂海域一直是当地渔民传统作业渔区和贝藻产品采捕场所，是提供当地居民生活和生产资源的基础，由于禁止大规模贝藻类采捕作业，海洋和渔业资源的利用受到很大限制，使当地社区居民的经济收入相对减少。实际上，由于缺乏和当地群众的广泛联系和支持，保护区的强制生态保护措施，既牺牲了当地岛民的采捕作业收益和发展机会，又因管护工作付出了公共成本。保护和开发之间的矛盾需要建立合适的生态补偿机制来消除外部性，达到生态资源的最优配置。

（五）实现保障

针对长三角地区探索海岸带生态补偿机制建设的实践局限性，未来长三角海岸带生态损害补偿研究，应在明晰海洋生态损害形成机理的基础上，结合区域社会经济发展阶段和发展水平，构建海岸带生态损害补偿标准的核算体系，形成科学的生态损害补偿标准，以有效矫正海洋生态损害事件中环境和经济效益的分配关系，资金筹集，

---

① 阮成宗，孔梅，廖静，等. 浙江省海洋生态补偿机制实践中的问题与对策建议 [J]. 海洋开发与管理，2013（3）：89-91.

甚至建立海岸海洋超级基金等。

1. 体制保障

主要包括建立海岸带生态补偿的行政责任机制、建立海岸带生态资源价值评价机制、建立海洋生态产品的生产认证机制三方面。

第一，海岸带生态补偿的行政责任机制，首要落实在各级沿海政府改革和完善领导干部政绩考核机制，建立领导干部任期海岸海域生态环境质量责任制和行政问责制，从而能够促进领导干部树立正确的政绩观，积极探索将海岸带生态资源和环境成本纳入当地的经济发展评价体系中的方法。此外，将海岸带生态保护和建设的目标纳入党政领导干部的政绩考核指标体系中，并逐步增加其在考核体系中的权重，可以考虑将海水水质达标率、万元 GDP 排污强度、群众对海岸带环境满意度等指标纳入其中，逐步形成科学的海岸带生态环境质量标准体系。建立海陆联动的海岸带环境保护协调机制，将海岸带环境保护纳入环境保护责任目标，实行严格的责任考核与追究制度[①]。

第二，建立海岸带生态资源价值评价机制。货币化海岸带生态系统服务功能的增减变化是海岸带生态补偿前提条件，因此应尽快建立海岸带生态资源价值评价机制。首先，各地的海岸带生态补偿主管部门牵头成立当地的海岸带生态资源价值评估机构，也可以授权一些海岸带环境科学方面的科研机构对当地海岸带生态资源的价值进行评估，在形成初步的结论以后，会同经济学界、法学界、企业界的代表及社会公众代表论证，决定最后的评估价值。通过评估，一方面可以为海岸带生态补偿对象提供主张生态补偿的依据；另一方面还为海岸带生态资源贴上了"价值标签"，使海岸带经济主体及公众树立海岸带环境成本意识，从而促进其自觉地进行海岸带生态保护和建设[②]。

第三，建立海洋生态产品的生产认证机制。推行海洋生态产品标志也是一种海洋生态补偿的途径，消费者以高于一般海产品的价格购买了采用环境友好方式生产的海产品，实际上是对生产这类产品所付出的海洋生态保护的额外成本所进行的间接补偿。我国的海洋生态标志产品的消费市场已经形成，为利用海洋生态标志这种手段来实施海洋生态补偿提供了有利条件。因此，国家和政府应尽快建立海洋生态产品的生产认证机制。首先应由国家有关部门制定专门的海产品生产体系的生态认证标准，根据这一标准对海产品生产、加工等各个环节进行检测，如检测结果达到认证标准即发放生态标志，可以授权第三方认证机构来实施检验认证。其次，各级沿海政府要通过实施各种扶持和优惠政策鼓励海洋生态产品的生产，从而形成海洋生态产品生产的激励机制，引导生产者将海洋生态优势转化为海洋生态产品优势。国家和政府要通过各种途

---

① 沈瑞生，冯砚青，牛佳．中国海岸带环境问题及其可持续发展对策 [J]．地域研究与开发，2005（3）：124–128.

② 骆永明．中国海岸带可持续发展中的生态环境问题与海岸科学发展 [J]．中国科学院院刊，2016（10）：1133–1142.

径，积极向消费者推荐获得生态标签的海产品和生产企业，帮助企业塑造绿色生产—绿色消费的价值链体系①。

2. 财政实现

财政实现主要指海岸带生态补偿财政资金运作模式，关键在于资金流向以及依附于或服务于资金流向的补偿要素②。生态补偿要素包括补偿主体、补偿客体、补偿原则、补偿标准和补偿方式等。在诸多要素中，补偿资金是关键，资金流向是主线。而海岸带生态补偿的资金链条主要通过财政手段发挥作用，海洋生态补偿工作顺利进行离不开财政的实现机制。财政实现主要通过三方面来发挥作用：资金筹集机制、资金预算机制、资金分配机制（图7-4）。

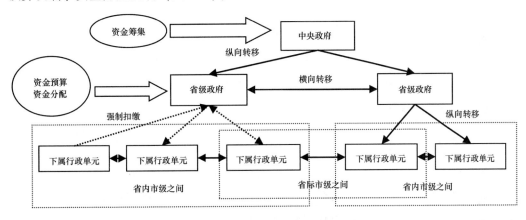

图 7-4　生态损害补偿财政实现流程图

（1）资金筹集机制。海岸带生态补偿资金主要包括海域使用金、海洋倾倒费、海洋工程排污费，以及溢油补偿等其他海岸带生态损害赔偿和损失补偿资金等。通过财政的资金筹集机制，不断加强海域使用金征收管理，严格海域使用金减免审查，实现海岸带生态系统的补偿，确保海域国有资源性资产的保值增值。

（2）资金预算机制。预算是对未来特定时间段内经费的安排，对收支进行预测和计划。财政预算是政府活动的计划安排，反映了财政活动的范围、政策手段以及特定期间的政府政策目标。从财政角度看，财政预算是由政府编制的、反映政府在一个财政年度内的收支计划，并且经立法机关审批的管理活动。

（3）资金分配机制。财政筹集的资金纳入中央国库、地方国库后，需要进行统筹安排，合理计划各项海洋生态补偿项目。如何最大限度地筹集海岸带生态补偿资金，

①　王佳宏. 海岸带生态补偿机制研究［D］. 大连理工大学，2011.

②　谢慧明，俞梦绮，沈满洪. 国内水生态补偿财政资金运作模式研究：资金流向与补偿要素视角［J］. 中国地质大学学报（社会科学版），2016（5）：30-41.

以及对补偿海洋生物多样性、清理海洋垃圾、建设海洋生态自然保护区、进行海洋生态补偿的科研、采购海洋生态科技产品、海洋生态保护知识宣传教育、渔民转业转产技能培训和生活补贴等项目应当如何按照需求和重要程度进行资金分配，实现海岸带生态补偿的最大效用，都需要财政的预算机制对海岸带生态补偿资金的收入和支出进行合理规划。政府通过财政购买性支出进行海域使用权招标等的采购，基本可以实现海岸带生态补偿的功能。但是海岸带生态补偿工作通常会面临资金缺口，这是由海洋生态系统的公共物品特性决定的，其具有明显公共物品特性的海洋生态环境等产品和服务，更需要国家财政通过转移性支出对海岸带生态保护中做出贡献者和受到损失者进行补偿，并且投资兴建海岸带生态保护项目，对海岸带生态系统的平衡和健康发展、海洋经济的可持续发展都具有长远意义。财政补贴是一种转移性支出。从政府角度看，支付是无偿的；从领取补贴者角度看，意味着实际收入的增加，经济状况较之前有所改善。例如，对于渔民转业转产进行补贴，保护渔民利益，渔民得到补贴使得其实际收入与转业之前大体相当，才能稳定物价、维护社会安定①。

三、共同保障

海岸带生态环境共同治理已成为各国海洋环境保护的主要内容之一。长三角海岸带生态环境保护，控制污染源的关键在政府。应提高全民族现代海岸带管理及海岸带生态环境保护意识，以及在公众参与机制及监管、第三方监测评估机制方面多下功夫，形成对长三角海岸带生态环境共治的共同保障。

（一）公众参与机制

建立和完善公众参与制度，保证环境政策得到有效实施，推进生态文明进程。随着长三角地区经济的不断发展，市场化程度不断提高，对环境质量的要求必然会发生很大变化，越来越多的生态环境问题涉及政府政策与其他利益主体、利益集团等之间的协调问题，长三角地方政府在制定政策过程中需要广泛听取各方面的意见，通过建立完善的公众参与机制，吸纳公众参与决策，认真听取公众意见，主动接受公众建议，自觉接受公众监督，在决策中形成全社会成员的共同意志和行动，才能确保环境决策的科学性、公开性和透明度，有利于环境政策目标的实现②。

1. 完善公众参与的法律法规

长三角公众参与的途径十分有限，在实践过程中也主要是针对污染、破坏环境的行为危害到自身利益的时候才会主动去采取一些手段和措施来维护自己的环境权益，

① 沈海翠. 海洋生态补偿的财政实现机制研究［D］. 青岛：中国海洋大学，2013.
② 张玉麟. 长三角地区区域环境法治化管理的困境及对策［D］. 上海：上海大学，2014.

是一种消极的事后补救行为，只有实现长三角公众对环境的全过程管理，才是长三角实现环境保护制度化的重要途径。通过对公众参与做出详细的规定，建立全过程参与的机制，拓宽公众参与的领域，确保公众参与的真正实现。要完善长三角地方性法律法规，明确公众所享有的各项环境权利和义务，做到具体、明晰，并且在程序上，能够切实保障公众环境权利的实现途径。长三角生态环境治理要积极培育公众的生态意识，发扬环境民主，实现环境决策的民主化和科学性，以公众为推动力更好的推动生态环境治理活动的深入开展。

2. 健全长三角公众的表达机制

一般来说，政府部门掌握着大量的公共资源，作为公众环境资源管理的代理人，通过适当的方式让公众表达对环境状况的评价，政府及其部门有条件也有义务为公众参与提供各种途径，倾听公众意见，改善环境管理，公众的参与途径之所以不够丰富，这是与政府的相关政策不具体或者是虽有政策，但未落到实处分不开的。建立健全公众的表达机制，有利于公众更广泛的参与环境管理、监督政府行为、提出合理化建议，推动环境治理工作的全面开展。

3. 培育长三角社会团体的发展

完善公众参与，发展环境保护社会团体和环境保护群众运动，是实现环境民主和公众参与的组织保证和社会基础。环境保护公众参与的主体可分为个人和组织两种形式。一般来讲，由于环境问题的复杂性、多样性、突发性等特点，单凭个人力量不能很好的解决环境问题，必须依靠一定的组织形式才能更好地发挥公众参与的作用。一些西方国家公众参与的良好运行是与民间环保组织的发展分不开的。从我国目前的状况来看，绝大多数的环保组织是官方或半官方的社会团体和各种学会，真正意义上的民间环保组织数量少，而且规模小，力量不强。长三角地区的环保组织目前发展仍处于初级阶段，没有形成一定的规模。所以，当务之急是要从法律、制度、舆论宣传等各个方面积极培植、扶持和引导民间环保组织的发展，加强公众参与的组织保障，培育公众参与的社会基础，充分发挥公众参与的重要作用。

（二）监管、第三方监测评估机制

为提高环境监测数据公信力，增加各企业达标排放情况的透明度，同时进一步提高生态环境监管水平，长三角在对海岸带生态环境治理时应引进环境科技专业机构，以探索和推行第三方机构环境风险评估及环境监管机制，其可以有效推动海岸带生态环境保护信息公开和环境管理水平的提升。实行第三方监测评估机制，是将环境监测推向市场化的第三方环境服务，不仅能为企业及公众提供客观公正、准确可靠、实时连续的环境监测数据，还将彻底解决长三角海岸带长期以来环境监测机构贫乏的实际困难，为长三角掌握区域环境状况和有效治理环境提供科学数据及合理化的建议①。

1. 监管体制

长三角有许多海洋监测机构，例如国家海洋局东海分局和各省市海洋监测中心等，但这些海洋机构都是相对独立的，但也相互制约，海洋机构尚未完全统一监测标准、设备等。因为没有统一的监测标准，导致数据并不统一。虽然海洋监测管理体制众多，但没有共同研究，没有资源共享，导致海洋监管体制的不完善②。因此，要推进在线监控体系建设，提升海洋环境管控能力；夯实海洋环境监测基础。以推进各项监测能力建设为目标，以应对长三角近海海域洋流特性为重点，国家海洋局东海分局会同苏沪浙两省一市海洋行政主管部门于 2015 年 12 月 23 日通过了《长三角海洋生态环境立体监测网建设及动态评估专项工作方案》，该专项聚焦长江口和周边海域典型环境脆弱区及敏感区，以立体监测、实时掌控，动态评估、测管协同，信息共享、区域联动，业务驱动、科技支撑为目标。在此基础上，整合现有监测站点，建设由海洋环境状况、生态状况、入海污染源状况、风险防控应急和海洋环境监管 5 个子网组成的立体监测网络，开展对长三角海域环境和生态状况、入海污染物总量、水交换与跨界输移、环境风险和监管效果的动态评估，力求监测范围覆盖整个长三角海域，为苏沪浙协同测管与风险防范提供及时准确的科学依据。此外，正在推进信息的公开、共享和实时预警。根据《国家海洋环境实时在线系统总体布局及建设思路》，东海分局前期在舟山、洋口港、芦潮港岸基站在线监测试点工作基础上，经过精心选址和方案设计，稳步推进陆源入海污染物在线监控体系建设，新建 4 套入海排污口在线监测系统，而后根据国家海洋局的要求，东海分局提出东海区海洋站"一站多能"建设布局规划设想，继续推进"一站多能"建设。组织开展第二批 10 个海洋站监测能力建设③。浙江省 2016年完成了全省海洋环境监测信息智能服务系统在省级平台的部署，在温州南麂列岛国家级海洋自然保护区海域以及宁波市大型河流入海口、重点排污口邻近海域等布放 7套在线监控系统，进一步完善海洋环境自动监测系统。在不断推进在线监测体系建设的基础上，还应继续优化长三角近岸海域监测评价业务网络布局，提升海洋（中心）站综合监测业务能力，为深化海区生态环境保护工作夯实基础，推进生态环境监测监视朝立体化、全覆盖发展④。

在建立海岸带污染事故实时预警的监管机制方面，应制定应急预案，强化环境应急手段。省际海岸带污染事故发生后，当地基层环保部门应立即将情况报告省级环保部门和国家环保总局，同时通报相关兄弟省市，以便各方尽快采取应急对策。目前国

① 铁燕．中国环境管理体制改革研究［D］．武汉：武汉大学，2010.
② 王翠．基于生态系统的海岸带综合管理模式研究［D］．青岛：中国海洋大学，2009.
③ 国家海洋局东海分局．东海区海洋环境公报［R］．2016.
④ 李惠英．海岸带生态环境污染及调控对策［J］．环境保护，1997（12）：38-40.

家生态环境部已成立了"环境应急与事故调查中心"，长三角要争取中央部门加强对区域间海岸带污染纠纷的监督检查，督促责任方采取有效措施，尽快消除污染影响，优化预警通知手段，快速高效地向兄弟城市提供实时有效的预警及监测信息。

2. 第三方监测评估机制

将项目建设和运营以公私合营方式、委托运营方式、股权转让方式交由专业化环保公司负责，在行政合作模式下积极推进海岸海洋环境污染第三方监测评估机制，必须理清政府、企业和第三方之间的权力和义务关系（图7-5）。第一，地方政府在污染治理中起到主导作用，对污染企业和污染治理第三方进行责任划分并实行监管；第二，形成污染治理激励与约束机制，对第三方治理主体给予相关的政策支持，包括建立第三方治理扶持基金，税收优惠，金融支持等，并对污染企业以及第三方治理进行监管，避免污染企业之间的逆向选择发生；第三，污染企业和污染治理第三方共担污染治理责任，污染企业将污染治理通过购买、委托等形式交给第三方，并向第三方支付污染治理费用，对第三方治理进行效率评价；污染治理第三方对污染企业负责、对地方政府负责、承担污染治理责任。

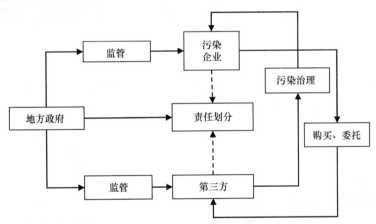

图7-5　污染治理主体互动关系

为了充分发挥长三角生态环境污染第三方治理模式的功能，必须采取切实可行的措施，实现政府、排污企业和第三方企业相互关系的理想状态。构建长三角海岸带生态环境污染第三方治理体系设计及实施路径（图7-6）。健全法律法规和标准体系，以明确各方主体的权责；完善环境监管服务，加强执法，创造第三方治理市场需求；强化经济政策支持，以扶持第三方治理企业，培育第三方治理市场；规范市场价格机制，维护市场秩序，完善市场交易环境；开展企业环境诚信评价，提高信息透明度，防范逆向选择和道德风险等市场失灵情况①。在推进生态文明建设的过程中，从根本上改变地方政府的政绩观，建立起完善的激励与约束机制，加大中央政府对地方政府的纵向转移支付，构建地方政府之间的横向转移支付制度，形成跨界治理的局面，实现长三角海洋产业结构的转型与升级，解决长期以来形成的海岸带生态环境污染问题②。

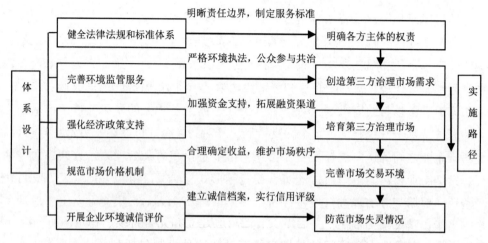

图7-6　长三角海岸带生态环境污染第三方治理体系设计及实施路径

第三节　长三角海岸带生态环境跨域治理的操作策略

区域生态环境治理中最核心的问题是环境利益在地方政府、企业、社会公众之间如何实现最大限度的普惠与共享，当务之急是要实现区域生态环境协同治理，增进共容利益。只有社会中的所有成员都拥有共容利益，才会减少利益主体搭便车的可能，避免社会成员通过偏离合作的策略而实现套利。而协同治理是多元主体追求公共利益、形成良性互动和谐关系的过程，为增进地方政府、企业和社会公众等协同治理主体间的共容利益，并使之转化为环境治理的激励动因，需要建立和完善相应的法律、制度、机制。因此，长三角海岸带生态保护共治，未来要建立多元治理的共治机制、形成共同治理的整合机制和契约治理的保护机制、强调绩效治理的评估机制、倡导过程治理的引领机制，以共建区域环境保护体系，推动区域环境质量改善，提高区域环境保护科技交流水平，创新主体参与环境保护模式，促进区域海洋生态环境安全。

---

① 董战峰，董玮，田淑英，等. 我国环境污染第三方治理机制改革路线图 [J]. 中国环境管理，2016 (4)：52-59.

② 刘超. 管制、互动与环境污染第三方治理 [J]. 中国人口·资源与环境，2015 (2)：96-104.

一、以协同治理为核心，建立多元治理的共治机制

在一个行政区域内，生态环境治理主体主要包括地方政府、企业和公众；而作为跨行政区域的长三角区域，情况更加复杂，既包括各辖区的地方政府、企业和公众，还包括跨界的相关机构，如原国家海洋局东海分局以及中央政府等多方面利益主体。其中，对环境问题影响最直接、最重要的主体是地方政府、企业与公众。从地位和作用上看，政府是"管制者兼被监督者"、企业是"被管制者兼被监督者"、公众是"监督者"，三者相辅相成，相互制约。长三角海岸带生态环境治理是一项系统工程，需要各主体的共同参与，充分发挥地方政府的主导作用和企业、公众等主体的优势，各取所长，形成合力，共同维护区域环境利益①。

（一）地方政府间的协作机制

现阶段长三角区域地方政府之间在环境治理上已经产生了一些主动自愿的合作，但是这些合作缺乏制度化保障。地方政府之间应建立和完善持续、稳定的协同合作的制度化机制，实现地方政府间的长期良性互动。这种机制包括利益协调与补偿机制、环境信息公开与共享机制、环境基础设施共建与共享机制以及环境保护联合执法机制、协同治理的监督机制，以联合共治取代恶性竞争，以优势互补促进共同发展。

（二）地方政府与企业的协作机制

随着地方官员的绩效考核体系重构和环境问责机制的建立，地方政府来自上级政府和公众两方面的压力加大，急需在环境保护和经济增长之间寻求一个平衡点。企业则面临着政府运用经济和环境政策工具改变市场竞争结构的压力、消费者绿色消费的压力、社会舆论的压力，也急需通过建立社会责任体系、主动承担环境责任来树立良好的企业社会形象。地方政府与企业间存在着牢固的、不可分离的"共容利益"，在环境治理中有着长久合作的基础和动因。在海岸带生态环境治理中，长三角地方政府与企业可以通过行业协会或商会进行互动、交涉、谈判，一方面加强政府对企业的环境监管，从源头上避免或减少环境污染和破坏；另一方面引导和激励企业服从环境规制，获得税收减免、信贷优惠、政府采购等利益回报，从而实现政府与企业双赢。

（三）企业间的协作机制

企业与企业之间除了竞争关系之外，还存在着基于共同利益的合作关系。在治理

---

① 赵美珍. 长三角区域环境治理主体的利益共容与协同［J］. 南通大学学报（社会科学版），2016（2）：1-7.

环境污染问题上，企业单独依靠自身的努力很难完成，而且成本高昂，因此企业之间的污染治理合作便成为可能。长三角地区应通过产业协会或行业商会推动长三角企业间的协作，形成污染治理战略联盟。推动"在环境管制下，两个或两个以上的企业为了完成既定的污染治理目标和实现最佳污染削减投资费用而形成的一种长期或短期的合作关系"① 的快速形成。企业治污联盟既是企业承担社会责任的体现，又是企业自我生存和发展的需要。通过战略联盟，能够形成共同的集体行动，实现污染治理的规模效应。

（四）地方政府、企业与公众的协作机制

长三角海岸带生态环境治理具有跨域性和复杂性，更加需要地方政府、企业和公众的通力合作，搭建治理的协作平台。在出台重大环境决策和解决环境突发事件中，应当充分发挥环境 NGO 的作用，避免地方政府囿于行政区划对环境治理的局限性，摆脱企业的利益顾虑，弥补公众个体参与环境治理能力的不足，评价和监督地方政府环境行政行为和企业环境污染行为，提高公众的环境意识②，从而有利于地方政府、企业、公众等主体在环境协同治理框架下追求各自的利益，同时促进长三角环境治理目标的实现。应积极推进海洋环境公益诉讼和企业参与生态补偿基金、区域海岸海洋生态环境治理超级基金的运作。

此外，长三角海岸环境治理不仅需要各地方政府对辖区内的环境监管和辖区相互间的合作治理，也需要企业与社会公众的参与，需要政府与社会的联动③。在长三角环境治理中既要加强占主导地位的地方政府之间的协同，也要扩大以行业协会或商会为代表的企业之间的协同以及政府、企业和以环境 NGO 为代表的公众之间的协同，形成立体化的协同治理长效机制，实现区域环保一体化，形成以政府为主导、群众参与、企业配合的运转顺畅、充满活力、富有成效的生态环境保护社会化格局，发挥各自优势和作用，创新合作模式，践行环境保护。

二、以健全法规为手段，形成共同治理的整合机制

长三角海岸带生态系统管理是一项涉及部门多、社会性强、协调难度大的事业，建立完善的海岸带管理政策法规体系，颁布海岸带综合管理的法律法规是依法行政的必要要求，也是综合管理取得成效的根本保证。因此，应进一步加快海岸带立法进程，

---

① 朱德米. 地方政府与企业环境治理合作关系的形成——以太湖流域水污染防治为例 [J]. 上海行政学院学报，2010，11（1）：56-66.
② 朱玲，万玉秋，缪旭波，等. 无缝隙理论视角下的跨区域环境监管模式 [J]. 四川环境，2010，29（2）：6-8.
③ 施从美. 长三角区域环境治理视域下的生态文明建设 [J]. 社会科学，2010（5）：13-20.

不断完善海岸带管理法规体系，为海岸带综合管理创造一个良好的法制环境。此外，在整个长三角范围内广泛加强相关法律、法规及管理条例的宣传与教育，动员全社会的力量自愿参与到海岸带综合管理保护工作中，使之真正做到开发建设与管理保护和谐统一。在制定和改进有关法律政策的同时，还要加强法规、政策的实施与落实，强化执法力度，做到有法可依，违法必究。

长三角地区，在促进共同构建海岸带生态环境保护体系上虽已经做了不少努力，但还未达到预期的效果，仍需继续。截至 2016 年，江苏、上海、浙江海洋生态保护红线划定方案均已完成，并通过了国家海洋局组织的专题审查，经省级政府批准发布后将予以实施。江苏省编制了省级海洋主体功能区规划，出台了《江苏省海洋生物资源损害赔偿和损失补偿评估办法》，印发了《江苏省海洋生态文明建设行动方案（2015—2020 年）》，南通、盐城、连云港 3 个地级市及所辖沿海 13 个县级海洋功能区划全部获省政府批准。浙江省印发了《浙江省海洋生态环境保护"十三五"规划》，编制了《宁波市象山港海洋生态红线区划定方案（2016—2030 年）》；根据原国家海洋局"蓝色海湾"整治的总体部署，编制了《宁波市蓝色海湾整治行动实施方案》；宁波市出台了《宁波市海洋生态环境治理修复若干规定》。各职能部门围绕着部门的职责和管理权限组织编制和实施各自的规划，对于同一用地空间多种规划同时运行。而各部门的职责和管理权限不同，对于同一规划空间的视角不同，其规划的导向自然存在分歧。可见，海岸带相关规划的多规融合至关重要。要切实实施和落实海岸带规划，则必须明确实施的行政主体，建议委托某个主要部门负责和牵头，形成由海洋渔业、城市规划、环保、国土、交通等部门共同组建的海岸带协调管理委员会，实施海岸带规划及其实施与管理，建立海岸带"多规融合"顶层设计，构建全域统一的空间信息联动管理和业务协同平台推进"多规合一"。

1. 联手推进重点海域治理

除继续做好重点海岸带综合整治外，还要完成一般岸段的整治。为落实环境质量目标管理，加强对长三角海洋环境督察，推进重点海域生态修复。主要内容包括污染总量控制、重要经济鱼类种群资源生态修复、滨海湿地生态修复、重大工程区生态功能修复、长江口盐水入侵治理及防治等五个方面。初步实现近岸海域生态修复，典型河口港湾生态系统得到初步修复，渔场功能基本恢复，海洋生态系统健康发展。

2. 强化污水处理设施建设和联防联控成效

长三角地区应继续推进重点海域污染物总量控制以及资源环境承载能力评估试点工作。浙江省在象山港海域开展污染物总量控制及减排考核，实施《2016 年象山港污染物总量控制及减排目标确定工作方案》，诊断分析导致承载能力超载或临界超载的人为活动根源。江苏省连云港市、上海市奉贤区、浙江省洞头区和乐清市等开展基于典型生态系统以及区、县不同级别行政单元的海洋资源环境承载力监测预警工作；建立跨界海岸带共同监测和信息发布机制，促进县（区）间监测信息共享；对入海排污口、入海河口及邻近海域实施跟踪监测，基本实现入海排污监测全覆盖。

在长三角海岸带生态环境保护管理中，应将海陆交汇区作为一个整体来考虑。组织对海洋工程和岸线排污情况进行全面调查和海陆执法检查，坚决制止长三角地区非法填海造地的行为和违章施工的作业方式；加强入海污染源的控制，实行陆源排污入海总量控制制度；加强对海水养殖生产的监督检查，进一步规范海水养殖功能区的管理，保护生态资源；对航道、锚地进行清理整顿，确保航道水质；对长三角海湾及邻近海岸带污染严重区域开展海洋环境综合治理，逐步使近岸海域生态系统达到良性循环。

此外，大力实施沿海城市协调治污、近岸海域污染跨界监管、陆源污染控制等联防联控联治，建立专门的环境保护协调机制、信息通报机制、污染整治工作协作机制，共享环境监测信息，环评会商交流，共御环境风险，从而提高长三角海岸带生态环境保护的执法效率，共同打击环境违法行为，形成有效的联防、联控和联治机制，化解和减少环境风险，减少污染纠纷，共同致力区域环境质量改善，切实保障人民群众健康安全。

三、以项目活动为载体，形成契约治理的保护机制

长三角海岸带虽然涉及不同的省（直辖市），但本身是一个生态系统，因此需要各省（直辖市）充分发挥各地优势，共同制定海岸带生态环境保护防范体系标准，把住源头，形成合力，推进海岸带生态环境保护工作有序开展。在协同建设中，每个城市的行动目的要一致，要找准推进长三角海岸带生态环境共治的两个切入点：一是推进生态环境与经济的良性关系；二是构建海洋生态文化、海洋生态社会与海洋生态制度的良性关系。

生态优势是长三角海岸带地区未来发展的特色和亮点，因此长三角地区要积极推进区域性海岸海洋生态网络建设。加大海洋保护区选划申请力度，开展海区保护区工作总结及现场交流会，推进保护区规范化建设和管理①。构建以海岸湿地、海洋保护区、国家海洋公园等为载体的海岸海洋生态环境保护项目库，有序推进长三角海岸海洋生态环境治理的契约机制。此外，长三角海岸带各沿海市应依托已有的各类海洋自然保护区、滨海湿地公园、海洋牧场、海水浴场、滨海旅游度假区等构建海岸海洋生态功能区，着重加强区域海岸海洋生态保育与生态景观建设。

在长江三角洲海岸带范围内优先选择保育自然生态系统和濒危珍稀物种，建立自

---

① 国家海洋局东海分局．东海区海洋环境公报［R］．2016．

然保护区和特别保护区体系，开展宜人景观建设，建设生态长江口和生态杭州湾。重点建设沿江沿海防护林带、自然保护区体系与特别保护区、多功能生态鱼礁群等；加强海洋生态产业发展与循环经济建设，突出滨海生态旅游景观带建设、滩涂综合利用示范、海水综合利用示范、典型生态产业区建设、海上风力发电场建设等五个方面；全面提升包括海洋综合管理决策支持系统、环境监测与预报能力建设、标准与技术体系建设、海产品安全与赤潮防治、海洋灾害与突发事件应急体系建设、海洋生态文化培育、联合执法能力建设等在内的跨域海岸海洋生态系统为基础的海洋综合共治体制。

四、以循序渐进为动力，强调绩效治理的评估机制

长三角地区的海岸带生态环境治理，业已取得了长足的进步。但碍于行政区划，以及环境法规的冲突与执行主体的割裂，各地方政府在治理环境污染时，往往采取利己主义的行动，只关注内生的影响而忽略溢出效应对公共生态环境的恶劣影响，导致其不自觉地陷入"囚徒困境"。即便有原国家海洋局东海分局等上位机构的牵头与协调，多数海岸海洋共同治理工作大多停留在理论层面强调行政合作，或者纯粹从技术工作层面探讨相关标准、设施的建设，合作的实体化程度和可操作性较弱，对整个海岸带生态环境治理缺乏应有的监控权和执行权。因此，各地各部门必须加强对话与合作，着眼长远，从全局出发，形成一个统一的、具有可操作性的长效合作机制，不断提升联合治理的广度与深度，同时建立起一套事故应急机制，在预警和联手采取应急对策方面能够分工合作、步调一致，不推脱、不错乱，及时有效地消除污染影响。

长三角区域地方政府间的合作评估活动，主要以政府工作报告的形式得以反馈和总结，而考评主体基本上是各级政府部门本身，其考评的内容也以能够反映其自身政绩的部分为侧重，故而很少就横向政府之间的关系、开展具体合作项目的实际进展做出评估反馈。最为致命的是，在现行以政府工作报告为主的评估机制下，长三角地区政府的绩效评估基本上是各自为政，仅体现本地区的发展进步，而很少就地方政府间的合作进行评估，对政府间的关系、协作程度几乎没有涉及，这种对府际关系不够重视的倾向是影响区域合作深度开展所不容忽视的因素，也能够解释为什么很多政府间的合作项目在领导人换届后就搁置不前了。因此，必须将地方政府间的合作开展情况纳入政绩考核，并规范化、常态化，以期获得其应有的激励作用和示范效应。例如，可以借助制定相应的法律法规和下达政府文件，统一规定各地方政府必须预留一定比例的政府预算作为建立第三方合作评估的基础资金，并就地方政府在参与政府间合作的配合度和贡献值等关键要素上，以一定的考评周期和测评结果予以输出，并通过特定的渠道予以公示。对地方政府间的合作进程实施绩效评估之所以在当前情况下难以为继，不仅是因为缺乏资金和技术支持，更在于缺乏一个有效约束的制度环境，这也导致了相关部门的重视不够，甚至是抱有一种抵触心理来对待现有的绩效考核。

　　长三角区域的地方政府间合作的绩效评估开展，必须要有跨域协调机构或者是有对各级地方政府通行的法律法规或政策文件对其合作行为的绩效评估活动做出明确规定，并以一定的强制色彩予以监督，对不配合执行或者蒙混过关的部门在经济上和晋升空间上实施惩戒，以便引起相关部门及其领导和工作人员的重视。同时，必须要引入第三方专门评估机构来主导评估项目，选择合适的考评周期和测评指标，不断修正合作和评估环节中的问题。比如在利用上海社会科学院法律社会咨询中心提出的评估指标时，应当依照该地区现实的经济社会发展情况以及当前发生的影响地方人民生活质量的事件，围绕合作项目的主旨和阶段性目标，对法治化、经济效益、社会效益和生态效益四大一级指标做出优先级的排序，并结合相应的二、三级指标给出更为贴合现实需求的权重设计。

　　在评估地方政府合作时，建议基于生态效益指标的要求，将各地方政府的回应程度和配合解决公共问题的能力，以及实际工作绩效和社会满意度纳为评估重点，及时输出针对这一指标的评估分析报告，以便相关部门相互借鉴、共同改善，从而推动公共海域环境逐渐优化，更加符合人们对健康生活的环境需要。伴随长三角地区的政府间合作而展开的绩效评估活动，作为一个循序渐进的往复过程，选择具有指导性价值的衡量指标做参照系，推动各个专项数据不断趋于合理化，必将造福于长三角地区的人民①。

五、以培育精神为根本，倡导过程治理的引领机制

　　大力弘扬长三角海岸带生态环境文化，建立符合长三角经济发展的海洋生态文明目标责任体系、考核办法和奖惩机制，树立尊重自然、顺应自然、保护自然的海洋生态文明理念。遵循"人际公平、代际公平、国际公平"准则，建立健全资源有偿使用制度、生态补偿制度、环境保护责任追究制度和环境损害赔偿制度等体系，进一步拓展海洋生态文明建设内涵、领域和任务。建立海洋生态环境保护决策支持平台，组织开展重要海洋生态环境保护政策选题和研究，共同打造"绿色长三角海岸带"。

　　推动社会参与，大力推进海洋文化建设。长三角地区业已利用世界海洋日、防灾减灾日、渔民节、海洋博览会等多种形式，不断发展长三角地区的海洋文化，构建了以渔民文化、海洋民俗文化、旅游文化、海岛文化等为主体，以海洋旅游、海洋食品、休闲渔业等为载体的海洋文化体系。① 举办了徐福故里海洋文化节、舟山群岛—中国海洋文化节、海洋食品博览会、青少年创意沙雕海洋文化节、开渔节等海洋文化节庆，借助"国际海洋周"平台，打造具有国际影响力的海洋生态文化节。在节庆文化活动和阵地活动中注重海洋文化内涵和艺术形式，营造海洋文化氛围，提升长三角地区海

---

① 叶堂林. 生态环境共建共享的国际经验［J］. 人民论坛，2015（6）：62-63.

洋文化归属感。② 持续开展现代化海岸带综合管理、海洋经济发展、海洋生态修复等领域的交流，展示现代海洋发展的成果与文化；充分挖掘海洋民俗和历史文化，渔民画、渔民号子、木船建造工艺、渔网编织技艺、海洋鱼类传统加工技艺等被纳入国家非物质文化遗产进行保护，积极丰富文化遗产新内容，创作具有海洋元素的江浙沪童谣等，通过丰富的传统与现代艺术形式的融合，打造精品海洋文化节目。③ 积极应用长三角地区海洋文化元素，融入到文化创意产业中来，打造具有本土特色的海洋文化创意产业模式，制作长三角海洋生态文化纪录片。④ 整合长三角海洋资源、市民对海洋资源的生态利用，以及历史的长三角海洋生态文化内容，形成海洋价值观的感性认识基础，拓展海洋生态资源的艺术功能。充分发挥海岛、湿地、鸟类等海洋景观资源在雕塑、绘画、文学、摄影中的价值，满足大众的精神需求，培养市民的艺术修养；建立海洋生态文学协会，增强海洋生态文学发展活力，创建海洋生态文学交流平台，甄选优秀文学，充分发挥文学在海洋意识塑造上的影响力。对长三角特色海洋文化进行整理和梳理，通过建筑、沙雕、绘画、表演等手段全面反映本土海洋民俗文化特色；打造艺术产业发展平台。通过舞蹈、绘画、江浙传统戏种、沙雕、文学等多种艺术形式，培养市民的艺术修养，提升文明程度；积极推进海洋环境宣传教育进社区、进学校、进农村、进企业，组成海洋环保志愿者队伍，形成全民参与海洋环境保护的良好局面；积极协调建设用海、渔业用海及娱乐用海的关系，提高海洋的可及性，让更多的市民游客亲海、近海，体验海洋的无穷魅力①。

通过海洋生态文化培育与建设，形成广泛的公众教育和公众参与机制，自上而下提高和增强现代海洋意识，树立海洋国家利益，形成符合长三角海洋文明的全面参与海岸海洋生态环境治理机制，逐步实现长三角海岸带生态环境治理的主体感、责任感与信任感。

① 刘缵延. 科学推进海洋生态文明建设［J］. 中国国情国力，2013（4）：15-17.

第八章　中国海岸带生态环境
跨域治理行动指引

　　长三角海岸带生态环境跨域治理的案例剖析表明，中国海岸带生态环境跨域治理关键是厘清不同尺度区域的政府、市场、社会的复杂主体关系及其利益均衡机制；海岸带生态环境跨域治理机制构建难点是如何制度化实践三重尺度跨域的海岸海洋人类活动利益主体及其利益博弈机制。具体而言：一是跨省、直辖市的海岸带生态环境治理是建立在府际关系的理论框架下，涉及中央政府对管辖国土的政府间关系的协调以及相同层级政府间的协作。二是跨（陆-海）功能区的陆向、海向污染治理则既涉及府际关系、又需要考虑海岸海洋生态环境保护政策的整体性与网络性问题，也面临一定的国家海洋权益的冲突。三是跨（滨海）乡镇的海岸带生态环境管理是地级市、县级行政单元范围内最易操作，又需横跨多部门协力攻克的难题，突破路径在于依托国家正在推进的县域"多规合一"，实现海岸带地区生态环境管理遵循一个共识的指导思想、一套统合的基础数据、一套可衔接的技术标准、一张可传递的目标指标表、一张统领的空间布局图、一个共享的规划信息管理平台、一套统一的规划体系。

第一节　中国海岸带生态环境跨域治理模式的选择

　　长三角海岸生态环境跨域治理路径与操作策略表明：

　　（1）中国海岸带生态环境在最基层行政单元——县域内部跨越乡镇行政界时宜采用以政策网络与新制度主义为主的"整合性"的理论模式，系以"新公共服务之催化型领导"为其主要策略行动，当然政府、企业、居民、NGO等多元主体参与式治理为主导，构筑策略性伙伴关系。

　　（2）省级行政单元内跨越县、市、区时，海岸带生态环境治理宜采用搭配体制理论、协力赋权理论与交易理论的"由下而上"的理论模式，具体策略为"横跨部门政策（cross-cutting policy）"，构建省内此区域协议或者"多规合一"的空间规划。

　　（3）跨越省级行政单元时的海岸带生态环境治理，宜采用以政治经济学和资源依赖理论整合而成的"由上而下"的理论模式，其策略行动为形塑"协力合作型政府（joined-up government）"，其典型代表是府际合作。

第二节 中国海岸带生态环境跨域治理模式的运作

一、县内跨乡镇海岸带生态环境治理的策略性伙伴关系运作

以英国海岸带管理经验为基础，同时并依据宪法、地方组织、财政收支等相关法规，提出地方多元主体参与互动的策略性伙伴关系。该模型将中央政府、地方政府及民间三方的力量与资源，投入在县域内海岸带生态环境治理的策略性伙伴运作机制中，具有府际协力、公私合伙以及公民参与等三种性质。这当中包含了四种核心操作类型以及两种一般合作方式（表8-1），将原本模糊的"伙伴关系"予以具体化并可实际运作。核心操作类型的参与者包含政府部门、企业、本地居民、NGO等；一般合作方式，则较偏向中央与地方政府部门之协力合作，或地方部门与本地企业合作。

表 8-1　地方性伙伴机制的操作类型

操作类型		海岸带生态环境治理事宜	实务近似案例	参与者组合
核心类型	联合生产伙伴	海岸带土地利用规划	入海流域水质监管	单一乡镇或县市与民间合作
	共同资源伙伴	海岸带污染监测网络	海岸带城镇垃圾处理互助协议	两个以上乡镇与民间合作
	合办投资伙伴	海岸带污染、灾害预警	海岸带基础设施建设	两个及以上乡镇间合作
	协力合作伙伴	海岸带可持续发展	海岸带多规合一	上级政府与单一县合作
一般合作方式	政策共管伙伴	海岸带多规合一、灾害防救	全民参与海岸带环境保护	上级政府与单一县合作
	顾客导向伙伴		海岸带生产用地审批程序	县内多个乡镇合作

本地化的策略性伙伴关系运作需要遵守如表8-2的8项环节，其中所涉及的人事、法制、预算、权限划分等诸多因素的影响，未必能够如此顺利地建立起伙伴机制。但无论如何，希冀在概念架构的转换下在海岸带生态国家地方自治中萌芽成长。以此为对话平台的与辖区内企业、居民、NGO等相互协商，使中央与地方对于国家重大政策方针有所共识，进而使国家总体发展与资源分配，能够站在全局性思维的制高点而且能善加赋权地方进行规划。

表 8-2   海岸带生态环境治理的地方策略性伙伴关系运作的环节

环节	基本内涵	要点	关键
参与对象	以中央政府、地方政府、社团、企业、居民为主要参与对象。而参与者之间为关系对等伙伴，而政府扮演促进者的角色，鼓励企业、社团的加入	对于加入的团体组织给予激励诱因，使目标团体具有参与意愿及贡献心力之热诚	政府（部门）之间发展跨域合作目标
运作机制	可以大会、委员会、论坛或工作小组等形式成立。其关键在于须依据县内各乡镇或社区等需求，以及参与者之规模而设置大会、委员会、论坛或工作小组等类型	赋予参与者有权自行决定运作形式，以维护伙伴参与之独立性与良好环境适应之弹性	伙伴成员之间需要了解为何要跨域合作
范围与类型	系以多元化的方式为前提，范围可依照中央、地方与民间三者排列组合共计有七种方式。同时再配合上议题所需之目的与策略，来设定为联合生产、共同资源、合办投资或协力合作等四种	必要时，可依政策议题之所需将伙伴操作类型扩展至政策共管与顾客导向两种方式	伙伴协力组织应发展共同策略
经费来源	"伙伴营运基金"依财政收支划分法之规定，由中央与地方按比例分担。民间企业则依据参与条例等相关法规规定，参与四种伙伴操作类型投资	非政府组织则透过伙伴营运基金提拨适当比例补助款	厘清伙伴成员的角色、期望、责任
领导权	必须由伙伴协商产生，不一定非得由公权部门参与者来担任，可依照操作类型的需要由伙伴协商而产生	所需要的资格乃是具备热诚，能够带领参与者一同合作实现的愿景，并据以拟定策略办法的能力	共同发展成功伙伴的合作文化
目标设定	伙伴共同设定目标后签订绩效契约。参与者提出各自所欲达成的目标，经过协商议价的过程之后，确立共同的策略性目标，并设定出工作指标，再由参与者签订伙伴绩效契约	伙伴能否达成所设定的目标，则有赖定期的绩效评估考核伙伴们的表现	建立适当的伙伴协力机制

续表

环节	基本内涵	要点	关键
绩效考核	参与者的加入或退出，均依照全方位伙伴考核机制办理。参与者都是伙伴关系中的利害关系人，故此机制运作之良劣与各利害关系人息息相关。同时，为避免参与者有"搭便车（free rider）"之行径，适当的进/退场机制则有其必要性	参与者依其性质（公、私部门、居民）分别有三种不同的考核方式，透过垂直、水平及参与三种考核，使利害关系人之间能够相互考核责任。让伙伴不仅对其他伙伴负责，也为自己的表现负责	与日常的公共服务提供系统相连结，或许可透过单一窗口、电话服务中心、网络。伙伴与网络均需要一套整合共享信息系统（使用电子邮件、共享资料库、视频会议等，便利创造财务系统、监测与决定目标、分担风险、选择评价系统等）
争议处理方式	以行政诉愿之方式，作为争议解决处理之办法。由于地方策略性伙伴为广义之行政主体，同时可接受行政机关委托行使公权力，假使伙伴之间合作事务发生重大争议，或执行不当以致损害人民其权利或利益之情形时，依诉愿法及行政诉讼法之规定办理	只要不涉及公权力之执行，则依民法之规定办理	伙伴或网络必须形塑明确远景：列出成功的指标与问题核心为何，共同的标准、行动与评估流程均提供伙伴很好的回馈机制

二、省内跨县（市、区）海岸带生态环境治理的协议或规划统筹

我国目前仍缺乏跨区域海岸带生态环境管理及事务合作的机制与模式，探究其原因，一方面系中央与地方的关系还是属于单一偏向中央集权的关系结构，地方政府自治权力与能力仍然十分薄弱。而过去所实施的央-地分税制属于"监管式的自治"，也造成邻近县市缺乏协调合作的传统，一切与海岸带生态环境保护的重大建设均仰赖中央决定的心态。另一方面，现行法规不够具体明确，亦是影响中国沿海省市在推动跨区域海岸海洋环境管理进展上裹足不前的因素之一。借鉴欧美等国"跨区域海岸带管理"实践经验，认为省内毗连县市区建立跨区域管理协议或多规合一的统一空间规划的必要性有二：一是跨区域管理协议或多规合一的统一规划在我国府际关系之中的影响，可以让中央在上、下级政府的垂直关系里，透过跨区域管理协议的机制，扮演好中立调解争议、宏观资源分配的调和鼎鼐之角色。而省内毗连县（市、区）彼此在水平关系上，藉由跨区域管理协议的运作，综合了区域内的企业、非营利组织和地方民众，揉

合出公、私部门及公民参与的力量，建立起互惠合作的地方策略性伙伴关系。二是毗连县（市、区）在行政协议或统一空间规划的框架中，实际推动海岸带生态环境的跨区域、跨部门的业务合作，共同处理毗连县市内或县市之间有关海岸带生态环境的监测、保育、预警、执法等议题。

借鉴英国跨域管理机制的类型，从正式的法定机构横跨到非正式的磋商协议，所显现出英国中央政府视地方为一对等尊重之伙伴，而非上对下的从属关系。因此在给予地方在执行权限上之弹性与因地制宜的运作机制，是值得中国海岸带生态环境跨域治理所应注意的关键。首先，在现有的法制架构下，逐步建立跨域合作之默契与信心。如以非正式较不受限制的方式，鼓励毗连县市区透过县市首长及主管部委汇报，增进彼此的熟悉、建立共识与信任，逐步增加合作的规模。同时透过非正式协议与毗连县市区的居民、企业和非营利组织，建立起沟通对话的论坛平台，鼓励公民与其他团体积极参与县域海岸带事务的规划，形塑区域共识和意见交流。第二，以第一阶段为基础建构具有我国特色之跨域治理协议与规划统筹机制，主要可以通过推动公共服务协议、形塑地方策略伙伴关系、建构海岸带空间规划多规合一体制、修正地方法规增列跨域合作专章、依据海岸功能区优化调整行政区划等。然而，涉及海岸带生态环境多规融合的毗连区域统一规划制度设计存在较大变数，花费时间较久，成本耗费亦大，因此需审慎评估并广泛征询各界之意见。

三、跨省份的海岸带生态环境治理府际合作体制运作

本节探讨的海岸带生态环境府际合作体制构建，主要聚焦在中央政府与省级政府为两大主轴。现行体制下中央政府心态、法制欠缺跨域配套措施、地方财力不足以及地盘心态的对立等病症突出，致使中央与省/直辖市、省份之间的关系，在缺乏对话平台的情况下，时而紧张时而和睦，无法趋向稳健和谐的方向。因此，海岸带生态环境治理的府际合作体制构建，就是为了解决困顿难题所提出的建议方案，虽然中央与省或省与省，可透过跨区域协议及策略性伙伴达成互助合作，但现实体制下，对于可能产生的海岸海洋环境处理争端仍需要未雨绸缪，因此有必要建构相对应机制以调和鼎鼐息纷解争。

海岸带生态环境治理的府际合作之范围、方式、法制架构、执行机关、经费负担、人力资源配置，以及相关单位之权责等要素，主要将府际合作的权责提升为跨部、跨省层级，以利政策制定及执行上的沟通协调。我国未来海岸带生态环境治理府际合作的型态，不应仅局限于中央与省、省与省之间，应将范围扩大至涵盖政府各部门横跨的部际合作。因府际合作其范围系以政府部门为主，自然应将政府内的相关部局处纳入其中，可避免因政出多门之弊病，达成政策整合及协调之功效。

海岸带生态环境治理的府际合作运作方式分为：一是合作伙伴为中央政府与省/直

辖市之合作，以及政府部门之间的部际合作，此一部分亦可再区分出国务院直属部委与省（直部门）的府际合作；国务院直属部委与省内地级市的府际合作；国务院直属部委与省内县（区、市）的府际合作三种层级。二是合作事项则区分为海岸生态环境的自治事项涉及跨域事务、委办事项涉及跨域事务、及国务院与省政府共管事项三种。三是区域协调事务分别由现有的国务院办公厅、国家海洋局、国家海洋局东海分局，抑或沿海省、直辖市、自治区之间的非正式协议等协调或负责。第一、二两部分在现行法制架构下，并无太大疑义。唯有第三类需要辅以相关法规同时配合政府组织结构优化才不至于引起较大之争议。海岸带生态环境治理的府际合作运作原则可以采用如表8-3，透过国务院与省（直辖市、自治区）、省与省之间府际合作的信任与参与，将会使国务院与省（直辖市、自治区）政府产生同心协力的工作关系。信任是省（直辖市、自治区）之间长期有效互动所累积的社会资本，当社会资本累积的越高，就表示省（直辖市、自治区）之间的信任程度愈高，亦能有助于府际间争议性问题的解决，相对而言，府际合作的治理能力也就据以提升。国务院与省（直辖市、自治区）的互动关系是多变且不安定，无法预先掌握所有可能发生的情境，因此建立国务院与省（直辖市、自治区）健全协商机制，就成为府际合作有效互动之基础。此种府际合作协商机制的形式必须是多元化且具可选择性，除一般政党协商之外，更应另辟国务院与省（直辖市、自治区）的沟通渠道，如英国"府际关系互动论坛"、美国"府际关系咨询委员会"等为可资参考借鉴的模式。

表 8-3　府际合作具体运作原则

原则	主要内容
合作伙伴	府际合作伙伴的范围包含中央政府、省及直辖行政单元、以及国务院各相关部委主管单位。换言之，国务院办公厅具有双重的角色，一是代表中央政府与省及辖市、县的沟通协商与合作的角色；二是作为中央各部委主管机关，水平横向联系协调部际合作的中心枢纽，使有关省及辖市、县的事项跨部委政策，在制定与执行的过程能够和谐运转。
层级区分	为避免中央政府对于府际合作事务之管理过于琐碎，进一步将府际合作伙伴区分为三种层级，海区相毗邻的省（市）合作、国务院部委与（市）府际合作、国务院部委与县（市）的府际合作三种。国务院办公厅、原国家海洋局、原国家海洋局东海分局共同协调、磋商及进行具体合作事项。
合作事项	海岸带生态环境的县市区自治事项涉及跨域合作事务 海岸带生态环境的中央政府委办事项涉及跨域合作事务 海岸带生态环境的中央与地方共管事项

续表

原则	主要内容
执行单位	原国家海洋局 原国家海洋局东海分局 长三角城市经济协调会；等等
经营策略	府际合作关系之和谐乃是中央与地方彼此间互动之基础，欲奠定此基石则需依赖中央与地方协力经营之策略，分别为：（1）着重府际合作协商制度的建立；（2）重视府际竞争与合作的经营理念；（3）人大、政协监督机制
考核方式	无论是合作方式或共同成立的执行组织，均须获得地方人大机关授权并同意后为之。同时各地方行政机关应定期向地方人大机关报告其合作进度、预算执行与具体成果。而中央与地方的府际合作具体作为，国务院亦必须向全国人大常委会报告有关府际合作成果与奖励基金用途及流向

第三节　中国海岸带生态环境跨域治理模式的实施工具

不论何种尺度的跨域海岸带生态环境治理及其模式、运作，都得通过系列政策工具落地。我国当前海洋环境支撑工具有命令-控制型、市场激励型、信息公开型和社会参与型四类工具（图8-1），总体存在使用过度、乏力、陈旧和组合搭配不合理等问题[①]。在未来海岸带生态环境跨域治理模式运作过程中，应以海岸带生态环境治理的事中控制为核心，加强市场激励型、信息公开型和社会参与型的政策工具及其组合应用，强化基于"互联网+"的"自上而下"一贯到底的海岸生态环境监测披露机制；同时，探索精准治理模式，扩大社会参与型工具的应用范围和跨区域海岸带生态环境治理绩效考核的第三方评估机制，确定相关多元主体构建策略伙伴关系的制度化渠道、程序和保障，进而提升中央与省、市、县之间的府际协力治理成效。

---

① 许阳.中国海洋环境治理的政策工具选择与应用［J］.太平洋学报，2007，25（10）：49-59

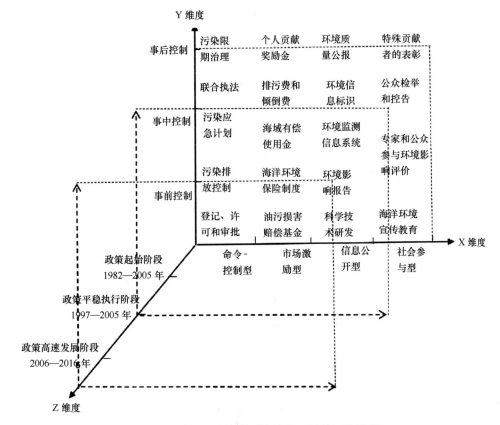

图 8-1　中国已有海洋环境政策工具的三维模型

资料来源：许阳 . 中国海洋环境治理的政策工具选择与应用［J］. 太平洋学报，2007，25（10）：49-59.

参考文献

1. Adams H C. Relation of the State to Industrial Action [J]. American Economic Review, 1887, 1 (6): 7-85.

2. B. Francois. Ocean governance and human security: ocean and sustainable development international regimen, current trends and available tools [M]. Hiroshima, Japan, UNITAR Workshop on human security and the sea, 2005.

3. Basil Germond, Celine Germond-Duret. Ocean governance and maritime security in a placeful environment: The case of the European Union [J]. Marine Policy, 2016, 66: 124-131.

4. Boak E H, Turner I L. Shoreline definition and detection: A review [J]. Journal of Coastal Research, 2005, 21 (4): 688-703.

5. Bodenheimer E Jurisprudence: The Philosophyand Method Of the Law [M]. Cambridge: Harvard University Press, 1962.

6. Brady G L. Governing the Commons: The Evolution of institutions for collective action [J]. American Political Science Association, 1993, 86 (8): 569-569.

7. Brandes O M, Brooks D B. The soft path for water in a nutshell [R]. A joint publication of Friends of the earth Canada, Ottawa, ON, and the POLIS project on ecological governance, University of Victoria, Victoria, BC Revised Edition August 2007.

8. C. Plasman. Implementing Marine Spatial Planning: A Policy Perspective [J]. Marine Policy, 2008, 32 (1): 56-60.

9. Crutchfield J. The narine fisheries- A problem in international -cooperation [J]. American Economic Review, 1964, 54 (3): 207-218.

10. Di C A, Marzia B, Stefania M, et al. NGO diplomacy: the influence of nongovernmental organizations in international environmental negotiations [J]. Global Environmental Politics, 2008, 8 (4): 146-148.

11. Donald F Boesch. The role of science in ocean governance [J]. Ecological conomics, 1999, 31 (2): 189-198.

12. Dong Oh Cho. Evaluation of the ocean governance system in Korea [J]. Marine Policy, 2006, 30: 570-579.

13. Erik Olsen, Silje Holen, Alf Håkon Hoel. How integrated ocean governance in the Barents Sea was created by a drive for increased oil production [J]. Marine Policy, 2016, 71: 293-300.

14. Glen Wright. Marine governance in an industrialised ocean: A case study of the emerging marine renewable

energy industry [J] . Marine Policy, 2015, 52: 77-84.

15. Gordon McGranahan, Deborah Balk, Bridget Anderson. The rising tide: assessing the risks of climate change and human settlements in low elevation coastal zones [J] . Environment & Urbanization, 2007, 19 (1): 17-37.

16. GREGORY M, RUIZETC. Glabal spread of microorganisms by ships [J] . Nature, 2000 (408): 49-50.

17. Gunnar Kullenberg. Human empowerment: Opportunities from ocean governance [J] . Ocean & Coastal Management, 2010, 53 (8): 405-420.

18. Haas P M. Prospects for effective marine governance in the NW Pacific region [J] . Marine Policy, 2000, 24 (4): 341-348.

19. HASSAN D. Protecting the marine environment from land-based source of pollution— towards effective international cooperation [M] . England: Ashgate Publishing Lted, 2006: 2- 3.

20. Hukkinen J. Institutions, environmental management and long-term ecological sustenance [J] . Ambio, 1998, 27 (2): 112-117.

21. Joanna Vince, Elizabeth Brierley, Simone Stevenson, et al. Ocean governance in the South Pacific region: Progress and plans for action [J] . Marine Policy, 2017, 79: 40-45.

22. Johnson Douglas Wilson. Shore processes and shoreline development [M] . New York: Wiley, 1919: 584.

23. Juan L. Suárez de Vivero, Juan C. Rodríguez Mateos. Ocean governance in a competitive world. The BRIC countries as emerging maritime powers—building new geopolitical scenarios [J] . Marine Policy, 2010, 34 (5): 967-978.

24. Juan Luis Suárez de Vivero, Juan Carlos Rodrıguez Mateos. New factors in ocean governance: From economic to security-based boundaries [J] . Marine Policy, 2004, 28 (2): 185-188.

25. Julien Rochette, Raphaël Billé, Erik J. Molenaar. Regional oceans governance mechanisms: A review [J] . Marine Policy, 2015, 60: 9-19.

26. Katherine Houghton. Identifying new pathways for ocean governance: The role of legal principles in areas beyond national jurisdiction [J] . Marine Policy, 2014, 49: 118-126.

27. Klaus Töpfer, Laurence Tubiana, Sebastian Unger, Charting pragmatic courses for global ocean governance [J] . Marine Policy, 2014, 49: 85-86.

28. Long R. Legal aspects of ecosystem-based marine management in Europe [J] . Ocean Yearbook Online, 2011, 26 (1): 417-484.

29. Mujabar P S, Chandrasekar N. Shoreline change analysis along the coast between Kanyakumari and Tuticorin of India using remote sensing and GIS [J] . Arabian Journal of Geosciences, 2013, 6 (3): 647 -664.

30. Myron and Moore. Current maritime issues and the international maritime organization [M], Brill, 1999: 98-123.

31. Nina Maier, Till Markus. Dividing the common pond: regionalizing EU ocean governance [J] . Marine Pollution Bulletin, 2013, 67: 66-74.

32. O'Connell B D P, Shear E B I A. The international law of the sea ［M］. Clarendon Press, 1982.

33. Primavera J H. Overcoming the impacts of aquaculture on the coastal zone ［J］. Ocean & Coastal Management, 2006, 49（9-10）: 531-545.

34. Robert L. Friedheim. Ocean governance at the millennium: where we have been — where we should go ［J］. Ocean & Coastal Management, 1999, 42（9）: 747-765.

35. Rosenne S. League of nations conference for the codification of international law（1930）［J］. American Journal of International Law, 1975, 70（4）: 894.

36. Smith Z A. The environmental policy paradox ［M］, Routledge. 2012.

37. Sung Gwi Kim. The impact of institutional arrangement on ocean governance: International trends and the case of Korea ［J］. Ocean & Coastal Management, 2012, 64: 47-55.

38. Tiffany C. Smythe. Marine spatial planning as a tool for regional ocean governance? An analysis of the New England ocean planning network ［J］. Ocean & Coastal Management, 2017, 135: 11-24.

39. UNEP（2008）. International environmental governance and the reform of the United Nations. Meeting of the forum of environment ministers of Latin America and the Caribbean, Santo Domingo, Dominican republic: http://www. pnuma. org/forumofministers/16-dominicanrep/rdm07 tri _ International Environmental Governance_ 29 Oct2007. pdf.

40. Wu T, Hou X Y, Xu X L. Spatio-temporal characteristics of the mainland coastline utilization degree over the last 70 years in China ［J］. Ocean & Coastal Management, 2014, 98: 150-157.

41. Yang L. Scholar-participated governance: Combating desertification and other dilemmas of collective action ［J］. Journal of Policy Analysis & Management, 2009, 29（3）: 672-674.

42. Tanaka Y. Zonal and integrated management approaches to ocean governance: reflections on a dual approach in international law of the sea ［J］. International Journal of Marine & Coastal Law, 2004, 19（4）: 483-514.

43. 安鑫龙, 齐遵利, 李雪梅, 张秀文. 海岸带生态环境问题及其解决途径 ［J］. 安徽农业科学, 2008（27）: 11967-11969.

44. 白志鹏, 王珺主. 环境管理学 ［M］. 化学工业出版社, 2007: 3.

45. 鲍基斯, M. B, 孙清. 海洋管理与联合国 ［M］. 海洋出版社, 1996.

46. 编写组. 十九大党章修正案学习问答 ［M］. 北京: 党建读物出版社, 2017.

47. 卞耀武. 中华人民共和国清洁生产促进法释义 ［M］. 北京: 法律出版社, 2002.

48. 蔡克伦, 管佳伟, 马仁锋, 等. 中国沿海省市海洋科技水平差异演化研究 ［J］. 港口经济, 2015（5）: 47-52.

49. 蔡立辉, 龚鸣. 整体政府: 分割模式的一场管理革命 ［J］. 学术研究, 2010（5）: 33-42.

50. 蔡先凤, 张式军. 我国海洋生态安全法律保障体系的建构 ［J］. 宁波经济: 三江论坛, 2006（3）: 40-42.

51. 蔡先凤, 郑佳宇. 论海洋生态损害的鉴定评估及赔偿范围 ［J］. 宁波大学学报（人文科学版）, 2016（5）: 105-114.

52. 曹海军, 张毅. 统筹区域发展视域下的跨域治理: 缘起、理论架构与模式比较 ［J］. 探索, 2013

（1）：76-80.

53. 曹兴国，初北平 . 我国涉海法律的体系化完善路径 ［J］. 太平洋学报，2016，24（9）：9-16.

54. 曾键，张一方 . 社会协同学 ［M］. 北京：科学出版社，2000.

55. 曾庆丽 . 海洋生态环境治理中政府责任研究 ［D］. 青岛：中国海洋大学，2014.

56. 巢子豪，高一博，谢宏全，等 . 1984～2012 年海州湾海岸线时空演变研究 ［J］. 海洋科学，2016，40（6）：95-100.

57. 陈关金 . 财政分权视角下的环境污染问题研究 ［D］. 广州：暨南大学，2014.

58. 陈红飞，江苏海事江海一体化监管机制研究 ［D］. 大连：大连海事大学，2013.

59. 陈洁，胡丽 . 海洋公共危机治理下的国际合作研究 ［J］. 海洋开发与管理，2013，30（11）：39-43.

60. 陈立侨，李云凯，侯俊利 . 船舶压载水导致的生物入侵及其防治对策 ［J］. 华东师范大学学报：自然科学版，2005（5/6）：40-48.

61. 陈莉莉，景栋 . 海洋生态环境治理中的府际协调研究——以长三角为例 ［J］. 浙江海洋学院学报（人文科学版），2011，28（2）：1-5.

62. 陈莉莉，王勇 . 论长三角海域生态合作治理实现形式与治理绩效 ［J］. 海洋经济，2011，4（4）：48-52.

63. 陈莉莉 . 长三角海域海洋环境合作治理之道及制度安排 ［J］. 浙江海洋学院学报（人文科学版），2013，30（3）：17-22.

64. 陈舜友 . 基于博弈论的企业清洁生产研究 ［D］. 杭州：浙江理工大学，2007.

65. 陈思薇，梁贤军，马仁锋 . 基于 SSM 的秦皇岛滨海区域旅游产业优化研究 ［J］. 海洋经济，2013，3（6）：34-38.

66. 陈晓英，张杰，马毅 . 近 40 年来海州湾海岸线时空变化分析 ［J］. 海洋科学进展，2014，32（3）：324-334；

67. 陈阳，岳文泽，马仁锋 . 中国海岸带土地研究回顾与展望 ［J］. 浙江大学学报（理学版），2017，44（4）：385-396.

68. 陈郁敏 . 生物入侵对福建省养殖水域的危害及对策 ［J］. 水利渔业，2006，26（1）：67-68.

69. 初建松，朱玉贵 . 中国海洋治理的困境及其应对策略研究 ［J］. 中国海洋大学学报（社会科学版），2016（5）：24-29.

70. 崔莉 . 浙江沿海陆地生态系统景观格局变化与生态保护研究 ［D］. 北京：北京林业大学，2014.

71. 戴瑛 . 论跨区域海洋环境治理的协作与合作 ［J］. 经济研究导刊，2014（7）：109-110.

72. 邓贵川 . 我国环保运动的公共治理参与：模式与发展 ［D］. 南京：南京大学，2012.

73. 丁海勇，宦建巍，罗海滨 . 南通市沿海滩涂变化监测研究 ［J］. 测绘科学技术，2017，5（2）：47-56.

74. 董健 . 我国海岸带综合管理模式及其运行机制研究 ［D］. 青岛：中国海洋大学，2006.

75. 董战峰，董玮，田淑英，等 . 我国环境污染第三方治理机制改革路线图 ［J］. 中国环境管理，2016（4）：52-59.

76. 杜辉 . 论制度逻辑框架下环境治理模式之转换 ［J］. 法商研究，2013（1）：69-76.

77. 冯波. 建立和完善环境标准体系 [N]. 中国环境报, 2011-12-01 (002).

78. 傅广宛, 茹媛媛, 孔凡宏. 海洋渔业环境污染的合作治理研究——以长三角为例 [J]. 行政论坛, 2014, 21 (1): 72-76.

79. 甘黎黎. 我国区域生态环境治理中的市场性政策工具研究 [J]. 鄱阳湖学刊, 2015 (2): 109-114.

80. 高锋. 我国东海区域的公共问题治理研究 [D]. 上海: 同济大学, 2007.

81. 高乐华. 我国海洋生态经济系统协调发展测度与优化机制研究 [D]. 青岛: 中国海洋大学, 2012.

82. 高义, 苏奋振, 周成虎, 等. 基于分形的中国大陆海岸线尺度效应研究 [J]. 地理学报, 2011, 66 (3): 331-339.

83. 宫小伟. 海洋生态补偿理论与管理政策研究 [D]. 青岛: 中国海洋大学, 2013.

84. 龚虹波. 海洋政策与海洋管理概论 [M]. 海洋出版社, 2015.

85. 龚蔚霞, 张虹鸥, 钟肖健. 海陆交互作用生态系统下的滨海开发模式研究 [J]. 城市发展究, 2015, 22 (1): 79-85.

86. 顾红卫. 青岛市海岸带环境管理模式研究 [D]. 青岛: 中国海洋大学, 2008.

87. 顾湘. 海洋环境污染治理府际协调研究: 困境、逻辑、出路 [J]. 上海行政学院学报, 2014, 15 (2): 105-111.

88. 管芳芳, 韩瑜. 财政分权下政府竞争对环境治理的影响 [J]. 税收经济研究, 2016, 21 (2): 87-95.

89. 国家海洋局. 中国海洋 21 世纪议程 [M]. 北京: 海洋出版社, 1996.

90. 韩增林, 刘桂春. 人海关系地域系统探讨 [J]. 地理科学, 2007, 27 (6): 761-767.

91. 洪大用. 转变与延续: 中国民间环保团体的转型 [J]. 管理世界, 2001 (6): 56-62.

92. 洪华生, 丁原红, 洪丽玉, 等. 我国海岸带生态环境问题及其调控对策 [J]. 环境污染治理技术与设备, 2003, 4 (1): 89-94.

93. 胡王玉, 马仁锋, 汪玉君. 2000 年以来浙江省海洋产业结构演化特征与态势 [J]. 云南地理环境研究, 2012, 24 (4): 7-13.

94. 黄任望. 全球海洋治理问题初探 [J]. 海洋开发与管理, 2014, 31 (3): 48-56.

95. 黄晓凤, 王廷惠. 创新海洋生态补偿机制 [N]. 中国社会科学网-中国社会科学报, 2017-03-08 (004).

96. 黄秀蓉. 海洋生态补偿的制度建构及机制设计研究 [D]. 西安: 西北大学, 2015.

97. 黄彦臣. 基于共建共享的流域水资源利用生态补偿机制研究 [D]. 武汉: 华中农业大学, 2014.

98. 贾俊雪. 中国财政分权、地方政府行为与经济增长 [M]. 北京: 人民大学出版社, 2015.

99. 贾欣. 海洋生态补偿机制研究 [D]. 青岛: 中国海洋大学, 2010.

100. 姜爱林. 城市环境治理的发展模式与实践措施 [J]. 国家行政学院学报, 2008 (4): 78-81.

101. 金建君, 恽才兴, 巩彩兰. 海岸带可持续发展及评价指标体系研究 [J]. 海洋通报, 2001 (20): 61-63.

102. 康敏, 沈永明. 30 多年来盐城市围填海空间格局变化特征 [J]. 海洋科学, 2016, 40 (9): 85

-94.

103. 匡立余. 城市生态环境治理中的公众参与研究 [D]. 武汉：华中科技大学，2006.

104. 莱昂纳多·J·布鲁克斯. 商务伦理与会计职业道德 [M]. 北京：中信出版社，2004.

105. 李国平，李潇，萧代基. 生态补偿的理论标准与测算方法探讨 [J]. 经济学家，2013，（2）：42-49.

106. 李惠英. 海岸带生态环境污染及调控对策 [J]. 环境保护，1997（12）：38-40.

107. 李加林，刘永超，马仁锋. 海洋生态经济学：内容、属性及学科构架 [J]. 应用海洋学学报，2017，36（3）：446-454.

108. 李家彪，丁巍伟，吴自银，等. 东海的来历 [J]. 中国科学：地球科学，2017，47（4）：406-411.

109. 李娜. 长三角海洋经济整合研究 [M]. 上海：上海社会科学院出版社，2017.

110. 李晓光，苗鸿，郑华，等. 生态补偿标准确定的主要方法及其应用 [J]. 生态学报，2009（8）：4431-4440.

111. 李昕瞳. 生态文明视域下我国生态治理问题研究 [D]. 大连：东北财经大学，2016.

112. 李延. "十三五"江苏生态环境新形势与绿色发展新谋划 [J]. 唯实，2016（3）：46-49.

113. 梁贤军，马仁锋，冯革群. 地缘政治视角中国陆、海疆问题与中国安全威胁 [J]. 云南地理环境研究，2014，26（5）：21-29.

114. 辽宁省人民政府.《辽宁省人民政府关于印发辽宁海岸带保护和利用规划的通知》[R]. 辽政发 [2013] 28号.

115. 刘超. 管制、互动与环境污染第三方治理 [J]. 中国人口·资源与环境，2015（2）：96-104.

116. 刘曙光，纪盛. 海洋空间规划及其利益相关者问题国际研究进展 [J]. 国外社会科学，2015（3）：59-66.

117. 刘曙光，纪盛. 海洋空间规划过程中利益相关者参与问题理论研究 [J]. 中国渔业经济，2015，33（6）：51-59.

118. 刘湘溶，罗常军. 生态环境的治理与责任 [J]. 伦理学研究，2015（3）：98-102.

119. 刘忠臣，陈义兰，丁继胜. 东海海底地形分区特征和成因研究 [J]. 海洋科学进展，2003，21（2）：160-173.

120. 刘缵延. 科学推进海洋生态文明建设 [J]. 中国国情国力，2013（4）：15-17.

121. 鹿守本. 海岸带管理模式研究 [J]. 海洋开发与管理，2001（1）：30-37.

122. 伦凤霞，田华，何金林. 上海市海洋环境监测现状研究 [J]. 海洋开发与管理，2017（1）：97-100.

123. 罗玲云. 我国海洋环境治理中环保 NGO 的政策参与研究 [D]. 青岛：中国海洋大学，2013.

124. 罗霞. 我省海岸带范围和利用规划公布 [N]. 海南日报，2015-02-13（A07）.

125. 高锋. 我国东海区域的公共问题治理研究 [D]. 同济大学，2007.

126. 罗兹. 新治理：没有政府的治理 [M]. 江西：江西人民出版社，1996.

127. 骆永明. 中国海岸带可持续发展中的生态环境问题与海岸科学发展 [J]. 中国科学院院刊，2016（10）：1133-1142.

128. 马伯. 科学与社会秩序 [M]. 三联书店, 1991: 25.

129. 马仁锋, 李冬玲, 李加林, 等. 浙江省无居民海岛综合开发保护研究 [J]. 世界地理研究, 2012, 21 (4): 67-76.

130. 马仁锋, 李加林, 杨晓平. 浙江沿海市域海洋资源环境评价及对海洋产业优化启示 [J]. 浙江海洋学院学报（自然科学版）, 2012, 31 (6): 536-541.

131. 马仁锋, 李加林, 赵建吉, 等. 中国海洋产业的结构与布局研究展望 [J]. 地理研究, 2013, 32 (5): 902-914.

132. 马仁锋, 李加林, 庄佩君, 等. 长江三角洲地区海洋产业竞争力评价 [J]. 长江流域资源与环境, 2012, 21 (8): 918-926.

133. 马仁锋, 李加林. 支撑海洋经济转型的宁波海岸带多规合一困境与突破对策 [J]. 港口经济, 2017 (8): 29-33.

134. 马仁锋, 李伟芳, 李加林, 等. 浙江省海洋产业结构差异与优化研究——与沿海 10 省份及省内市域双尺度分析视角 [J]. 资源开发与市场, 2013, 29 (2): 187-191.

135. 马仁锋, 梁贤军, 李加林, 等. 演化经济地理学视角海岛县经济发展路径研究——以浙江省为例 [J]. 宁波大学学报（理工版）, 2013, 26 (3): 111-117.

136. 马仁锋, 梁贤军, 任丽燕. 中国区域海洋经济发展的"理性"与"异化" [J]. 华东经济管理, 2012, 26 (11): 27-31.

137. 马仁锋, 梁贤军, 庄佩君. 基于文献计量视角的中国船舶工业及其技术研发动态 [J]. 世界科技研究与发展, 2014, 36 (4): 446-452.

138. 马仁锋, 倪欣欣, 周国强, 等. 浙江船舶工业空间布局及影响因素研究 [J]. 宁波大学学报（理工版）, 2015, 28 (4): 109-113.

139. 马仁锋, 倪欣欣, 周国强. 中国海洋高等教育：区域格局与研究动态 [J]. 宁波大学学报（教育科学版）, 2015, 37 (4): 48-52.

140. 马仁锋, 倪欣欣, 周国强. 中国海洋科技研究动态与前瞻 [J]. 世界科技研究与发展, 2015, 37 (4): 461-467.

141. 马仁锋, 王腾飞, 吴丹丹. 长江三角洲地区海洋科技-海洋经济协调度测量与优化路径 [J]. 浙江社会科学, 2017 (3): 11-17.

142. 马仁锋, 吴杨, 张旭亮, 等. 浙、台海洋旅游研究动态及两岸旅游合作新思维 [J]. 资源开发与市场, 2015, 31 (2): 239-244.

143. 马仁锋, 徐本安, 唐娇, 等. 中国沿海省份船舶工业差异演化研究 [J]. 经济问题探索, 2015 (2): 46-49.

144. 马仁锋, 许继琴, 庄佩君. 浙江海洋科技能力省际比较及提升路径 [J]. 宁波大学学报（理工版）, 2014, 27 (3): 108-112.

145. 马仁锋. "十三五" 时期浙江省海洋经济转型发展的路径与突破重点 [J]. 港口经济, 2017 (2): 28-32.

146. 马仁锋. 滩涂围垦土地利用方式演进的文化阐释及其对海洋型城市设计启示——以浙江省为例 [J]. 创新, 2012, 6 (6): 99-102.

147. 马仁锋. 浙江海洋经济示范区建设经验及"一带一路"新机遇 [J]. 港口经济, 2017 (6): 18 -20.

148. 马仁锋. 做好示范区规划 促进经济转型升级 [N]. 中国海洋报, 2014-06-30 (003).

149. 马小苏, 窦思敏, 袁雯, 等. 宁波市产业结构的 SSM 分析及趋势研判 [J]. 浙江农业科学, 2015, 56 (7): 1126-1129.

150. 马云驰. 无知、自由与法律 [J]. 现代哲学, 2006 (2): 48.

151. 苗卫卫, 江敏. 我国水产养殖对环境的影响及其可持续发展 [J]. 农业环境科学学报, 2007, 26 (S): 319-323.

152. 倪欣欣. 海洋岛群地区旅游景区空间分布与码头关系研究 [A]. 浙江省地理学会、宁波大学 . 2015 年浙江省地理学会学术年会会议论文摘要集 [C]. 浙江省地理学会、宁波大学, 2015: 1.

153. 欧阳帆. 中国环境跨域治理研究 [M]. 北京: 首都师范大学出版社, 2014.

154. 潘佳. 政府在我国生态补偿主体关系中的角色及职能 [J]. 西南政法大学学报, 2016, 18 (4): 68-78.

155. 彭本荣, 洪华生, 陈伟琪, 等. 填海造地生态损害评估: 理论、方法及应用研究 [J]. 自然资源学报, 2005 (5): 714-726.

156. 秦大河. 中国气候与环境演变 [N]. 光明日报, 2007-07-05 (010).

157. 青岛市发展和改革委员会. 《青岛市海域和海岸带保护利用规划》印发实施 [N]. 青岛政务网, 2015-11-19.

158. 全永波, 尹李梅, 王天鸽. 海洋环境治理中的利益逻辑与解决机制 [J]. 浙江海洋学院学报 (人文科学版), 2017, 34 (1): 1-6.

159. 让-皮埃尔·戈丹. 现代的治理, 昨天和今天: 借重法国政府政策得以明确的几点认识 [M]. 北京: 社会科学文献出版社, 2001.

160. 阮成宗, 孔梅, 廖静, 等. 浙江省海洋生态补偿机制实践中的问题与对策建议 [J]. 海洋开发与管理, 2013 (3): 89-91.

161. 沈承诚. 政府生态治理能力的影响因素分析 [J]. 社会科学战线, 2011 (7): 173-178.

162. 沈费伟, 刘祖云. 合作治理: 实现生态环境善治的路径选择 [J]. 中州学刊, 2016 (8): 78 -84.

163. 沈海翠. 海洋生态补偿的财政实现机制研究 [D]. 青岛: 中国海洋大学, 2013.

164. 沈瑞生, 冯砚青, 牛佳. 中国海岸带环境问题及其可持续发展对策 [J]. 地域研究与开发, 2005 (3): 124-128.

165. 沈新国. 长江三角洲地区环境地质问题 [J]. 火山地质与矿产, 2001, 22 (2): 87-94.

166. 盛洪. 为什么制度重要 [M]. 郑州: 郑州大学出版社, 2004: 185-189.

167. 施从美, 沈承诚. 区域生态治理中的府际关系研究 [M]. 广东人民出版社, 2011.

168. 施从美. 长三角区域环境治理视域下的生态文明建设 [J]. 社会科学, 2010 (5): 13-20.

169. 孙百亮. "治理"模式的内在缺陷与政府主导的多元治理模式的构建 [J]. 武汉理工大学学报 (社会科学版), 2010 (3): 406-412.

170. 孙才志, 张坤领, 邹玮, 等. 中国沿海地区人海关系地域系统评价及协同演化研究 [J]. 地理研究, 2015, 34 (10): 824-1838.

171. 孙晓宇, 吕婷婷, 高义, 等. 2000-2010 年渤海湾岸线变迁及驱动力分析 [J]. 资源科学, 2014, 3 (2): 413-419.

172. 孙迎春. 国外政府跨部门合作机制的探索与研究 [J]. 中国行政管理, 2010 (7): 102-105.

173. 索安宁, 曹可, 马红伟, 等. 海岸线分类体系探讨 [J]. 地理科学, 2014, 35 (7): 933-937.

174. 谭九生. 从管制走向互动治理: 我国生态环境治理模式的反思与重构 [J]. 湘潭大学学报 (哲学社会科学版), 2012, 36 (5): 63-67.

175. 田其云. 海洋生态法体系研究 [D]. 青岛: 中国海洋大学, 2006.

176. 田千山. 几种生态环境治理模式的比较分析 [J]. 陕西行政学院学报, 2012, 26 (4): 52-57.

177. 铁燕. 中国环境管理体制改革研究 [D]. 武汉: 武汉大学, 2010.

178. 托马斯·思德纳. 环境与自然资源管理的政策工具 [M]. 上海人民出版社, 2005.

179. 汪依凡. 海洋生态损害评估 [A]. 中国航海学会船舶防污染专业委员会. 2007 年船舶防污染学术年会论文集 [C]. 中国航海学会船舶防污染专业委员会: 2007: 22.

180. 王颖, 季小梅. 中国海陆过渡带——海岸海洋环境特征与变化研究 [J]. 地理科学, 2011, 31 (2): 1-7.

181. 王颖. 黄海陆架辐射沙脊群 [M]. 北京: 中国环境科学出版社, 2002.

182. 王春子. 海岸带地区协调发展研究 [D]. 厦门: 国家海洋局第三海洋研究所, 2013.

183. 王翠. 基于生态系统的海岸带综合管理模式研究 [D]. 青岛: 中国海洋大学, 2009.

184. 王佳宏. 海岸带生态补偿机制研究 [D]. 大连: 大连理工大学, 2011.

185. 王瑾. 典型海岸带综合管理模型及其管理对策研究 [D]. 北京: 北京化工大学, 2005.

186. 王倩, 窦思敏, 马仁锋, 等. 中国沿海省份海洋资源差异综合评价 [J]. 浙江农业科学, 2015, 56 (8): 1148-1151.

187. 王荣华. 创新长三角协调功能, 提升协调服务能力 [M]. 上海交通大学出版社, 2007.

188. 王益澄, 马仁锋, 孙东波. 宁波—舟山都市区结构的多维测度 [J]. 宁波大学学报 (理工版), 2015, 28 (2): 63-68.

189. 王永珍. 我省印发实施《福建省海岸带保护与利用规划 (2016-2020 年)》 [N]. 福建日报, 2016-08-03.

190. 王志远. 渤黄海区域海洋管理 [M]. 北京: 海洋出版社, 2003: 10.

191. 温源远, 李宏涛, 杜譞, 等. 2016 年全球环境发展动态及启示 [J]. 环境保护, 2017 (14): 62-65.

192. 毋亭, 侯西勇. 海岸线变化研究综述 [J]. 生态学报, 2016, 36 (4): 1170-1182.

193. 吴丹丹, 马仁锋, 王腾飞, 等. 中国沿海 "渔业、渔民、渔村" 转型研究进展 [J]. 世界科技研究与发展, 2016, 38 (6): 1343-1349.

194. 吴敏兰, 方志亮. 大米草与外来生物入侵 [J]. 福建水产, 2005 (1): 56-59.

195. 武芳, 苏奋振, 平博, 等. 基于多源信息的辽东湾顶东部海岸时空变化研究 [J]. 资源科学, 2013, 35 (4): 875-884.

196. 谢慧明，俞梦绮，沈满洪．国内水生态补偿财政资金运作模式研究：资金流向与补偿要素视角 [J]．中国地质大学学报（社会科学版），2016（5）：30-41.

197. 徐谅慧，李加林，马仁锋，等．浙江省海洋主导产业选择研究——基于国家海洋经济示范区建设视角 [J]．华东经济管理，2014，28（3）：12-15.

198. 徐韧．上海市海域水体环境调查与研究 [M]．北京：科学出版社，2014.

199. 徐韧．浙江及附件北部海域环境调查与研究 [M]．北京：科学出版社，2014.

200. 徐胜．我国战略性海洋新兴产业发展阶段及基本思路初探 [J]．海洋经济，2011（1）：6-11.

201. 许丽娜，王孝强．我国海洋环境监测工作现状及发展对策 [J]．海洋环境科学，2003（1）：63-68.

202. 许阳．中国海洋环境治理的政策工具选择与应用 [J]．太平洋学报，2007，25（10）：49-59.

203. 闫秋双．1973年以来苏沪大陆海岸线变迁时空分析 [D]．青岛：国家海洋局第一海洋研究所，2014.

204. 岩佐茂．环境的思想——环境保护与马克思主义的结合处 [M]．中央编译出版社，2006：76.

205. 颜敏．红与绿——当代中国环保运动考察报告 [D]．上海：上海大学，2010.

206. 杨建设，牛显春，林东年．茂名近海岸水环境污染评价与对策 [J]．水土保持研究，2003，10（2）：38-40.

207. 杨金森．海岸带管理指南基本概念、分析方法、规划模式 [M]．北京：海洋出版社，1999.

208. 杨振姣，董海楠，姜自福．中国海洋生态安全多元主体共治模式研究 [J]．海洋环境科学，2014，22（1）：130-137.

209. 姚丽娜．我国海岸带综合管理与可持续发展 [J]．哈尔滨商业大学学报（社会科学版），2003，70（3）：98-101.

210. 姚晓静，高义，杜云艳，等．基于遥感技术的近30a海南岛海岸线时空变化 [J]．自然资源学报，2013，28（1）：114-125.

211. 叶梦姚，李加林，史小丽，等．1990-2015年浙江省大陆岸线变迁与开发利用空间格局变化 [J]．地理研究，2017，36（6）：1159-1170.

212. 叶堂林．生态环境共建共享的国际经验 [J]．人民论坛，2015（6）：62-63.

213. 伊格尔斯．二十世纪的历史学 [M]．济南：山东大学出版社，2007：5.

214. 易志斌，马晓明．论流域跨界水污染的府际合作治理机制 [J]．社会科学，2009（3）：20-25.

215. 尤芳湖，杨鸣，杨俊杰，等．山东省海岸带资源潜力与可持续发展 [J]．科学与管理，2005（4）：5-8.

216. 于谨凯，李文文．海洋资源开发中污染治理的政府激励机制分析——以海水养殖为例 [J]．浙江海洋学院学报（人文科学版），2010，27（2）：8-14.

217. 余晖．政府与企业：从宏观管理到微观管制 [M]．福建人民出版社，1997：145.

218. 余敏江．生态治理中的中央与地方府际间协调：一个分析框架 [J]．经济社会体制比较，2011（2）：148-156.

219. 余挚海．基于RS与GIS的上海市生态环境演变研究 [D]．上海：东华大学，2013.

220. 俞可平．治理与善治 [M]．北京：社会科学文献出版社，2000：136-140.

221. 宇文青. 海水养殖对海洋环境影响的探讨 [J]. 海洋开发与管理, 2008 (12)：113-117.

222. 袁华萍. 财政分权下的地方政府环境污染治理研究 [M]. 北京：经济科学出版社, 2016.

223. 约翰 R. 克拉克, 吴克勤等译. 海岸带管理手册 [M]. 北京：海洋出版社, 2000.

224. 载帕普克. 知识、自由与秩序——哈耶克思想论集 [M]. 中国社会科学出版社, 2001：91.

225. 张慧, 高吉喜, 宫继萍, 等. 长三角地区生态环境保护形势、问题与建议 [J]. 中国发展,
2017, 17 (2)：3-9.

226. 张良. 长江三角洲区域危机管理与合作治理 [J]. 人民论坛, 2013 (32)：82-83.

227. 张灵杰. 美国海岸带综合管理及其对我国的借鉴意义 [J]. 世界地理研究, 2001 (2)：2.

228. 张玉麟. 长三角地区区域环境法治化管理的困境及对策 [D]. 上海：上海大学, 2014.

229. 长江三角洲城市经济协调会. 共建世界级城市群——长江三角洲城市经济协调会二十年发展历
程 (1997-2017) [M]. 东方出版中心, 2017.

230. 赵景来. 关于治理理论的若干问题讨论综述 [J] 世界经济与政治, 2002 (3)：2-3.

231. 赵美珍. 长三角区域环境治理主体的利益共容与协同 [J]. 南通大学学报 (社会科学版),
2016 (2)：1-7.

232. 赵锐, 赵鹏. 海岸带概念与范围的国际比较及界定研究 [J]. 海洋经济, 2014, 4 (1)：58
-64.

233. 赵素丽. 环境影响评价中如何搞好公众参与 [J]. 太原科技, 2005 (5)：24-25.

234. 赵玉明. 清洁生产 [M]. 北京：中国环境科学出版社, 2007.

235. 赵志燕. 生态文明视阈下海洋环境治理模式变革研究 [D]. 青岛：中国海洋大学, 2015.

236. 中国国家海洋局海洋发展战略研究所. 中国海洋发展报告 (2014) [R]. 海洋出版社, 2014.

237. 周洁. 海岸带综合管理实践的新进展 [J]. 海洋信息, 2003 (4)：17-18.

238. 周志忍. 整体政府与跨部门协同——《公共管理经典与前沿译丛》首发系列序 [J]. 中国行政
管理, 2008 (9)：127-128.

239. 朱德米. 地方政府与企业环境治理合作关系的形成——以太湖流域水污染防治为例 [J]. 上海
行政学院学报, 2010, 11 (1)：56-66.

240. 朱菲菲, 李伟芳, 马仁锋, 等. 海岛县土地资源视角下的产业发展研究进展 [J]. 世界科技研
究与发展, 2016, 38 (3)：492-499.

241. 朱利国, 吴凯昱, 谢曼露, 等. 中国沿海省份海洋产业集聚态势演进研究 [J]. 浙江农业科学,
2015, 56 (2)：167-171.

242. 朱玲, 万玉秋, 缪旭波, 等. 无缝隙理论视角下的跨区域环境监管模式 [J]. 四川环境, 2010,
29 (2)：6-8.

243. 朱留财. 从西方环境治理范式透视科学发展观 [J]. 中国地质大学学报 (社会科学版), 2006,
24 (5)：52-57.

244. 朱文洁, 马仁锋. 中国海洋交通运输业时空差异演化 [J]. 港口经济, 2015 (7)：5-9.

245. 庄佩君, 马仁锋, 胡颖映, 等. 浙江港口航运产业发展基础条件审视与对策创见 [J]. 浙江海
洋学院学报 (自然科学版), 2012, 31 (3)：227-233

246. 左平, 刘长安. 中国海岸带外来植物物种影响分析——以大米草与互花米草为例 [J]. 海洋开

发与管理，2008（12）：107-112.

247. 左平，邹欣庆，朱大奎 . 海岸带综合管理框架体系研究 ［J］. 海洋通报，2000，19（5）：55
    -61.

建筑工程测量实操手册

班级：＿＿＿＿＿＿＿＿＿

姓名：＿＿＿＿＿＿＿＿＿

学号：＿＿＿＿＿＿＿＿＿

小组：＿＿＿＿＿＿＿＿＿

目　　录

实操训练一　单项实训任务

任务一　水准测量

实训报告一　水准仪认识实训

1. 实训目的和要求

1）实训目的

（1）通过实训使学生掌握水准仪的测量原理、构造及各部件的作用。

（2）通过实训使学生能初步掌握水准仪的操作方法。

2）实训要求

（1）实训时间为 2 课时，随堂实训；每位学生至少观测两测站。

（2）每寝室一组 6～8 人，分两组，选两名小组长，负责仪器领取、保管及交还。

（3）仪器工具：DS_3 微倾水准仪、自动安平水准仪各 1 台（每 3～4 人 1 台），三脚架 2 个。

（4）实训场地：校内测量实训场。

（5）小组每位学生至少观测一测站。

2. 实训任务安排

（1）水准仪构造认识实训。

（2）熟练掌握水准仪使用方法。

（3）熟悉水准观测过程。

（4）填写实训报告。

3. 实训步骤

1）安置仪器及粗平

（1）安置三脚架操作要领_____。

（2）粗平操作规律_____。

2）调焦、照准

（1）目镜调焦操作要领_____。

（2）概略照准操作要求_____。

（3）物镜调焦操作要领_____。

（4）精确照准操作要领_____。

3）精平和读数

（1）精平操作规律_____。

（2）读数方法_____。

1

4）整理实训数据，填写表 1 和表 2

表 1　水准仪各组成部分及其功能

序号	部件名称	作　用
1	准星与照门	
2	目镜对光螺旋	
3	物镜对光螺旋	
4	制动螺旋	
5	微动螺旋	
6	微倾螺旋	
7	脚螺旋	
8	圆水准器	
9	管水准器	
10	水准管观测窗	

表 2　水准测量手簿

日期：　　　　　　　　　仪器：　　　　　　　　　观测：
天气：　　　　　　　　　地点：　　　　　　　　　记录：

测站	观测次数	后视读数/m	前视读数/m	高差/m	两次平均高差/m	备注：观测员、记录员、立尺人
1	1					
	2					
2	2					
	3					
3	3					
	4					
4	4					
	5					

4. 总结实训心得体会

实训报告二　普通水准测量

1. 实训目的和要求

1）实训目的

（1）掌握普通水准测量的观测方法。

（2）学会选择布设不同形式的水准路线。

（3）能够观测一个完整的闭合水准路线。

（4）掌握水准测量手簿填写及校核计算的方法。

2）实训要求

（1）实训时间为 6 课时，随堂实训。

（2）每寝室 8 人为两组，各选一名组长，负责仪器领取、保管及交还。

（3）仪器工具：DS₃ 水准仪和自动安平水准仪各 1 台、水准尺 2 把及三脚架 2 个。

（4）实训场地：校内测量实训场。

（5）小组每位学生至少观测一个测站。

2. 实训任务安排

模拟施工踏勘现场。了解现场情况，对业主给定的现场高程控制点进行查看和检核。即完成根据教师给定的已知水准点观测待定水准点的高程任务。观测过程中每个测段至少取三个转点，至少观测三个待定高程点。要求每人至少观测一个测站或测段。

（1）任务一。采用变动仪器高法观测四个测站的高差，并检验观测精度，填写观测记录表 3。

（2）任务二。掌握往返观测闭合水准路线的观测方法，并测定待测点间的高差（如图 1 所示）。填写表 4 和表 5。

（3）任务三。填写水准测量往、返观测成果对比表 6，对观测过程中产生的误差进行对比分析。

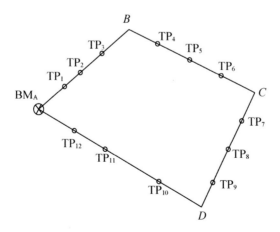

图 1　闭合水准路线布设

表 3　变动仪器高法水准测量观测记录

测站	点号	后视度数/m	前视度数/m	高差/m	观测高差差值 (≤±6mm)/m	高差平均值
1	A					
	TP_1					
	TP_1					
	A					
2	TP_1					
	TP_2					
	TP_2					
	TP_1					
3	TP_2					
	TP_3					
	TP_3					
	TP_2					
4	TP_3					
	B					
	B					
	TP_3					

变动仪器高法，改变仪器的高度在 10cm 以上，等外水准测量高差的差值允许值为±6mm。

$$检核 \sum h_{AB} =$$

思考：由 A 到 B 的水准测量观测过程中存在误差吗？误差大小为多少？

表 4　水准测量观测往测记录表

日期： 天气：		仪器： 地点：		观测： 记录：	
测站	点号	后视读数/m	前视读数/m	高差/m	备注(观测成员安排) 测员、记录员、立尺人
1	A				
1	TP$_1$				
2	TP$_1$				
2	TP$_2$				
3	TP$_2$				
3	TP$_3$				
4	TP$_3$				
4	B				
5	B				
5	TP$_4$				
6	TP$_4$				
6	TP$_5$				
7	TP$_5$				
7	TP$_6$				
8	TP$_6$				
8	C				
9	C				
9	TP$_7$				
10	TP$_7$				
10	TP$_8$				
11	TP$_8$				
11	TP$_9$				
12	TP$_9$				
12	D				

测站	点号	后视读数/m	前视读数/m	高差/m	备注(观测成员安排) 测员、记录员、立尺人
13	D				
	TP_{10}				
14	TP_{10}				
	TP_{11}				
15	TP_{11}				
	TP_{12}				
16	TP_{12}				
	A				
计算检核	$h_{AB} = $ _____ m; $h_{BC} = $ _____ m; $h_{CD} = $ _____ m; $h_{DA} = $ _____ m; $\sum h = $				

表5 水准测量观测返测记录表

日期：　　　　　　仪器：　　　　　　观测：
天气：　　　　　　地点：　　　　　　记录：

测站	点号	后视读数/m	前视读数/m	高差/m	备注(观测成员安排) 观测员、记录员、立尺人
1	A				
	TP_{12}				
2	TP_{12}				
	TP_{11}				
3	TP_{11}				
	TP_{10}				
4	TP_{10}				
	D				
5	D				
	TP_9				
6	TP_9				
	TP_8				
7	TP_8				
	TP_7				
8	TP_7				
	C				

测站	点号	后视读数/m	前视读数/m	高差/m	备注(观测成员安排)测员、记录员、立尺人
9	C				
	TP$_6$				
10	TP$_6$				
	TP$_5$				
11	TP$_5$				
	TP$_4$				
12	TP$_4$				
	D				
13	D				
	TP$_3$				
14	TP$_3$				
	TP$_2$				
15	TP$_2$				
	TP$_1$				
16	TP$_1$				
	A				
计算检核	$h_{AD} =$ 　　　m ; $h_{DC} =$ 　　　m ; $h_{CB} =$ 　　　m ; $h_{BA} =$ 　　　m ; $\sum h =$				

表 6　水准测量往、返观测成果对比

测段编号	$A-B$	$B-C$	$C-D$	$D-A$	往返观测高差之和/m
往测高差/m					
返测高差/m					
往返观测高差差值/m					
往返观测高差平均值/m					
思考	① 往返观测哪个观测误差大? ② 往返观测各测段哪个精度高? ③ 如何判断测量结果是否有使用价值?				

3. 总结实训心得体会

7

实训报告三　水准测量内业计算

1. 实训目的和要求

1) 实训目的

(1) 检查核对水准测量路线记录表4和表5。

(2) 掌握水准测量成果计算步骤。

(3) 掌握填写水准测量成果计算表。

2) 实训要求

(1) 实训时间为2～4课时，随堂实训。

(2) 每寝室8人为两组，各选一名组长，负责检查核对水准测量路线记录表4和表5。

(3) 如不符合精度要求重测。

2. 实训任务安排

根据《工程测量规范》(GB 50026—2007)要求检查核对水准测量路线成果是否符合规范精度要求。

(1) 任务一。整理检查实测记录表4和表5，仔细核对无误后，填写测量成果内业计算检核表7。

(2) 任务二。掌握闭合水准路线成果计算方法。

(3) 任务三。掌握往返水准路线成果计算方法。根据表6中往返观测高差的平均值填表8。

表7　闭合观测水准测量成果计算表

测段编号	点名	距离/km	测站数	往返观测实测高差平均值/m	改正数/m	改正后的高差/m	高程/m
1	A						156.00
2	B						
3	C						
4	D						
	A						
$\sum$							
辅助计算	$f_h=$ $f_容=$						

计算步骤如下。

（1）计算高差改正数。

$$v_i = -\frac{f_h}{\sum l} \times l_i, \quad v_i = -\frac{f_h}{\sum n} \times n_i$$

（2）计算改正后高差。

$$h_{i改} = h_i + v_i$$

（3）计算各测点高程。

$$H_i = H_{i-1} - h_{i改}$$

表 8　往、返观测水准路线成果计算表

往返测段	点号	测段编号	测站数	实测高差/m	改正数/m	改正后高差/m	高程/m
往测	A						156.00
	B	A−B					
	C	B−C					
	D	C−D					
	A	D−A					
∑							
返测	A	A−D					
	D	D−C					
	C	C−B					
	B	B−A					
	A						
∑							
辅助计算	往测：$f_容 =$ $f_h =$ 返测：$f_容 =$ $f_h =$						

计算步骤如下。

（1）计算高差改正数。

$$v_i = -\frac{f_h}{\sum l} \times l_i, \quad v_i = -\frac{f_h}{\sum n} \times n_i$$

（2）计算改正后高差。

$$h_{i改} = h_i + v_i$$

（3）计算各测点高程。

$$H_i = H_{i-1} + h_{i改}$$

3. 总结实训心得体会

9

实训报告四　水准仪的检验与校正

1. 圆水准器的检验与校正

目的：使圆水准器轴平行于竖轴，即 $L'L'//VV$。

要求：掌握检验，了解校正。

检验方法如下。

(1) 整平。转动脚螺旋使圆水准器气泡居中。

(2) 检验。将仪器绕竖轴转动180°，如气泡仍然居中，说明使圆水准器轴平行于竖轴，即 $L'L'//VV$ 此条件满足无需校正。正常使用；如果气泡不再居中，说明 $L'L'$ 不平行于 VV，需要校正。

检验结果：

如需校正：误差值 $x=$

2. 十字丝横丝的检验与校正

目的：当仪器整平后，十字丝的横丝应水平，即横丝应垂直与竖轴。

要求：掌握检验，了解校正。

检验方法如下。

整平仪器，将望远镜十字丝交点至于墙上一点 P，固定制动螺旋，转动微动螺旋。如果 P 点始终在横丝上移动，则表明横丝水平。如果 P 点不在横丝上移动，表明横丝不水平，需要校正。

检验结果：

如需校正：误差值 $x=$

3. 水准管轴平行于视准轴(i 角)的检验与校正

目的：使水准管轴平行于望远镜的视准轴，即 $LL//CC$。

要求：掌握检验，了解校正。

检验方法如下。

(1) 选择有适当高差的地面距离约为30m，在地面上定出 A、B 两点，如图2所示。

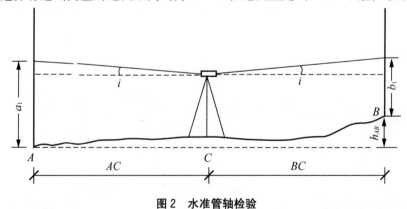

图2　水准管轴检验

（2）取得正确高差。将水准仪置于与 A、B 两点中间 C 点处，用仪器高法（或双面尺法）测定 A、B 两点间的高差 h_{AB}，则 $h_{AB}=a_1-b_1$；$h'_{AB}=a'_1-b'_1$ 两次高差之差小于 3 mm 时，取其平均值作为 A、B 两点间的正确高差。如有误差 $v_i=-\dfrac{f_h}{\sum n}\times n_i$，但因 $v_i=-\dfrac{f_h}{\sum l}\times l_i$，则 $\Delta a=\Delta b=\Delta$，则

$$h_{i改}=h_i+v_i$$

在计算过程中抵消了。

（3）检验。将仪器搬至距 A 尺（或 B 尺）。

将仪器搬至距 A 尺 3～5m 处（如图 3 所示），精平仪器后，获取：$h'_{AB}=a_2-b_2$；如两次获取的 $h_{AB}=h'_{AB}$ 相等说明使水准管轴平行于望远镜的视准轴，即 $LL//CC$。如两次获取的 $h_{AB}\ne h'_{AB}$ 说明使水准管轴不平行于望远镜的视准轴，则需要校正。

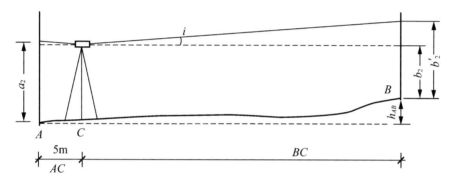

图 3　水准管轴检验

在 A 尺上读数 a_2。因为仪器距 A 尺很近，忽略 i 角的影响。根据近尺读数 a_2 和正确高差 h_{AB} 计算出 B 尺上水平视线时的应有读数为：$b_2=a_2-h_{AB}$。

然后，转动望远镜照准 B 点上的水准尺，精平仪器读取读数 b'_2。如果实际读出的数 $b'_2=b_2$，说明 $LL//CC$，否则，存在 i 角。

其值为

$$i=\frac{b'_2-b_2}{D_{AB}}\times\rho$$

或

$$i=\frac{h_{AB}-h'_{AB}}{D_{AB}}\times\rho$$

式中：D_{AB}——A、B 两点间的距离；$\rho=206\ 265''$。

对于 DS$_3$ 型水准仪，当 $i>20''$ 时，则需校正。

检验结果：

如需校正：误差值 $i=$

4. 总结实训心得体会

【经典习题】

一、填空题

1. 高程测量按采用的仪器和方法分为_____、_____和_____三种。

2. 水准仪主要由_____、_____、_____组成。

3. 水准仪的圆水准器轴应与竖轴_____。

4. 水准仪的操作步骤为粗平、_____、_____、_____、读数。

5. 水准仪上圆水准器的作用是使竖轴_____，管水准器的作用是使望远镜视准轴_____。

6. 望远镜产生视差的原因是物像没有准确成像在_____上。

7. 水准测量中，转点 TP 的作用是_____。

8. 某站水准测量时，由 A 点向 B 点进行测量，测得 AB 两点之间的高差为 0.506m，且 B 点水准尺的读数为 2.376m，则 A 点水准尺的读数为_____ m。

9. 水准测量测站检核可以采用_____或双面尺法测量两次高差。

二、选择题

1. 我国使用高程系的标准名称是（　　）。

A. 1956 黄海高程系 　　　　　　　　B. 1956 年黄海高程系

C. 1985 年国家高程基准 　　　　　　D. 1985 国家高程基准

2. 对高程测量，用水平面代替水准面的限度是（　　）。

A. 在以 10km 为半径的范围内可以代替

B. 在以 20km 为半径的范围内可以代替

C. 不论多大距离都可代替

D. 不能代替

3. 水准器的分划值越大，说明（　　）。

A. 内圆弧的半径大 　　　　　　　　B. 其灵敏度低

C. 气泡整平困难 　　　　　　　　　D. 整平精度高

4. 在普通水准测量中，应在水准尺上读取（　　）位数。

A. 5 　　　　　　B. 3 　　　　　　C. 2 　　　　　　D. 4

5. 水准测量中，设后尺 A 的读数 $a = 2.713$m，前尺 B 的读数为 $b = 1.401$m，已知 A 点高程为 15.000m，则视线高程为（　　）m。

A. 13.688 　　　　B. 16.312 　　　　C. 16.401 　　　　D. 17.713

6. 在水准测量中，若后视点 A 的读数大，前视点 B 的读数小，则有（　　）。

A. A 点比 B 点低 　　　　　　　　　B. A 点比 B 点高

C. A 点与 B 点可能同高 　　　　　　D. A、B 点的高低取决于仪器高度

7. 自动安平水准仪，（　　）。

A. 既没有圆水准器，也没有管水准器

B. 没有圆水准器

C. 既有圆水准器，也有管水准器

D. 没有管水准器

8. 水准测量中，调节脚螺旋使圆水准气泡居中的目的是使（　　）。

A. 视准轴水平
B. 竖轴铅垂

C. 十字丝横丝水平
D. A、B、C 都不是

9. 水准测量中，仪器视线高应为（　　）。

A. 后视读数＋后视点高程

B. 前视读数＋后视点高程

C. 后视读数＋前视点高程

D. 前视读数＋前视点高程

10. 转动目镜对光螺旋的目的是（　　）。

A. 看清十字丝　　B. 看清物像　　C. 消除视差

11. 转动物镜对光螺旋的目的是使（　　）。

A. 物像清晰
B. 十字丝分划板清晰

C. 物像位于十字丝分划板面上

12. 水准测量时，尺垫应放置在（　　）。

A. 水准点
B. 转点

C. 土质松软的水准点上
D. 需要立尺的所有点

13. 检验水准仪的 i 角时，A，B 两点相距 80m，将水准仪安置在 A，B 两点中间，测得高差 $h_{AB}=0.125m$，将水准仪安置在距离 B 点 2～3m 的地方，测得的高差为 $h'_{AB}=0.186m$，则水准仪的 i 角为（　　）。

A. 157″
B. −157″
C. 0.000 76″
D. −0.000 76″

14. DS_1 水准仪的观测精度要（　　）DS_3 水准仪。

A. 高于
B. 接近于
C. 低于
D. 等于

15. 已知 A 点高程 AH＝62.118m，水准仪观测 A 点标尺的读数 a＝1.345m，则仪器视线高程为（　　）。

A. 60.773
B. 63.463
C. 62.118

16. 对地面点 A，任取一个水准面，则 A 点至该水准面的垂直距离为（　　）。

A. 绝对高程
B. 海拔
C. 高差
D. 相对高程

17. 高差闭合差的分配原则为（　　）成正比例进行分配。

A. 与测站数
B. 与高差的大小

C. 与距离
D. 与距离或测站数

18. 附合水准路线高差闭合差的计算公式为（　　）。

A. $f_h=h_往-h_返$
B. $f_h=\sum h$

C. $f_h=\sum h-(H_终-H_始)$
D. $f_h=H_终-H_始$

19. 在进行高差闭合差调整时，某一测段按测站数计算每站高差改正数的公式为（　　）。

A. $V_i=f_h/N$（N——测站数）
B. $V_i=f_h/S$（S——测段距离）

C. $V_i = -f_h / N$（N——测站数）   D. $V_i = f_h \cdot N$（N——测站数）

20. 圆水准器轴与管水准器轴的几何关系为（   ）。

A. 互相垂直   B. 互相平行   C. 相交 600   D. 相交 1200

21. 水准测量中为了有效消除视准轴与水准管轴不平行、地球曲率、大气折光的影响，应注意（   ）。

A. 读数不能错   B. 前后视距相等

C. 计算不能错   D. 气泡要居中

22. 等外（普通）测量的高差闭合差容许值，一般规定为：（   ）mm（L 为千米数，n 为测站数）。

A. $\pm 12\sqrt{n}$ B. $\pm 40\sqrt{n}$ C. $\pm 12\sqrt{L}$ D. $\pm 40 L$

【提高能力测试题】

1. 根据表 9 所列观测资料，计算高差和高差之和，并对高差之和进行分析讨论。

表 9   高差计算表

测站	点名	后视读数/m	前视读数/m	高差/m	分析 $\sum h$
1	BM_A—TP_1	1.266	1.212		
2	TP_1—TP_2	0.746	0.523		
3	TP_2—TP_3	0.578	1.345		
4	TP_3—BM_A	1.665	1.126		
校核		$\sum a - \sum b =$		$\sum h =$	

2. 建筑物变形观测设计。

建筑物沉降观测使用水准测量方法，根据水准基点周期性地观测建筑物的沉降观测点的高程变化，以测定其观测点的沉降。

水准基点（如图 4 所示）是建筑物沉降观测的依据，为了便于互相检核，一般情况下建筑物周围最少要布设 3 个基点，且与建筑物相距 50～100m 为宜。所布设的水准基点，在未确定其稳定性前，严禁使用。

沉降观测点（如图 5 所示）是设立在建筑物上，能反映建筑物沉降量变化的标志性观测点。考虑水准基点的稳定性，试设计建筑物沉降观测过程。

● 特 别 提 示 ....

沉降变形观测时，前后视应使用同一根水准尺，并且视线长度不应大于 50m，保持前后视距大致相等。在客观上能保证尽量减少观测误差的主观不确定性，使所测的结果具有统一的趋向性；能保证各次复测结果与首次观测结果的可比性一致，使所观测的沉降量更真实。

....

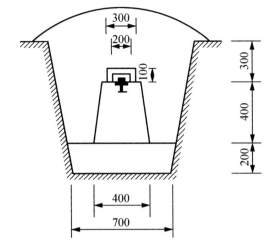

图 4　水准基点

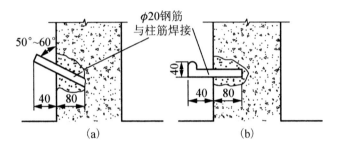

图 5　沉降观测点

任务二　角度测量

实训报告一　经纬仪的认识与使用

1. 实训目的和要求

1）实训目的

（1）通过实训使学生掌握经纬仪的测量原理、构造及各部件的作用。

（2）通过实训使学生能初步掌握经纬仪的操作方法。

2）实训要求

（1）实训时间为 2 课时，随堂实训。

（2）每寝室一组 6～8 人，分两组，选两名小组长，负责仪器领取、保管及交还。

（3）仪器工具：DJ2、DJ6 各 1 台（每 3～4 人 1 台），三脚架 2 个。

2. 实训任务

1）填写经纬仪各组成部分及其功能表（见表 10）

表 10　经纬仪各组成部分及其功能

序号	部件名称	作　　用
1		
2		
3		
4		
5		
6		
7		
8		
9		
10		
11		
12		
13		
14		
15		

2）熟练掌握经纬仪使用方法及步骤

经纬仪的使用分四个步骤操作：_____、_____、_____、_____。

16

（1）安置仪器。

① 对中的目的：_____。

② 整平的目的：_____。

（2）安置仪器操作要点（如图6～图8所示）。

① 三脚架的操作要领：_____。

② 垂球对中操作方法：_____。

③ 目测对中操作方法：_____。

④ 施工现场对中方法：_____。

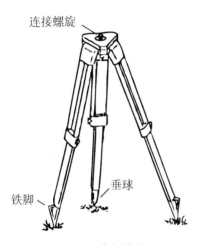

图6　三脚架外观

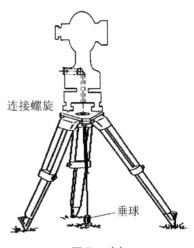

图7　对中

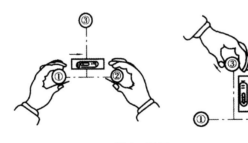

图8　整平

（3）精确对中、整平。

① 整平气泡运动操作规律：_____。

② 精确整平操作方法：_____

_____。

③ 施工中管水准器与圆水准器要同时居中的原因：_____

_____。

④ 精确对中操作方法：_____

_____。

17

⑤ 施工中对中、整平要同时达到要求的原因：_____

_____。

（4）照准、调焦（如图9所示）。

① 概略照准：_____。

② 精确调焦、照准的操作方法：_____。

_____。

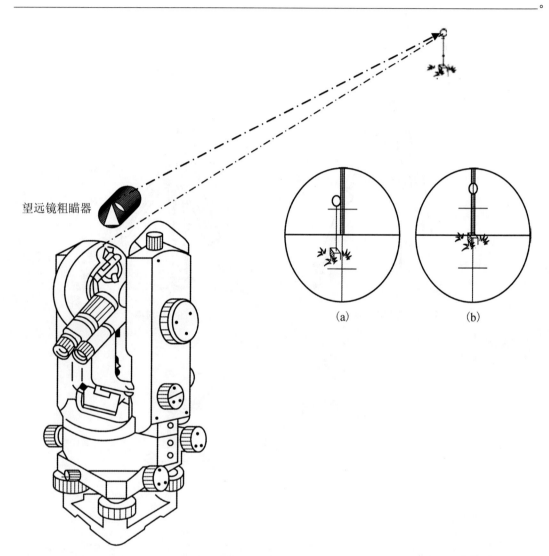

望远镜粗瞄器

(a)　　　　　　　　(b)

图9　照准、调焦

（5）读取读数（如图10～图11所示）。

DJ6型光学经纬仪起始读数 $0°00'00''$。

操作要领如下。

① 打开_____。

② 转动_____螺旋使度盘读数为 $0°00'00''$。

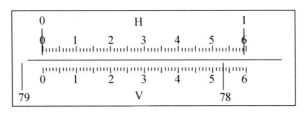

图 10　起始读数

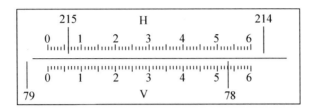

图 11　目标读数

DJ6 型光学经纬仪读数 H：＿＿＿＿＿＿　V：＿＿＿＿＿＿

DJ2 型光学经纬仪读数方法：在水平角观测中要求起始读数为 0°00′00″对镜分划线重合（如图 12 所示）。

操作要领如下（如图 13 所示）。

① 分微尺为 0′00″。操作规律：＿＿＿＿＿＿＿＿＿＿＿＿＿＿＿＿＿＿＿。

② 度盘为 0°00′对镜分划线重合。操作规律：＿＿＿＿＿＿＿＿＿＿＿＿＿＿＿＿＿。

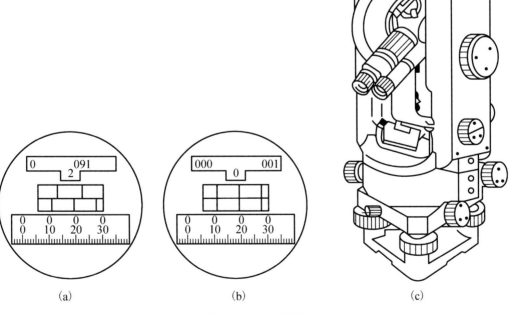

（a）　　　　　　　　　（b）　　　　　　　　　（c）

图 12　DJ2 示意图

③ 每一次瞄准目标读取读数时必须对镜分划线重合其操作规律：＿＿＿＿＿＿＿＿＿＿

＿＿＿＿＿＿＿＿＿＿＿＿＿＿＿＿＿＿＿＿＿＿。使对镜分划线重合后再读取水平度盘读

数为＿＿＿＿＿＿＿＿＿＿＿＿＿＿＿＿＿＿＿＿＿＿＿＿。

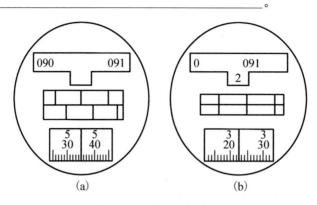

图 13　经纬仪目标读数

（6）实习任务。

熟悉经纬仪各部件构造、名称、位置及各部件的作用。熟悉经纬仪的操作步骤。回答填写实习任务中的问题，总结实训心得体会，上交。

3．注意事项

（1）在实训期间仪器跟前不得离人，以防人为的跑动碰倒仪器，或大风刮倒仪器。

（2）正确使用仪器各部分螺旋，应注意对螺旋不能用力强拧，以防损坏。

（3）操作中管水准器要与圆水准器同时居中，否则仪器不满足条件。

4．总结实训心得体会

实训报告二　测回法水平角观测实训

1. 实训目的

$$\Delta\beta = \beta_左 - \beta_右 = \cdots \leqslant \pm 40''$$

（1）熟练掌握经纬仪各部位名称、构造及作用。

（2）掌握水平角测回法的观测方法。

2. 实训任务

测回法观测水平角。

3. 实训要求

每位学生至少观测一个测站。

（1）经纬仪对中、整平，要反复进行，同时达到精度要求，否则测出的水平角不是工程中所需要的角度。

（2）水平角起始读数要求是 $0°00'00''$。

（3）盘左、盘右瞄准同一目标时，要用十字丝纵丝准确瞄准同一目标，否则所测角值超出允许范围。

（4）DJ2 级光学经纬仪读数时一定要对镜分划窗口上下格重齐，才能读取读数。

4. 实训步骤（如图 14 所示）

（1）安置仪器（粗略对中、整平）。

（2）精确对中、整平。

（3）粗略瞄准。

（4）目镜调焦。

（5）物镜调焦。

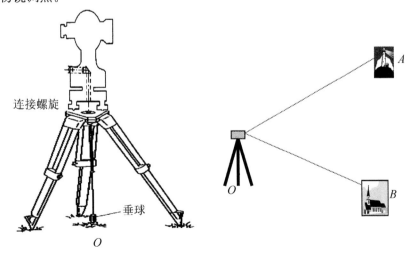

连接螺旋

垂球

图 14　水平角观测实训

（6）调焦照准。

（7）观测水平角。

5. 观测数据及计算

（1）盘左。$\alpha_左 =$ \qquad ; $b_左 =$

（2）盘右。$\beta_左 = b_左 - \alpha_左 = \alpha_右 =$ \qquad ; $b_右 =$

（3）精度要求

$$\beta_右 = b_右 - \alpha_右 =$$

（4）一测回角值。

6. 填写水平角观测记录表（见表 11）

$$\beta = \frac{1}{2}(\beta_左 + \beta_右) =$$

表 11　水平角观测记录表

测站	盘位目标		水平角度数 /(° ′ ″)	水平角观测值		各测回平均值 /(° ′ ″)
				半测回值 /(° ′ ″)	一测回值 /(° ′ ″)	
O_1	盘左	α				
		b				
	盘右	α				
		b				
O_2	盘左	α				
		b				
	盘右	α				
		b				

7. 总结实训心得体会

实训报告三　电子经纬仪水平角观测实训

1. 实训目的

（1）熟练掌握电子经纬仪显示屏各按键的名称及作用（如图 15 所示）。

（2）熟悉水平角测回法的观测方法。

2. 实训任务

（1）显示屏各按键的名称及作用。

（2）观测一测回水平角。

3. 实习要求

每位学生至少观测一个测站。

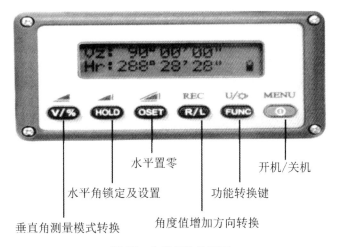

图 15　电子经纬仪外观

4. 实习步骤

（1）填写电子经纬仪显示屏各键的名称及其功能表（见表 12）。

表 12　电子经纬仪显示屏各键的名称及其功能表

序号	显示屏各键的名称	功　　能
1		
2		
3		
4		
5		
6		
7		

（2）熟练掌握电子经纬仪使用方法及步骤。

电子经纬仪操作步骤（①～⑦）如下。

① _____；② _____；③ _____；④ _____；⑤ _____；⑥ _____；
⑦ _____。

（3）水平角观测（要求观测两个测回）。

① 盘左。$\alpha_左=$ _____；$b_左=$

② 盘右。$\alpha_右=$ _____；$b_右=$

$$\beta_右=b_左-\alpha_左=$$

③ 精度要求$\Delta\beta(\leqslant\pm 20'')=\beta_左-\beta_右$

$$\beta_右=b_右-\alpha_右=$$

④ 一测回角值$\beta=\frac{1}{2}(\beta_左+\beta_右)=$

（4）填写水平角观测记录表（见表13）。

表13　水平角观测记录表

测站	盘位目标		水平角度数 /(° ′ ″)	水平角观测值		各测回平均值 /(° ′ ″)
				半测回值 /(° ′ ″)	一测回值 /(° ′ ″)	
O	盘左	α				
		b				
	盘右	α				
		b				
O	盘左	α				
		b				
	盘右	α				
		b				

5．总结实训心得体会

实训报告四 角度闭合差实训

1. 实训目的

（1）练习几何图形水平角闭合差观测方法。

（2）掌握几何图形水平角闭合差计算方法。

2. 实习要求

每测量小组要求几何三角形或几何四边形观测和计算。

3. 实训任务

1）几何三角形观测（如图 16 所示）

观测步骤如下。

（1）观测∠AOB 角值。

（2）观测∠OAB 角值。

（3）观测∠ABO 角值。

（4）计算三角形 AOB 的角值是否等于 180。

2）将观测值填写到表 14

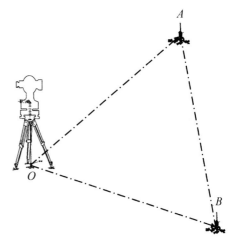

图 16 几何三角形观测

表 14 几何三角形记录表

测站	盘位目标		水平角度数 /(°′″)	水平角观测值		观测三角形 AOB 与 180°的差值 /(°′″)	调整数	改正后一测回值 /(°′″)
				半测回值 /(°′″)	一测回值 /(°′″)			
O	盘左	α						
		b						
	盘右	b						
		α						
A	盘左	b						
		o						
	盘右	o						
		b						
B	盘左	o						
		α						
	盘右	α						
		o						

25

4. 几何多边形观测（如图 17 所示）

1）观测步骤

（1）观测∠AOB 角值；同时观测∠AOC 角值。
（2）观测∠CAO 角值；同时观测∠CAB 角值。
（3）观测∠BCA 角值；同时观测∠OCA 角值。
（4）观测∠OBC 角值；同时观测∠OBA 角值。
（5）计算四边形 AOBC 的角值是否等于 360°。
（6）计算三角形 AOC 的角值是否等于 180°。
（7）计算三角形 AOB 的角值是否等于 180°。

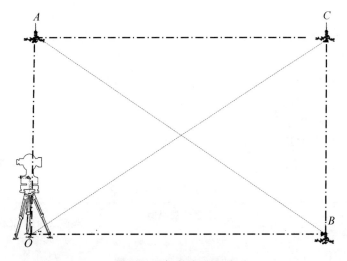

图 17　几何多边形观测

2）将观测值填写到表 15

表 15　几何多边形记录表

盘位目标		水平角度数 /(° ′ ″)	水平角观测值		与180° 差值 /(° ′ ″)	改正数 /(″)	第一次改正 一测回值 /(° ′ ″)	几何多边形 AOBC 与理论 值的差值 /(° ′ ″)	改正数	第二次 改正一 测回值 /(° ′ ″)
			半测回值 /(° ′ ″)	一测回值 /(° ′ ″)						
O	盘左	α								
		b								
	盘右	α								
		b								
	盘左	α								
		c								
	盘右	α								
		c								

26

盘位	目标	水平角度数 /(° ′ ″)	水平角观测值		与180°差值 /(° ′ ″)	改正数 /(″)	第一次改正一测回值 /(° ′ ″)	几何多边形 AOBC 与理论值的差值 /(° ′ ″)	改正数 /(″)	第二次改正一测回值 /(° ′ ″)
			半测回值 /(° ′ ″)	一测回值 /(° ′ ″)						
A	盘左	c								
		o								
	盘右	c								
		o								
	盘左	c								
		b								
	盘右	c								
		b								
C	盘左	b								
		a								
	盘右	b								
		a								
	盘左	b								
		o								
	盘右	b								
		o								
B	盘左	o								
		c								
	盘右	o								
		c								
	盘左	o								
		a								
	盘右	o								
		a								

实训报告五　竖直角及垂直度观测实训

1. 实训目的

(1) 熟练掌握竖直角观测方法。

(2) 掌握建筑物、构筑物垂直度的观测方法。

2. 实习要求

每位学生要观测一测站的竖直角和建筑物或一根柱子的垂直度。

3. 实训任务

1）竖直角观测

竖直角观测操作步骤如下。

(1) 安置三脚架概略对中。

(2) 安置仪器精确对中、整平。

(3) 概略瞄准＿＿＿＿＿＿＿＿＿＿＿＿＿＿＿＿＿＿＿＿＿＿＿＿＿＿＿＿＿＿＿。

(4) 目镜调焦。

(5) 物镜调焦。

(6) 精确瞄准＿＿＿＿＿＿＿＿＿＿＿＿＿＿＿＿＿＿＿＿＿＿＿＿＿＿＿＿＿＿＿。

(7) 读取观测值，填写竖直角观测记录表（见表16）。

表16　竖直角记录表

班级＿＿＿＿＿　学号＿＿＿＿＿　姓名＿＿＿＿＿　小组＿＿＿＿＿

测站	目标	竖盘位置	竖盘读数	竖直角	平均角值	指标差
O	A	左				
		右				

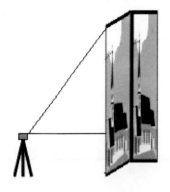

图18　垂直度观测

① 盘左。$\alpha_{左} = 90° - L =$

② 盘右。$\alpha_{右} = R - 270° =$

③ 精度要求。$X = \frac{1}{2}\left[(L+R) - 360°\right] =$

④ 竖直角 $\alpha = \frac{1}{2}(\alpha_{左} - \alpha_{右}) =$

2）垂直度观测（如图18所示）

建筑物或柱子垂直度观测操作步骤如下。

(1) 在建筑物观测棱边的45°延长线上，距离≥$1.5H$ 选择观测点。

(2) 安置仪器精确对中、整平。

(3) 概略瞄准＿＿＿＿＿＿＿＿＿＿＿＿＿＿＿＿＿＿＿＿＿＿＿。

(4) 目镜调焦。

(5) 物镜调焦。

（6）准确瞄准＿＿＿＿＿＿＿＿＿＿＿＿＿＿＿＿＿。

垂直度观测记录：望远镜纵丝瞄准所测建筑物顶部的边缘，固定照准部望远镜往下辐射到建筑物的底部，量取偏差值计算偏差度。

3）垂直度观测记录（如图19所示）

① 盘左。$\delta_{左} =$

② 盘右。$\delta_{右} =$

③ 倾斜值。$\delta = \frac{1}{2}(\delta_{左} + \delta_{右}) =$

④ 精度要求。$X = \frac{1}{2}[(L+R) - 360°] =$

⑤ 垂直度 $\iota = \frac{\delta}{H} =$

⑥ 读取观测值填写垂直角观测记录表（见表17）。

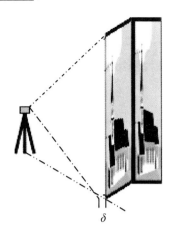

图 19 垂直度观测记录

表 17　经纬仪垂直度记录表

班级＿＿＿＿＿＿　学号＿＿＿＿＿＿　姓名＿＿＿＿＿＿　小组＿＿＿＿＿＿

测站	目标	竖盘位置	是否有偏差值	平均偏差值	允许偏差值	备注
O	A	左				
		右				
	B	左				
		右				

4. 总结实训心得体会

实训报告六　经纬仪的检验与校正实训

1. 实训目的和要求

掌握经纬仪各轴线必须满足的条件及检验方法。

2. 实训任务

经纬仪的轴线及其应满足的条件如下。

(1) 经纬仪的轴线：＿＿＿＿、＿＿＿＿、＿＿＿＿、＿＿＿＿。

(2) 应满足的条件：＿＿＿、＿＿＿、＿＿＿、＿＿＿、＿＿＿、＿＿＿。

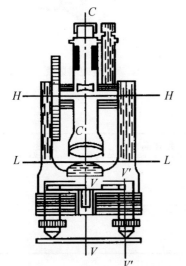

图20　经纬仪的检验与校正

3. 经纬仪的检验与校正（如图20所示）

1) 水准管轴的检验与校正

检验目的：水准管轴垂直于竖轴 $LL \perp VV$。

要求：掌握检验，了解校正。

检验方法如下。

(1) 整平仪器：包括圆水准器和管水准器同时居中。

(2) 再将仪器旋转180°。

(3) 如水准管气泡仍居中，说明水准管轴与竖轴垂直。

(4) 若气泡不再居中，则说明水准管轴与竖轴不垂直，需要校正。

检验结果：

如需校正：误差值 $x =$

2) 十字丝竖丝垂直于横轴的检验与校正

检验目的：十字丝竖丝垂直于横轴。

检验要求：掌握检验，了解校正。

检验方法如下（如图21所示）。

(1) 离墙面＞5m处安置仪器整平，将望远镜十字丝交点画在墙上为 P 点，固定制动螺旋，转动竖直微动螺旋，看十字丝竖丝移动。

(2) 如果十字丝竖丝始终沿着 P 点移动，则证明十字丝竖丝垂直于横轴，如图21(b)所示。

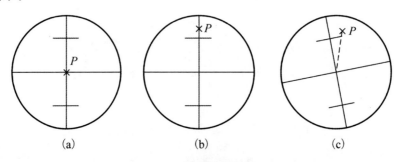

(a)　　　　　　　　　(b)　　　　　　　　　(c)

图21　十字丝竖丝的检验

（3）如果十字丝竖丝不沿 P 点移动，证明十字丝竖丝不垂直于横轴，需要校正，如图 21(c) 所示。

检验结果：

如需校正：误差值 $x=$

3）望远镜视准轴的检验与校正

检验目的：视准轴垂直于横轴 $LL \perp CC$。

检验要求：掌握检验，了解校正。

注：视准轴不垂直于横轴所偏离的角值 c 称为视准轴误差。具有视准轴误差的望远镜绕横轴旋转时，视准轴将扫过一个圆锥面，而不是一个竖直面。

检验方法如下（如图 22 所示）。

（1）在 A、B 两面都有墙面或柱子之间，选择 20～100m（距离越远误差越大，易检查），现选择柱间距 24m 在 AB 连线中点 O 处安置经纬仪，对中整平仪器。

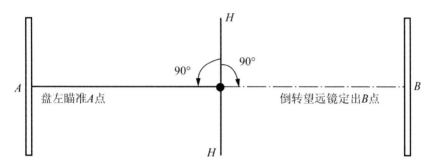

图 22　望远镜视准轴的检验（一）

（2）盘左。望远镜放置水平竖直度盘为 90°瞄准柱子（或墙面）把十字丝交点画在柱子上为 A 点，制动照准部，纵转望远镜盘右放置水平竖直度盘为 270°，瞄准对面柱子（或墙面）把十字丝交点画在柱子上为 B 点，如图 23(a) 所示。

（3）盘右。打开照准部制动螺旋再次瞄准 A 点，望远镜放置水平竖直度盘为 270°，制动照准部，纵转望远镜放置水平竖直度盘为 90°看是否能找到 B 点，如果能找到 B 点，证明：视准轴垂直于横轴 $LL \perp CC$。

如果找不到 B 点（即 B 为 B_1 点），如图 23(b) 所示，再在柱子上画出 B_2 点，说明视准轴不垂直于横轴，需要校正。

检验结果：

如需校正：误差值 $c = \dfrac{B_1 B_2}{4D} = \rho$

4）横轴垂直于竖轴的检验与校正

检验目的：横轴垂直于竖轴。

检验要求：掌握检验，了解校正。

检验方法如下（如图 24 所示）。

（1）在距一垂直墙面 20～30m 处，安置经纬仪，整平仪器。

（2）盘左位置，瞄准墙面上高处一明显目标 P，仰角宜在 30°左右。

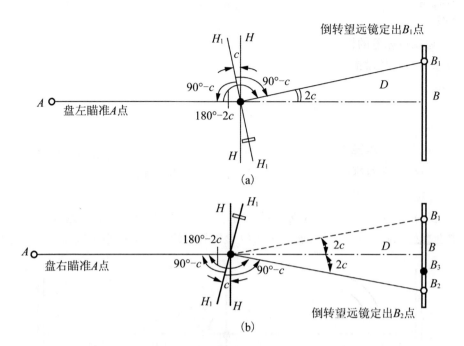

倒转望远镜定出B_1点

盘左瞄准A点

(a)

盘右瞄准A点

倒转望远镜定出B_2点

(b)

图23 望远镜视准轴的检验(二)

图24 横轴垂直于竖轴的检验

(3)将望远镜放置水平,固定照准部,根据十字丝交点在墙上定出一点P_1。

(4)倒转望远镜成盘右位置,再次瞄准P点,再将望远镜放置水平,固定照准部,定出点P_2;如果P_1、P_2两点重合,说明横轴是水平的横轴垂直于竖轴;否则,需要校正。

检验结果：

如需校正：误差值 $x=$

5）竖盘指标差的检验与校正

检验目的：竖盘指标差 $x=0$。

检验要求：观测竖直角时随时检查 $x=(L+R)-360°=0$。

检验方法如下（如图 25 所示）。

（1）对于同一台仪器来说，指标差应是一个常数，指标差为 x。

（2）盘左。望远镜水平竖盘读数实际上是 $90°+x$；盘右实际上是 $270°+x$。

（3）盘左、盘右观测的正确竖直角应为

$$a_{左}=(90°+x)-L$$
$$a_{右}=R-(270°+x)$$

由上式可以导出：$x=\dfrac{1}{2}\left[(L+R)-360°\right]$

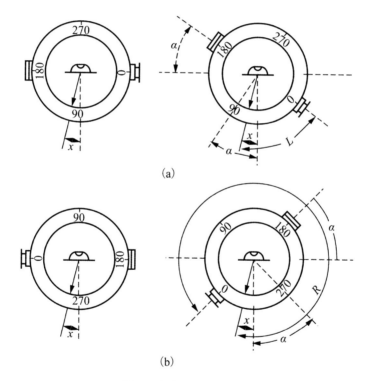

(a)

(b)

图25　竖盘指标差的检验

因此，盘左读数 L 和盘右读数 R 相加应为 $360°$，即 $(L+R)-360°=0$。因在操作过程中难免有盘左、盘右的瞄准误差，所以指标差 $x≥1'$ 时仪器的指标差需要校正。

检验结果：

如需校正：误差值 $x=$

6）对中器的检验与校正

检验目的：对中器视准轴的折光轴与仪器竖轴重合。

检验要求：安置仪器每次对中、整平必须检查。

检验方法如下（如图 26 所示）：

（1）整平仪器。

（2）把对中器圆圈中心画在地面上为 O 点，绕竖轴 $180°$，看对中器圆圈中心与地面上 O 点是否还重合。

（3）重合，说明对中器视准轴的折光轴与仪器竖轴重合。证明检验合格，可正常使用。

（4）不重合，需要校正。

检验结果：

如需校正：误差值 $x=$

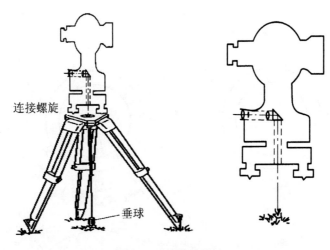

连接螺旋

垂球

图 26　对中器的检验

4. 总结实训心得体会

【经典习题】

一、选择题

1. 经纬仪精确整平的要求是（　　）。

A. 转动脚螺旋管水准器气泡居中

B. 转动脚螺旋圆水准器气泡居中

C. 转动微倾螺旋管水准器气泡居中

D. 管水准器与圆水准器气泡同时居中

2. 经纬仪的安置仪器顺序是（　　）。

A. 对中、整平　　　　B. 照准、调焦　　　　C. 读取读数　　　　D. A、B、C

3. 经纬仪安置时，整平的目的是使仪器的（　　）。

A. 竖轴位于铅垂位置，水平度盘水平

B. 水准管气泡居中

C. 竖盘指标处于正确位置

D. 圆水准器气泡居中

4. 产生视差的原因是（　　）。

A. 仪器校正不完善　　　　　　　　B. 物像与十字丝面未重合

C. 十字丝分划板不正确　　　　　　D. 目镜呈像错误

5. 用经纬仪观测水平角时，尽量照准目标的底部，其目的是为了消除（　　）误差对测角的影响。

A. 对中　　　　　B. 照准　　　　　C. 目标偏心　　　　D. 整平

6. 采用盘左、盘右的水平角观测方法，可以消除（　　）误差。

A. 对中　　　　　　　　　　　　　B. 十字丝的竖丝不铅垂

C. 视准轴不垂直横轴　　　　　　　D. 整平

7. 若经纬仪的视准轴与横轴不垂直，在观测水平角时取其平均值，其盘左盘右的误差影响是（　　）。

A. 大小相等　　　　　　　　　　　B. 大小相等，符号相同

C. 大小不等，符号相同　　　　　　D. 允许范围

8. 用测回法观测水平角，可以消除（　　）误差。

A. 2C　　　　　　　　　　　　　　B. 指标差

C. 横轴误差大气折光误差　　　　　D. 对中误差

9. 当经纬仪的望远镜上下转动时，竖直度盘（　　）。

A. 与望远镜一起转动　　　　　　　B. 与望远镜相对转动

C. 不动　　　　　　　　　　　　　D. 有时一起转动有时相对转动

10. 观测某目标的竖直角，盘左读数为 $101°23'36''$，盘右读数为 $258°36'00''$，则指标差为（　　）。

A．$24''$　　　　　　B．$-12''$　　　　　　C．$-24''$　　　　　D. $12''$

11. 经纬仪的竖盘按顺时针方向注记，当视线水平时，盘左竖盘读数为 $90°$，盘左读数为 $75°10'24''$，则此目标的竖直角为（　　）。

A. $57°10'24''$　　　　B．$-14°49'36''$　　　　C．$14°49'36''$　　　　D．$-57°10'24''$

12. 竖直指标水准管气泡居中的目的是（　　）。

A. 使度盘指标处于水平位置

B. 使竖盘处于铅垂位置

C. 使竖盘指标处于铅垂位置指向 90°

D. 使竖盘指标指向 0°

13. 经纬仪视准轴检验和校正的目的是（　　）。

A. 使横轴垂直于竖轴　　　　　　　B. 使视准轴垂直横轴

C. 使视准轴平行于水准管轴　　　　D. 使视准轴平行于横轴

14. 在经纬仪照准部的水准管检校过程中，仪器按规律整平后，把照准部旋转180°，气泡偏离零点，说明（　　）。

A. 水准管不平行于横轴

B. 仪器竖轴不垂直于横轴

C. 水准管轴不垂直于仪器竖轴

D. 竖轴不垂直与横丝

15. 光学经纬仪应满足（　　）项几何条件。

A. 3　　　　　　　　B. 4　　　　　　　　C. 5　　　　　　　　D. 6

二、简答题

1. 什么是水平角？经纬仪为什么能测出水平角？

2. 经纬仪上有几对制动与微动螺旋？它们各起什么作用？

3. 光学经纬仪有何优点？试述 DJ6 级光学经纬仪分微尺读数的方法。

4. 测量水平角时为什么要对中？如图 27 所示，测量∠ABC（90°），设对中时在∠ABC 的分线上偏离了 5mm，已知 AB 的距离为 100m，BC 的距离 80m。试问，因对中误差而引起的角度误差是多少？

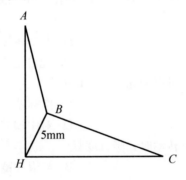

图 27　水平角

5. 测量水平角时，为什么要整平？试述经纬仪整平的步骤。

6. 观测水平角时，水平度盘的起始读数应为 $0°00'00''$，应该怎样操作？

7. 怎样正确瞄准目标？

8. 什么是竖直角？测量水平角与测量竖直角有何不同？为什么在读取竖直度盘读数时要求竖盘指标水准管气泡居中？

9. 整理用测回法观测水平角的记录表。

10. 怎样确定竖直角的计算公式？

11. 整理垂直角观测记录，并分析有无竖盘指标差。

12. 经纬仪应满足的几何条件是什么？

13. 观测水平角时，为什么要求用盘左、盘右观测？盘左、盘右观测取平均值能否消除水平度盘不水平造成的误差？

14. 在检验视准轴垂直于横轴时，为什么目标要选择与仪器同高？在检验横轴垂直于竖轴时，为什么目标要选择得较高？上述两项检校的顺序可否颠倒？

15. 电子经纬仪有哪些功能？与光学经纬仪的主要区别是什么？

任务三　距 离 测 量

距离测量实训报告

1. 实训目的和要求

1）实训目的

（1）练习直线定线。

（2）练习普通钢尺量距。

（3）练习在某一方向上已知距离的测设。

2）实训任务

（1）在实训场地上相距 60~80m A、B 两点各打一木桩，作为直线的端点桩，木桩上钉小铁钉或画十字线作为点位标志，木桩高出地面约 5cm。

（2）进行直线定线。先在 A、B 两点立好标杆，观测员甲在 A 点标杆后面 1m 左右，用单眼通过 A 标杆一侧瞄准 B 标杆同一侧，形成视线，观测员乙拿着一根标杆到欲定点①处，侧身立好标杆，根据甲的指挥左右移动，当甲观测到①点标在 AB 杆同一侧并视线相切时，喊"好"，乙即在①点做好标志，插一测钎，这时①点就是直线上的一点。同样可以标定出②点、③点等位置。如需将 AB 线延长，则可仿照上述方法，在 AB 直线延长线上定线。

3）丈量距离

在记录表中进行成果整理和精度计算。直线丈量相对误差要小于 1/2000。如果丈量成果超限，要分析原因并进行重测，直至符合要求为止。

2. 已知距离测设

沿 AB 方向，标出已知的距离 D_{AC}，D_{AD}，D_{AE} 的点 C、D、E。

1）实训要求

（1）实训时间为 2 课时，随堂实训。

（2）每 4 人一组，选一名小组长，负责仪器领取及交还。

（3）仪器工具：30m 钢尺一把、花杆 3 根、测钎 5 根、木桩 3 根、斧子 1 把、记录板 1 块和工具包 1 个。

2）实习任务

每人在 AB 段定线一次、测量一次、记录计算一次和标定已知距离的点 3 个。

3. 注意事项

（1）本次实训内容多，各组学生要互相帮助，以防出现事故。

（2）借领的仪器和工具在实训中要保管好，防止丢失。

（3）钢尺切勿扭折或在地上拖拉，用后要用油布擦净，然后卷入盒中。

（4）往返测要重新定线。

4. 根据实训组织、实训任务、实训步骤认真填写表 18 和表 19

表 18　距离丈量记录表一

工程名称：_____　　　天气：_____　　　钢尺型号：_____

钢尺名义长度：_____m　量距者：_____　　　记录者：_____

测线	方向	整尺段数	零尺段/m	合计/m	较差/m	平均值/m	精度	备注

表 19　距离丈量记录表二

日期：_____　　班级：_____　　组别：_____　　姓名：_____　　学号：_____

实训名称	钢尺一般量距和已知距离测设	成绩	
仪器和工具			
实训 场地 布置 草图			
实训 主要 步骤			
实训 总结			

38

任务四　工程测量中全站仪的应用

实训报告一　全站仪操作流程

1. 开机顺序

开机→星号键→照明→根据箭头指向(按功能键对应指示方向调节屏幕内容)→补偿(整平)→指向(发出激光指向)→参数→退出【ESC】。

2. 水平角观测

P1↓→P2→复测→先瞄准第一个目标→置零→瞄准第二个目标→锁定→再瞄准第一个目标→释放→置零→再瞄准第二个目标。

3. 距离测量

瞄准目标→测量。

4. 坐标测量

1) 采集坐标点

P1↓→P2→设置(输入仪器高和目标高)→确认→测站(设置测站点0.0.0)→确认→后视(设置后视点1.1.0)→确认→ 请照准后视(HR：45°00′00″)→请照准后视棱镜→再按【是】→请转动照准部照准所测目标→再按【测量】。

2) 放样坐标点

P3↓→放样→调用→确定(A盘)→P1→P2→新建→3(新建坐标文件)→输入坐标文件名(100)→确认→▽(找到新建坐标文件100)→确认→按数字键1(设置测站点)→调用→添加→输入点名：编码：测站点坐标(N：0　E：0　Z：0)→确认→ENT→【是】→输入仪器高→确认→按数字键2(设置后视点)→调用→添加→输入点名：编码：测站点坐标(N：1　E：0　Z：1.2)→确认→ENT→【是】→请照准后视→再按【是】→按数字键3(设置放样点)→调用→添加→输入点名：编码：放样点坐标(N：5　E：5　Z：1.2)→确认→ENT→【是】→输入目标高→确认→放样→计算值→HR＝45°00′00″→HD＝7.071m→距离→HR＝0°00′00″→dHR＝(－45°0′00″)→转动照准部→dHR＝0°0′00″(指挥棱镜按在望远镜十字丝纵丝方向线上)→测量→平距＝3.98m→dHD＝－1.02m指挥棱镜向前→测量(直到)→平距＝7.071m→dHD＝－0.00m(为止)在地面上定下放样点。

39

实训报告二　全站仪的常规测量

1. 实训目的

(1) 认识全站仪的构造，了解仪器各部件的名称和作用。

(2) 初步掌握全站仪的操作要领。

(3) 掌握全站仪测量角度、距离和坐标的方法。

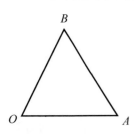

图28　测点

2. 实训任务

如图 28 所示，地面上选三个地面点 O、A、B，其中 O (1 000，1 000，150)，后视方向 OB 的方位角 $\alpha_{OB} = 45°00'00''$。完成以下实训内容。

(1) 采用测回法一测回观测 $\angle O$、$\angle A$、$\angle B$。

(2) 采用对向观测的方法测量 OB、OA、AB 的水平距离，其中每测回观测三次。

(3) 根据 O 和 B 点的已知数据，量取仪器高度和 A 点目标高度，观测 A 点的坐标。

3. 实训报告

根据实训组织、实训任务、实训步骤认真填写表 20 和表 21。

表 20　全站仪测回法测水平角记录表

日　期：_____　天　气：_____　仪器型号：_____　组号：_____
观测者：_____　记录者：_____　立棱镜者：_____

测点	盘位	目标	水平度盘读数 /(°′″)	水平角 半测回值/(°′″)	水平角 一测回角值/(°′″)	示意图
O	左	B				
		A				
	右	B				
		A				
B	左	A				
		O				
	右	A				
		O				
A	左	O				
		B				
	右	O				
		B				

40

表 21　全站仪水平距离和高差测量记录表

日　期：_____　天　气：_____　仪器型号：_____　组号：_____
观测者：_____　记录者：_____　立棱镜者：_____

直线		往测水平距离/m				返测水平距离/m				平均值/m
起点	终点	第一次	第二次	第三次	平均	第一次	第二次	第三次	平均	
OB										
OA										
AB										

实训报告三　三维坐标放样

认真填写实训报告，见表 22。

表 22　全站仪三维坐标测量记录表

日　期：_____天　气：_____仪器型号：_____组号：_____
观测者：_____记录者：_____立棱镜者：_____

已知：测站点的三维坐标 $X=$ ___0.000___ m，$Y=$ ___0.000___ m，$H=$ ___0.000___ m。

测站点至后视点的坐标方位角 $\alpha=$ ___90°___ 。

量得：测站仪器高＝_____ m，前视点的棱镜高＝_____ m。

用盘左测得前视点的三维坐标为：

　　$X=$ _____ m，$Y=$ _____ m，$H=$ _____ m。

用盘右测得前视点的三维坐标为：

　　$X=$ _____ m，$Y=$ _____ m，$H=$ _____ m。

平均坐标为：

　　$X=$ _____ m，$Y=$ _____ m，$H=$ _____ m。

实训报告四 工程测量放样

1. 实训目的

(1) 熟练全站仪安置及常规操作。

(2) 掌握利用全站仪进行距离测设及点位三维坐标的测设方法。

2. 实训任务

1) 实训任务一

如图29所示，地面有两个已知点O和B，其中测站点坐标O(5678.123，2451.392，100)，B作为已知后视点，OB边的坐标方位角$\alpha_{OB} = 221°37'45''$，量取仪器高度和棱镜高度，利用全站仪放样的方法放样三个点位：P_1(5691.416，2453.664，101.123)；P_2(5694.524，2456.002，100.651)；P_3(5697.857，2458.534，100.486)，填写表23。

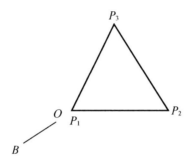

图29 工程测量放样实训任务一图

2) 实训任务二

放样完成后，采用测回法一测回观测$\angle P_1$、$\angle P_2$、$\angle P_3$及$D_{P_1P_2}$、$D_{P_1P_3}$、$D_{P_2P_3}$的水平距离和P_1P_2、P_1P_3、P_2P_3之间的高差，填写完实训表24。

3. 实训报告

根据实训组织、实训任务、实训步骤认真填写实训表格(见表23～表26)。

表23 实训任务一记录表

日期：_____ 天气：_____ 仪器型号：_____ 组号：_____
观测者：_____ 记录者：_____ 立棱镜者：_____

已知：测站点的三维坐标$X=$_____ m，$Y=$_____ m，$H=$_____ m。
测站点至后视点的坐标方位角$\alpha=$_____。
待放样点_____的三维坐标$X=$_____ m，$Y=$_____ m，$H=$_____ m；
待放样点_____的三维坐标$X=$_____ m，$Y=$_____ m，$H=$_____ m；
待放样点_____的三维坐标$X=$_____ m，$Y=$_____ m，$H=$_____ m。
量得：测站仪器高=_____ m，前视点的棱镜高=_____ m。则：
待放样点_____处的地面，需_____(填"填"或"挖")，其填挖高度为_____ m；
待放样点_____处的地面，需_____(填"填"或"挖")，其填挖高度为_____ m；
待放样点_____处的地面，需_____(填"填"或"挖")，其填挖高度为_____ m。

表 24　实训任务二数据表

测点	目标	水平度盘读数/(° ′ ″)	半测回角值/(° ′ ″)	一测回角值/(° ′ ″)	水平距离/m	高差/m
O	B					
	A					
	B					
	A					
B	A					
	O					
	A					
	O					
A	O					
	B					
	O					
	B					

量得：测站仪器高＝_____ m，前视点的棱镜高＝_____ m。

表 25　结论一

观测角	理论值/(° ′ ″)	实测值/(° ′ ″)	差值/(° ′ ″)
$\angle P_1$			
$\angle P_2$			
$\angle P_3$			

表 26　结论二

边	理论水平距离/m	实测水平距离/m	差值/m	理论高差/m	实测高差/m	差值/m
P_1P_2						
P_1P_3						
P_2P_3						

实训报告五 后方交会

1. 实训目的

（1）熟练全站仪的操作。

（2）理解后方交会的原理。

（3）掌握利用全站仪进行交会定点（后方交会）的方法。

2. 实训任务

1）实训任务一

如图 30 所示，在地面上找三个已知点 A、B、C，三点坐标值为（100，100）、（100，90）、（90，90）。

操作步骤如下。

（1）先固定一地面点 A，坐标为（100，100）。

（2）以 A 为测站点，按照距离放样的方法精确放样 10m 水平距离，定出 B 点。

（3）以 A 为测站点，B 为后视点，按坐标放样的方法精确放样出 C 点的点位。

2）实训任务二

（1）另外选取一点 O，该点距离三个地面已知点 A、B、C 之间的距离均要大于 10m。

（2）在新点 O 上安置全站仪，选择后方交会程序，观测 A、B、C 三点计算 O 点坐标值。

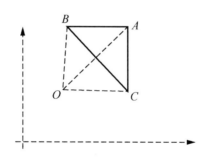

图 30 后方交会实训任务一图

3. 实训报告

根据实训组织、实训任务、实训步骤认真填写实训记录表（见表 27）。

表 27 全站仪后方交会记录表

观测者：_____ 记录者：_____ 立棱镜者：_____

测站点的仪器高度 $H=$ _____ m，棱镜目标高 $h=$ _____ m。
观测点 A 坐标 $X=$ _____ m，$Y=$ _____ m。
观测点 B 坐标 $X=$ _____ m，$Y=$ _____ m。
观测点 C 坐标 $X=$ _____ m，$Y=$ _____ m。
交会测站点 O 的坐标 $X=$ _____ m，$Y=$ _____ m。

实训报告六　道路缓和平曲线放样

1. 实训目的

(1) 熟练全站仪的操作。

(2) 掌握道路平曲线要素计算方法。

(3) 掌握利用全站仪进行道路平曲线测设的方法。

2. 实训任务

1) 任务一，主点要素计算

如图31(a)所示，为某市区临街建筑平面设计图示，内弧长为55m，中间每间弧长4m，两边间弧长为1.5m，ZY点的里程为DK8+156.78，其总平面位置如图31(b)所示。

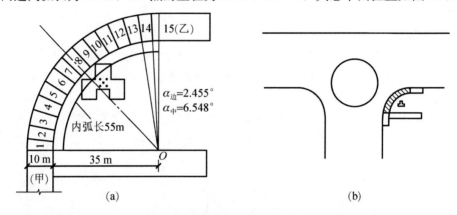

图31　某市区临街建筑平面设计图示及总平面位置

(1) 切线长 $T=$ _____ m，曲线长 $L=$ _____ m，外距 $E=$ _____ m，切曲差 $D=$ _____ m。

(2) 各主点里程：ZY 点 = _____，YZ 点 = _____，QZ 点 = _____，JD 点 = _____。

2) 任务二，道路中线平曲线测量

(1) 线路布设。线路中线由长约200m的线路组成，包含两条曲线和三段直线，如图32所示。

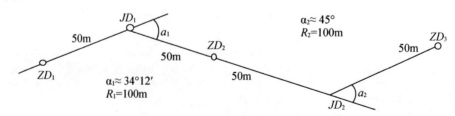

图32　线路布设

(2) 施测要求。图32中的 ZD_1、JD_1、ZD_2、JD_2 这些控制线路走向的点，从 ZD_1 点开始沿直线方向测设50m直线距离，测设点 JD_1，在 JD_1 处测设转角 α_1，在方向线上

测设 50m 距离，测设点 ZD_2，继续沿方向线测设 50m 距离，测设点 JD_2，在 JD_2 点处测设转角 α_2，沿方向线测设 50m 直线距离，标定点 ZD_3。

各组参考图中的数据在实地标定出上述 6 点。转向角及各折线段长度要基本符合要求。

曲线间隔 10m，按照整桩号法设桩，在地形变化处和按设计需要应另设加桩，且加桩宜设在整米处。

3. 实训报告

根据实训组织、实训任务、实训步骤认真填写实训报告。

按照偏角法测设的方法计算测设数据，填写数据表格(见表 28 和表 29)。

1) 圆曲线 1 测设前的计算工作

(1) 已知：$\alpha=$ $R=$

转折点里程桩号为_____。

(2) 要求。

① 查出圆曲线元素与三主点的桩点。

表 28　测设前的计算工作

计算者：
检查者：

切线长		曲线起点的桩号	
曲线长		曲线终点的桩号	
外矢距		曲线中点的桩号	

② 计算用偏角法详细测设曲线时各标定点的桩号、偏角和弦长。

表 29　各标定点信息

曲线上第 1 点的桩号		点 1 的偏角		弦长	
曲线上第 2 点的桩号		点 2 的总偏角		弦长	
曲线上第 3 点的桩号		点 3 的总偏角		弦长	
曲线上第 4 点的桩号		点 4 的总偏角		弦长	
曲线上第 5 点的桩号		点 5 的总偏角		弦长	
曲线上第 6 点的桩号		点 6 的总偏角		弦长	
曲线上第 7 点的桩号		点 7 的总偏角		弦长	
曲线上第 8 点的桩号		点 8 的总偏角		弦长	
曲线上第 9 点的桩号		点 9 的总偏角		弦长	
曲线上第 10 点的桩号		点 10 的总偏角		弦长	
曲线上第 11 点的桩号		点 11 的总偏角		弦长	
曲线上第 12 点的桩号		点 12 的总偏角		弦长	
曲线上终点的桩号		终点的总偏角		弦长	

曲线终点的总偏角应等于圆心角 α 之半，但因计算中凑整关系不能完全相等，不过对测量成果无甚影响。

2）圆曲线 2 测设前的计算工作

（1）已知：$\alpha=$　　　　　　　　　$R=$

转折点里程桩号为＿＿＿＿＿。

（2）要求。

① 查出圆曲线元素与三主点的桩点

② 计算用偏角法详细测设曲线时各标定点的桩号、偏角和弦长。

曲线终点的总偏角应等于圆心角 α 之半，但因计算中凑整关系不能完全相等，不过对测量成果没什么影响。

实训报告七　建筑物施工定位

如图 33 所示的四边形定位放样步骤如下。

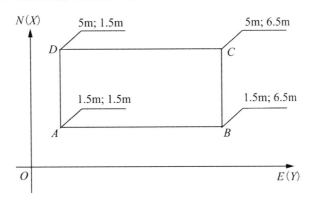

图 33　四边形定位放样

（1）开机→星号键→调节有无棱镜→补偿→整平、对中→退出。

（2）MENU 菜单→放样→文件名 A→确认。

（3）1 设置测站点→调用→添加→点名 0→编码 01→N：0.000—E：0.000—Z：0.000→确认→ENT→设置测站点→N0：0.000—E0：0.000—Z0：0.000→【是】→仪器高 1.2m→确认。

（4）2 设置后视点→调用→添加→点名 1→编号 002→N：5.000—E：0.00—Z：0.00→确认→设置后视点，NBS：5.000→EBS：0.000→ZBS：0.000→【是】→请照准后视点（或后视方向）→HR=0°00′00″再按【是】。

（5）3 设置放样点→调用→添加→点名 3→编码 03→N：1.500—E：1.500→Z：0.00→确认→ENT→设置放样点→N：1.500—E：1.500→Z：0.00→【是】→目标高 1.1m→确认→计算值：HR=45°00′00″→HD=2.121→可按（距离）或按（指挥）→转动照准部使 dHR=0°00′00″→指挥棱镜放在望远镜十字丝交点上→按测量→如：平距 2.446m；距离差 dHD=0.325m→指挥棱镜向前 0.325m→距离差 dHD=0.000m；平距 2.121m（在地面上定下 A 点的位置）。

（6）按下点。重复：3 设置放样点→调用→添加，重复操作，直至在地面上定出 B、C、D 点的位置。

实训报告八　建筑物施工定位验收

如图 34 所示，全站仪检测步骤如下。

（1）检测∠AOB 角值，同时检测∠AOC 角值。

（2）检测∠CAO 角值，同时检测∠CAB 角值。

（3）检测∠BCA 角值，同时检测∠OCA 角值。

（4）检测∠OBC 角值，同时检测∠OBA 角值。

（5）计算四边形 AOBC 的角值是否等于 360°。

（6）计算三角形 AOC 的角值是否等于 180°。

（7）计算三角形 AOB 的角值是否等于 180°。

认真填好实训数据（见表 30）。

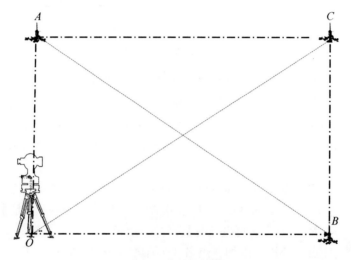

图 34　全站仪检测

表 30　几何多边形观测记录

盘位目标		水平角度数/(°′″)	水平角观测值		与 180°差值/(°′″)	改正数/(″)	第一次改正一测回值/(°′″)	几何多边形 AOBC 与理论值的差值/(°′″)	改正数	第二次改正一测回值/(°′″)
			半测回值/(°′″)	一测回值/(°′″)						
O	盘左	α								
		b								
	盘右	b								
		a								
	盘左	α								
		c								
	盘右	c								
		a								

50

盘位	目标	水平角度数 /(° ′ ″)	水平角观测值		与180° 差值 /(° ′ ″)	改正数 /(″)	第一次改正 一测回值 /(° ′ ″)	几何多边形 AOBC 与理论 值的差值 /(° ′ ″)	改正数	第二次 改正一 测回值 /(° ′ ″)
			半测回值 /(° ′ ″)	一测回值 /(° ′ ″)						
A	盘左	c								
		o								
	盘右	c								
		o								
	盘左	c								
		b								
	盘右	c								
		b								
C	盘左	b								
		a								
	盘右	b								
		a								
	盘左	b								
		o								
	盘右	b								
		o								
B	盘左	o								
		c								
	盘右	o								
		c								
	盘左	o								
		a								
	盘右	o								
		a								

51

实训报告九　三角形定位放样

如图 35 所示，三角形定位放样步骤如下。

（1）开机→星号键→调节有无棱镜→补偿→整平、对中→退出。

（2）MENU 菜单→放样→文件名 A→确认。

（3）1 设置测站点→调用→添加→点名 0→编码 01→N：0.000→E：0.000→Z：0.000→确认→ENT→设置测站点→N0：0.000—E0：0.000→Z0：0.000→【是】→仪器高 1.2m→确认。

（4）2 设置后视点→调用→添加→点名 1→编号 02→N：5.000—E：0.00→Z：0.00→确认 →设置后视点 NBS：5.000→EBS：0.000→ZBS：0.000→【是】→请照准后视点（或后视方向）→HR=0°00′00″再【是】。

（5）3 设置放样点→调用→添加→点名 3→编码 03→N：2.000—E：2.000→Z：0.00→确认→ENT →设置放样点→N：2.000—E：2.000→Z：0.00→【是】→目标高 1.1m→确认→计算值：HR=45°00′00″→HD=2.828→可按（距离）或按（指挥）顺时针转动照准部使 dHR=0°00′00″→指挥棱镜放在望远镜十字丝交点上→按测量→如：平距 2.61m →dHD=−0.218m→指挥棱镜向后退 0.218m→直到 dHD=0.000m。在地面上定下 A 点。

（6）按下点。重复 3 设置放样点→调用→添加→同上操作定出 C、D。

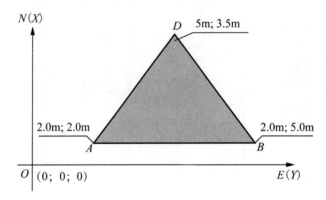

图 35　三角形定位放样

实训报告十　三角形角度闭合差检测

1. 实训目的

(1) 练习几何图形水平角闭合差检测方法。

(2) 熟练几何图形水平角闭合差计算方法。

2. 实习要求

每测量小组要求几何三角形检测和计算。

3. 实训任务

完成如图 36 所示的几何三角形检测，并将结果记录于表 31 中。

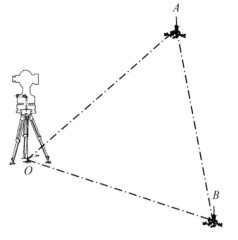

图 36　几何三角形检测

检测步骤如下。

(1) 检测 ∠AOB 角值。

(2) 检测 ∠OAB 角值。

(3) 检测 ∠ABO 角值。

(4) 计算三角形 AOB 的角值是否等于 180°。

表 31　几何三角形记录表

测站	盘位目标		水平角度数 /(° ′ ″)	水平角观测值		观测三角形 AOB 与 180°的差值 /(° ′ ″)	调整数	改正后一测回值 /(° ′ ″)
				半测回值 /(° ′ ″)	一测回值 /(° ′ ″)			
O	盘左	α						
		b						
	盘右	b						
		α						
A	盘左	b						
		o						
	盘右	o						
		b						
B	盘左	o						
		b						
	盘右	b						
		o						

实训报告十一　道路工程测量放样

1. 道路工程测量放样步骤

（1）开机→星号键→调节有无棱镜→补偿→整平、对中→退出→菜单→4 程序→6 道路→1 水平定线→DISK：A 确定→P1 翻页→P2 新建→P1 翻页→P2—5 新建水平定线文件→文件名 00 确认→按下光标选中 00.SHL→确认键 ENT→添加→起始点→桩号 000→N：000→E：000→确认→起始点→添加→水平定线→桩号：0.000→方位：0°00′00″→01→直线→方位：0°00′00″确认→长线 500→确认→水平定线→桩号：500.00→方位：0°00′00″→02→缓曲→缓和曲线→半径 500→确认→弧长 100→水平定线→桩号：600.00→方位：5°43′46″→03→圆弧→圆曲线→半径 200→确认→弧长 60→水平定线→桩号：660.00→方位：22°55′05″→04→缓曲→缓和曲线→半径 500→弧长 100→确认→水平定线→桩号：760.00→方位：28°38′52″→05→直线→方位：28°38′52″→确认→线长 500→确认→水平定线→桩号：1260.00→方位：28°38′52″→06→退出 ESC→退出 ESC。

（2）3 道路放样→1 选择文件→1 选择水平定线文件→文件名 A→确认→退出 ESC。

（3）2 设置测站点→桩号 000→偏差 000→仪器高 1.2→确认→测站点 0.00→编码 0000→NO：00→EO：00→ZO：00 确认。

（4）3 设置后视点→桩号 10→确认→偏差 000→目标高 1.000→确认→后视点：10.000→编码：0.000→NBS：10.000→EBS：0.000→ZBS：0.000→确认→请照准后视：0°00′00″【是】。

（5）4 设置放样点→道路放样→起始桩号 0.000→确认→桩间距 50→确认→左偏差 000→确认→右偏差→确认→道路放样→桩号：0.000→偏差：0.000→高差：0000→目标高：1.000→编辑→桩号：50.000→确认→偏差：0.000→确认→高差：0000→确认目标高：1.000→确认→放样→点名：50.000→编码：0000→N：50.000→E：0.000→Z：0.000→确认→道路放样→HR＝0°00′00″→HD＝50.000→可按（距离）或按（指挥）→棱镜放在望远镜十字丝交点上→测量→HR＝0°00′00″→dHR＝0°00′00″→平距：35.446m→dHD＝－14.554m→指挥棱镜向后退 14.554m→直到平距：50.000m→dHD＝0.000m→下点。

（6）搬站置里程桩号 50 点位上（对中整平后）照准后视→放样→点名：100.00→编号：0.000→N：100.000→E：0.000→Z：0.00→确认（重复上述操作）指挥棱镜→直到里程桩号 500。

（7）缓和曲线→搬站置里程桩号 500 点位上（照准后视）→计算值→HR＝0°05′43″→HD＝248.997m→距离→转动照准部使 dHR＝0°00′00″→测量→指挥棱镜重复定点操作，或按→指挥→转动照准部：0°00′00″→测量↔按箭头指挥前后左右移动棱镜。

（8）道路放样操作。

① 显示选择文件类型，例：按［3］键（选择放样坐标文件）。

```
选择文件
1.选择水平定线文件
2.选择垂直定线文件
3.选择放样坐标文件
```

② 显示选择放样坐标文件屏幕，可直接输入要调用数据的文件名，也可从内存中调用文件。

```
选择放样坐标文件
文件名: SOUTH


回退    调用    数字    确认
```

③ 按［F2］(调用)键，显示磁盘列表，选择需作业的文件所在的磁盘，按［F4］或［ENT］键进入，显示坐标数据文件目录。

```
SOUTH.SCD          [坐标]
S0001              [DIR]
DATA.SCD           [坐标]

属性    查找    退出    P1↓
```

④ 按［▲］或［▼］键，可使文件表向上或向下滚动，选择一个工作文件。

```
SOUTH.SCD          [坐标]
S0001              [DIR]
DATA.SCD           [坐标]

属性    查找    退出    P1↓
```

⑤ 按［F4］(确认)键，文件即被选择。按［ESC］键，返回道路放样菜单。

```
道路
1.水平定线
2.垂直定线
3.道路放样


道路放样
1.选择文件
2.设置测站点
3.设置后视点
4.设置放样点
```

⑥ 在"道路"菜单中选择"3. 道路放样",然后在"道路放样"菜单中选择"2. 设置测站点"。

⑦ 进入设置测站点屏幕。

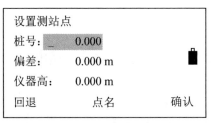

⑧ 输入测站点的桩号、偏差,按〔F4〕(确认)。

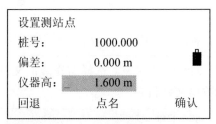

⑨ 仪器根据输入的桩号和偏差,计算出该点的坐标。若内存中有该桩号的垂直定线数据,则显示该点的高程,若没有垂直定线数据,显示为0。

⑩ 按〔F4〕(确认)键,完成测站点的设置,屏幕返回道路放样菜单屏幕。

```
道路放样
1.选择文件
2.设置测站点
3.设置后视点
4.设置放样点
```

⑪ 在"道路"菜单中选择"3. 道路放样",然后在"道路放样"菜单中选择"3. 设置后视点"。

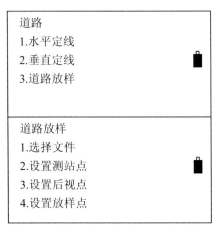

⑫ 进入设置后视点屏幕。

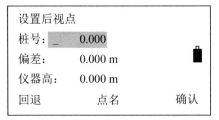

⑬ 按〔F3〕（点名）。

⑭ 按〔F3〕（NE/AZ）。

⑮ 按〔F3〕（角度）。

⑯ 输入后视方位角，按〔F4〕（确认）键，屏幕提示照准后视点。

⑰ 照准后视点，按［F4］（是）键，后视点设置完毕，屏幕返回道路放样菜单。

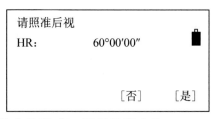

```
请照准后视
HR:              60°00′00″

                               [否]      [是]
```

⑱ 在"道路放样"菜单中选择"4. 设置放样点"。

```
道路放样
1.选择文件
2.设置测站点
3.设置后视点
4.设置放样点
```

```
道路放样
1.选择文件
2.设置测站点
3.设置后视点
4.设置放样点
```

⑲ 进入定线放样数据屏幕，输入起始桩号、桩号增量，边桩点与中线的平距，并按
［F4］（确认）键，进入下一输入屏。左偏差：表示左边桩点与中线的平距。

```
道路放样                    1/2
起始桩: _    0.000
桩间距:      0.000 m
左偏差:      0.000 m
回退                       确认
```

⑳ 输入边桩与中线点的高程差，并按［F4］（确认）键。右偏差：为右边桩与中线的
平距。左高差：表示左边桩点与中线的高程差。右高差：表示右边桩点与中线的高程差。

```
道路放样                    2/2
右偏差: _    0.000 m
左高差:      0.000 m
右高差:      0.000 m
回退                       确认
```

㉑ 屏幕显示中线的桩号和偏差屏幕。

```
道路放样
桩号:        1000.000
偏差:         0.000 m
高差:         0.000 m                 🔋
目标高:       0.000 m

编辑       坡度            放样
```

㉒ 按(左偏)或(右偏)放样左(或右)边桩,相应的桩号、偏差、高程差将显示在屏幕上。按〔编辑〕,可手工编辑桩号、偏差、高差和目标高。偏差为负数:表示偏差点在中线左侧。偏差为正数:表示偏差点在中线右侧。按▲或▼减/增桩号。

```
道路放样
桩号:        1000.000
偏差:        10.000 m
高差:        10.000 m                🔋
目标高:       1.600 m

编辑       坡度            放样
```

㉓ 当所要放样的桩号和偏差出现时,按〔F3〕(放样)确认,屏幕将显示计算出是待放样点的坐标。在该屏幕中,按〔F2〕(记录)可将数据保存在选定的文件中按〔F1〕(编辑)可手工编辑数据内容。按〔F4〕(确认)开始放样。

```
点名:1012
编码:12.000

N:          1599.255 m
E:          1599.924 m                🔋
Z:             0.000 m

编辑        记录          确认
```

㉔ 仪器就先进行放样元素的计算。HR:放样点的水平角计算值。HD:仪器到放样点的水平距离计算值。

```
道路放样
计算值

HR=122°09′30″
HD=245.777m                           🔋

距离        坐标
```

㉕ 照准棱镜,按〔F1〕(距离)键,再按〔F1〕(测量)键。HR:实际测量的水平角。dHR:对准放样点仪器应转动的水平角=实际水平角−计算的水平角。当 dHR=0°00′00″时,即表明放样方向正确。平距:实测的水平距离。dHD:对准放样点尚差的水平距离。

dZ＝实测高差－计算高差。

```
┌─────────────────────────────────┐
│ HR:        2°09′30″             │
│ dHR:       22°39′30″            │
│ 平距*[单次]          −<m   ▮    │
│ dHD:                            │
│ dZ:                             │
│ 测量    模式    标高    下点     │
├─────────────────────────────────┤
│ HR:        2°09′30″             │
│ dHR:       22°39′30″            │
│ 平距:           25.777m         │
│ dHD:            −5.321m    ▮    │
│ dZ:             1.278m          │
│ 测量    模式    标高    下点     │
└─────────────────────────────────┘
```

㉖ 按［F2］（模式）键进行测量模式的转换。

```
┌─────────────────────────────────┐
│ HR:        2°09′30″             │
│ dHR:       22°39′30″            │
│ 平距*[重复]          −<m   ▮    │
│ dHD:            −5.321m         │
│ dZ:             1.278m          │
│ 测量    模式    标高    下点     │
└─────────────────────────────────┘
```

㉗ 当显示值 dHR，dHD 和 dZ 均为 0 时，则放样点的测设已经完成。

```
┌─────────────────────────────────┐
│ HR:        2°09′30″             │
│ dHR:       0°0′0″               │
│ 平距*           25.777m         │
│ dHD:            0.000m     ▮    │
│ dZ:             0.000m          │
│ 测量    模式    标高    下点     │
└─────────────────────────────────┘
```

㉘ 按［F4］（下点）键，进入下一个点的放样。偏差为负数：表示偏差点在中线左侧；偏差为正数：表示偏差点在中线右侧。

```
┌─────────────────────────────────┐
│ 道路放样                        │
│ 桩号:        1000.000           │
│ 偏差:        10.000 m           │
│ 高差:        10.000 m     ▮    │
│ 目标高:      1.600 m            │
│ 编辑    坡度      放样           │
└─────────────────────────────────┘
```

2. 实训要求

1) 实训组织与分配

实训时间为 2 课时，随堂实训；每 4~6 人一组，选一名小组长，组长负责仪器领取及交还。

2) 仪器与工具

每小组全站仪 1 台、棱镜 1 个，三脚架 1 个，棱镜对中杆 1 个，5m 卷尺一把。

3) 注意事项

(1) 搬运仪器时，要提供合适的减震措施，以防止仪器受到突然的震动。

(2) 近距离将仪器和脚架一起搬动时，应保持仪器竖直向上。

(3) 在保养物镜、目镜和棱镜时，使用干净的毛刷扫取灰尘，然后再用干净的绒棉布蘸酒精由透镜中心向外一圈圈地轻轻擦拭。

(4) 应保持插头清洁、干燥，使用时要吹出插头的灰尘与其他细小物体。在测量过程中，若拔出插头，则可能丢失数据。拔出插头之前应先关机。

(5) 装卸电池时，必须关闭电源。

(6) 仪器只能存放在干燥的室内。充电时周围温度应为 10~30℃。

(7) 全站仪是精密、贵重的测量仪器，要防日晒、防雨淋、防碰撞震动。严禁仪器被阳光直接照射。

(8) 操作前应仔细阅读本实训指导书，认真听教师讲解。不明白操作方法与步骤的，不得操作仪器。

3. 实训报告

根据实训组织、实训任务、实训步骤，认真填写实训报告。

【经典习题】

一、选择题

1. 全站仪的安置操作包括(　　)。

A. 对中 　　　　　　　　　　　 B. 对中和整平

C. 整平 　　　　　　　　　　　 D. 对中、整平、瞄准

2. 转动目镜调焦螺旋的目的是(　　)。

A. 看清近处目标 　　　　　　　 B. 看清远处目标

C. 消除视差 　　　　　　　　　 D. 看清十字丝

3. 在瞄准目标时，消除视差的方法是(　　)使十字丝和目标影像清晰。

A. 转动物镜对光螺旋

B. 转动目镜对光螺旋

C. 反复交替调节目镜及物镜对光螺旋

D. 让眼睛休息一下

4. 测回法进行水平角观测时照准部旋转顺序是(　　)。

A. 左顺右逆 　　　 B. 左逆右顺 　　　 C. 左顺右顺 　　　 D. 左逆右逆

5. 在进行坐标测量的过程中，需要进行操作有（　　）。

A. 设站、测量
B. 设站、后视
C. 设站、后视、测量
D. 没有正确答案

6. 在进行坐标测量的过程中，设置后视方向的目的是（　　）。

A. 确定坐标轴刻画大小
B. 确定坐标轴指向
C. 确定坐标原点位置
D. 没有正确答案

7. 测设的基本工作包括（　　）三项内容。

A. 角度测设　　　　B. 高程测设　　　　C. 点位测设　　　　D. 距离测设

8. 在进行点位测设的过程中，需要进行操作有（　　）。

A. 设站、测量
B. 设站、后视
C. 设站、后视、放样
D. 没有正确答案

二、简答题

1. 何谓全站仪？全站仪主要能够完成什么测量工作？

2. 描述全站仪的安置操作。

3. 简述全站仪进行点位放样的主要步骤。

【提高能力测试题】

利用全站仪进行建筑物定位放样。如图 37 所示，已知某建筑红线上两控制点 O (5423.165，2583.672)、B(5425.213，2634.861)，建筑物一外廓边距离红线 50m，试分析计算该外廓边所需放样点坐标值，并实地放样出来。

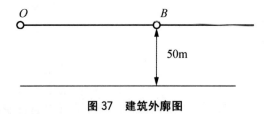

图 37　建筑外廓图

【补充知识】全站仪常用的日常检验校正方法

1. 距离加常数的检测

仪器出厂前距离加常数经过严格测定及设置，但由于距离加常数会发生变化，故应在已有基线上定期进行测定。如果无此条件，请按下面介绍的方法进行测定。

注意

仪器和棱镜的安置误差和照准误差都会影响距离加常数的测定结果。因此，作业时应特别细心，并使仪器和棱镜等高。在不平坦的场地上进行测定，应利用水准仪来测设仪器和棱镜高。

（1）在一平坦场地上，如图38所示，选择相距约100m的两点 A 和 B，分别在 A、B 点上设置仪器和棱镜，并定出中点 C。

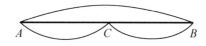

图38　全站仪距离加常数的检测

（2）精确测定 AB 间水平距离 10 次并计算平均值。

（3）将仪器移至 C 点，在 A、B 点设置棱镜。

（4）精确测定 CA 和 CB 的水平距离 10 次，分别计算平均值。

（5）用下面的公式计算距离加常数：$K = AB - (CA + CB)$。

（6）如果仪器的标准常数和测量后计算所得的常数存在差异，可进入"仪器参数设置"修改仪器参数。

（7）设置后应在另一基线上再次比较仪器的常数。

图39　长水准器检验

2. 照准部水准器

1）长水准器的检验与校正

（1）检验，如图39所示。

① 将长水准器置于与某两个脚螺旋 A、B 连线平行的方向上，旋转这两个脚螺旋使长水准器气泡居中。

② 将仪器绕竖轴旋转180°，观察长水准器气泡的移动；若气泡不居中，则按下述方法进行校正。

（2）校正。

① 利用校针调整长水准器一端的校正螺丝，将长水准器气泡向中间移回偏移量的一半。

② 利用脚螺旋调平剩下的一半气泡偏移量。

③ 将仪器绕竖轴再一次旋转180°，检查气泡是否居中；若不居中，则应重复上述操作。

2）圆水准器的检验与校正

（1）检验，如图40所示。

利用长水准器仔细整平仪器，若圆水准器气泡居中，就不必校正；否则，应按下述方法进行校正。

（2）校正，如图41所示。利用校针调整圆水准器上的三个校正螺丝使圆水准器气泡居中。

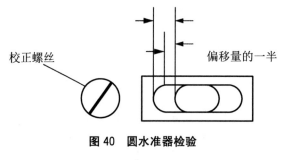

图 40 圆水准器检验

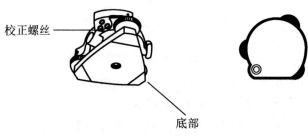

校正螺丝

底部

图 41 圆水准器校正

3. 十字丝的校正

(1) 检验，如图 42 所示。

① 将仪器安置在三脚架上，严格整平。

② 用十字丝交点瞄准至少 160 英尺(50m)外的某一清晰点 A。

③ 望远镜上下转动，观察 A 点是否沿着十字丝竖丝移动。

④ 如果 A 点一直沿十字丝竖丝移动，则说明十字丝位置正确(此时无需校正)，否则应校正十字丝。

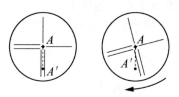

图 42 十字丝检验

(2) 校正，如图 43 所示。

① 逆时针旋出望远镜目镜一端的护罩，可以看见四个目镜固定螺丝。

② 用改锥稍微松动四个固定螺丝，旋转目镜座直至十字丝与 A 点重合，最后将四个固定螺钉旋紧。

③ 重复上述检验步骤，若十字丝位置不正确则应继续校正。

4. 仪器视准轴的校正

(1) 检验，如图 44 所示。

① 将仪器置于两个清晰的目标点 A、B 之间，仪器到 A、B 距离相等，约 50m。

② 利用长水准器严格整平仪器。

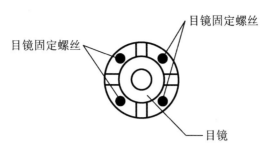

目镜固定螺丝　　　　　　目镜固定螺丝

目镜

图 43　十字丝校正

③ 瞄准 A 点。

④ 松开望远镜垂直制动手轮，将望远镜绕水平轴旋转 180°瞄准目标 B，然后旋紧望远镜垂直制动手轮。

⑤ 松开水平制动手轮，使仪器绕竖轴旋转 180°，再一次照准 A 点并拧紧水平制动手轮。

⑥ 松开垂直制动手轮，将望远镜绕水平轴旋转 180°，设十字丝交点所照准的目标点为 C，C 点应该与 B 点重合；若 B、C 不重合，则应按下述方法校正。

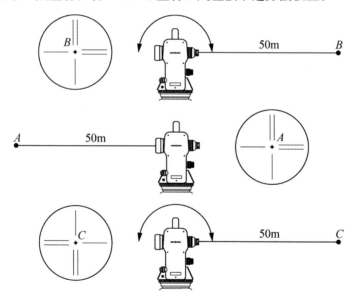

图 44　视准轴检验

（2）校正，如图 45 所示。

① 旋下望远镜目镜一端的保护罩。

② 在 B、C 之间定出一点 D，使 CD 等于 BC 四分之一。

③ 利用校针旋转十字丝的左、右两个校正螺丝，将十字丝中心移到 D 点。

④ 校正完成后，应按上述方法进行检验。若达到要求，则校正结束；否则，应重复上述校正过程，直至达到要求。

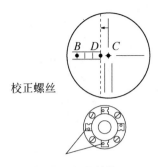

校正螺丝

图 45　视准轴校正

5. 光学对点器的检验与校正

（1）检验。

① 将光学对点器中心标志对准某一清晰地面点。

② 将仪器绕竖轴旋转 $180°$，观察光学对点器的中心标志。若地面点仍位于中心标志处，则不需校正；否则，需按下述步骤进行校正。

（2）校正，如图 46 所示。

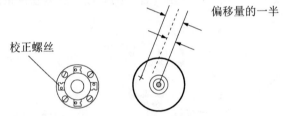

偏移量的一半

校正螺丝

图 46　光学对点器校正

① 打开光学对点器望远镜目镜的护罩，可以看见四个校正螺丝，用校针旋转这四个校正螺丝，使对点器中心标志向地面点移动，移动量为偏离量的一半。

② 利用脚螺旋使地面点与对点器中心标志重合。

③ 再一次将仪器绕竖轴旋转 $180°$，检查中心标志与地面点是否重合。若两者重合，则不需校正；如不重合，则应重复上述校正步骤。

6. 激光对点器的检验与校正

（1）检验。

① 按动激光对点器开关，将激光点对准某一清晰地面点。

② 将仪器绕竖轴旋转 $180°$，观察激光点。若地面点仍位于激光点处，则不需校正；否则，需按下述步骤进行校正。

（2）校正。

① 打开激光对点器的护罩，可以看见四个校正螺丝，用校针旋转这四个校正螺丝，使对点器激光点向地面点移动，移动量为偏离量的一半。

② 利用脚螺旋使地面点与对点器激光点重合。

③ 再一次将仪器绕竖轴旋转 $180°$，检查激光点与地面点是否重合。若两者重合，则不需校正；如不重合，则应重复上述校正步骤。

实操训练二　工程测量应用实训任务

任务五　工程测量施工实训教学周实训任务

工程测量施工 1～2 周实训任务见表 32。

表 32　工程测量施工 1～2 周实训任务

序号	内　容 （可根据不同专业选择内容）	学时 分配	简　图
1	导线控制测量 1. 检验仪器。 2. 测量导线点间水平距离。 3. 导线点间水平角测量。 4. 绘制水准测量路线简图。 5. 路线检核及内业计算	1	
2	高程控制测量 1. 检验仪器。 2. 根据已知水准点按选定测量路线进行闭合或往返水准测量，引测五个施工控制点 BM$_1$、BM$_2$、BM$_3$、BM$_4$、BM$_5$。 3. 绘制水准测量路线简图。 4. 路线检核及成果计算	1	
3	建筑物定位、放线 1. 检验仪器。 2. 全站仪控制测量。 3. 全站仪定位。 4. 全站仪检测控制点及定位点。 5. 放出建筑基线。 6. 扩出开挖边界线	1	

序号	内 容 (可根据不同专业选择内容)	学时 分配	简 图
4	基坑抄平及基础恢复轴线 1. 测设基坑 0.5m(或 1m)标准线。 2. 沿基坑抄 0.5m(或 1m)标准线。 3. 检验基坑深度是否达到设计要求。 4. 坑底抄平。 5. 测设垫层指标桩。 6. 画出简图，注明测设过程	1	
5	主体结构施工测量 1. 基础结构外立面、基础顶面测设轴线。 2. 弹出基础顶面轴线墨线。 3. 测设基础外侧－0.100 标准线。 4. 测设平面内控网。 5. 验收基础外侧轴线及平面内控网	1	

序号	内 容 (可根据不同专业选择内容)	学时 分配	简 图
6	高程传递 1. 沿结构柱外侧投测轴线(或中线)打出墨线。 2. 根据±0.000用水准仪测设0.5m(或1m)标准线。 3. 传递高程。 4. 抄0.5m(或1m)标准线。 5. 验收层高及总高。 6. 画出简图,注明测设过程	0.5	
7	道路施工控制桩 1. 测设已知高程,定出A、B起点和终点。 2. 测设已知坡度线,定出1、2、3、4点的施工控制桩。 3. 验收控制点高程。 4. 画出简图,注明测设过程	0.5	
8	碎部测量 1. 小平板仪和经纬仪联测,绘制小地区大比例尺地形简图。 2. 整理实训报告	1	

实训报告一　施工现场导线控制测量

1. 实训的性质和目的

以控制测量、碎部测量及视距测量为主建立施工控制网及绘制大比例尺地形图的综合性教学实训，能使每个学生熟悉控制测量、碎部测量及视距测量外业与内业作业的全过程，掌握施工测量方法、测量规范，利用各种仪器和技术进行数据采集与数据处理的基本方法与技能。本项实训进一步锻炼学生对水准仪、经纬仪及全站仪等各种测量仪器的操作能力，使学生更加熟练掌握各种测量仪器在测量工作中的应用和使用方法。本项综合性实训可在专门的实习场地进行，也可视具体情况结合生产实习进行。

本项实训的主要目的有以下几点。

（1）巩固和加深课堂所学理论知识，培养学生理论联系实际和动手能力。

（2）熟练掌握常用测量仪器(水准仪、经纬仪、全站仪)的使用。

（3）掌握常用仪器的简单必要检校方法。

（4）掌握导线测量、碎部测量、四等水准测量的观测和计算方法。

（5）了解数字测图的基本程序及相关软件的应用。

（6）通过完成测量实际任务的锻炼，提高学生独立从事工程施工、组织与管理能力，培养学生相互配合具有良好的专业品质和职业道德，达到培养学生综合素质培养的教学目的。

2. 实训任务

以控制测量、碎部测量及视距测量为主建立施工控制网及绘制大比例尺地形图的综合性教学实训，需完成以下实训任务。

（1）采用导线测量完成小地区平面控制测量。

（2）由指导教师根据实训场地选定 BM_A 点，指定后视方向，方位角 $45°$。实地踏勘待测点 BM_1、BM_2、BM_3、BM_4、BM_5，如图 47 所示。

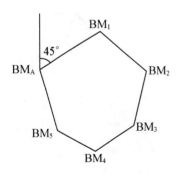

图 47　导线测量测点

（3）用全站仪或经纬仪完成导线测量转折角观测记录表 33。

整理外业工作数据，完成内业计算。

（4）根据内业计算成果，绘制小地区大比例尺地形简图。

（5）整理实训材料，提交实训报告。

3. 实训安排及工具

（1）安排。每实习小组由 4～5 人组成，1 人为组长，负责全组的实训组织安排和管理。

（2）每个实训小组设备。包括全站仪一套或经纬仪 1 套，皮尺 1 把，花杆 2 根，垂球 1 个。自备工程测量应用实训任务书和相关图纸及笔、计算器。

4. 教学要求

（1）为保证实训的质量，要求教师在布置实训任务时，根据实训场地的特点有差异地布置实训任务。

（2）根据实训任务的内容，要求学生的计算书内容应清晰完整。包括导线测量转折角观测记录表、数据整理及导线内业计算；各种施测简图、测量过程及记录。最后填写好实训报告，上交实训指导教师。

（3）要保证实习质量。要求各项实训数据满足工程测量规范的精度要求。

（4）要求实训在教师指导下进行，并要注意开发和调动学生的创新能力，培养学生对所学的相关专业知识的综合应用能力和独立工作能力。

（5）每小组由组长负责小组成员的安全。保护好仪器，按时交还仪器。

5. 实训报告

（1）采用测回法观测各转角及连接角；距离填写测回法水平角观测手簿，见表 33 和表 34。

（2）完成闭合导线坐标成果计算表（见表 35）。

表 33　测回法水平角观测手簿

测站	盘位目标		水平角度数			水平角观测值						各测回平均值		
						半测回值			一测回值					
			°	′	″	°	′	″	°	′	″	°	′	″
A	盘左	1	00	00	00									
		5												
	盘右	1												
		5												
	盘左	1	90	00	00									
		5												
	盘右	1												
		5												
1														

测站	盘位目标	水平角度数			水平角观测值						各测回平均值		
					半测回值			一测回值					
		°	′	″	°	′	″	°	′	″	°	′	″
2													
3													
4													
5													
$\sum$													

表 34 导线长度记录表

导线编号	往测	返测	平均值
$\sum$			

表 35 闭合导线坐标计算表

点名	观测角（右）/(°′″)	正数/(″)	改正角/(°′″)	坐标方位角/(°′″)	边长 D/m	增量计算		改正后增量		坐标值	
						Δx/m	Δy/m	Δx/m	Δy/m	X/m	Y/m
1	2	3	4	5	6	7	8	9	10	11	12
2											
3											
4											
5											
6											
7											
8											
9											

计算：实测多边形内角和 $\beta_{测}＝$

多边形内角和 $\beta_{理}＝180°00′00″$

多边形内角和闭合差 $f_{\beta}＝$

改正数：

绘制导线测量平面控制点布置简图

实训报告二　高程控制测量

1. 实训的性质和目的

采用普通水准测量完成小地区高程控制测量，建立施工高程控制网。

(1) 巩固和加深课堂所学理论知识，培养学生理论联系实际和动手能力。

(2) 熟练掌握常用测量仪器水准仪的使用。

(3) 掌握常用仪器的简单必要检校方法。

(4) 掌握三、四等水准测量的观测和计算方法。

(5) 通过完成测量实际任务的锻炼，提高学生独立从事施工、组织与管理能力，培养学生相互协作的精神，使其具备良好的专业品质和职业道德，达到培养学生综合素质培养的教学目的。

2. 实训要求

如图 48 所示，根据导线控制测量成果水准点 BM_A，测量控制点 BM_1、BM_2、BM_3、

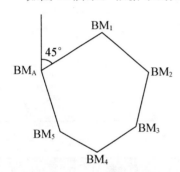

图 48　高程测量测点

BM_4、BM_5 的高程。要求每位学生独立完成一段实测高差任务，求算 BM_1 的高程。小组学生相互协作、组织协调好完成实训过程、完成好每一段实测高差任务，以此求出 BM_2、BM_3、BM_4、BM_5 的高程。随时做好记录、认真计算实训数据，真实完成好每项实训任务，独立填写好自己的实训报告。

3. 实训任务安排

(1) 模拟施工现场，根据布设好的导线网，采用普通水准测量，根据导线控制测量成果水准点 BMA 高程控制点，如图所示。采用闭合水准路线的方法，测量待定控制点出 BM_1、BM_2、BM_3、BM_4、BM_5 的高程，随时填写好水准测量手簿(见表 36)。

(2) 对水准测量数据进行整理、验算，填写水准测量成果计算表。满足精度要求填写好水准测量成果计算表(见表 37)。

(3) 绘制水准测量高程控制点布设简图。

表 36　水准测量手簿

日期： 天气：	仪器： 地点：		观测： 记录：		
测站	点号	后视读数/m	前视读数/m	高差/m	备注(观测成员安排) 观测员、记录员、立尺人
1	A				
	TP$_1$				
2	TP$_1$				
	TP$_2$				

74

测站	点号	后视读数/m	前视读数/m	高差/m	备注(观测成员安排) 观测员、记录员、立尺人

测站	点号	后视读数/m	前视读数/m	高差/m	备注(观测成员安排) 观测员、记录员、立尺人
	A				
∑					

表 37　水准测量成果计算表(闭合水准路线)

测段 编号	点名	距离/km	测站数	实测 高差/m	改正数 /m	改正后的 高差/m	高程/m
1	A						23.231
2	1						
3	2						
4	3						
5	4						
6	5						
	A						23.231

测段编号	点名	距离/km	测站数	实测高差/m	改正数/m	改正后的高差/m	高程/m
$\sum$							
辅助计算	$f_h=$ $f_容=$						

4. 实习总结

实训报告三　建筑物定位、放样

1. 实训的性质和目的

工程应用实训是根据建筑工程技术专业人才培养目标，对学生进行综合能力培养的主要实践性教学环节；也是学生应用所学的专业知识，分析解决工程实际问题的综合性训练。

实训的目的如下。

（1）掌握测量仪器的使用和测量方法。

（2）掌握建筑方格网、建筑基线的测设方法，提高相互配合的团队能力。

（3）掌握已知建筑物进行建筑物定位的测量方法与步骤。

实训的要求如下。

模拟施工中的施工组织安排，相互配合，要求每位学生分别进行控制测量和建筑定位、放样，真正做到每一个学生都与实际工程零距离接触，达到实训目的。

2. 实训的任务及内容

1）任务一

（1）任务描述。如图 49 所示，在测量实训场地上或教学楼一层连廊大厅上，模拟施工现场进行建筑方格网控制测量和建筑基线控制测量。

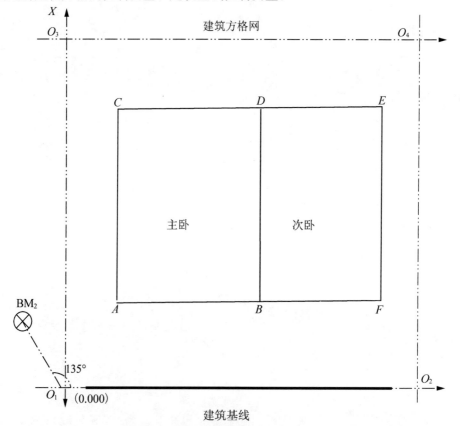

图 49　建筑方格网和基线控制测量

BM_2 坐标：$X_2 = -100m$；$Y_2 = 100m$。

O_3 坐标：$X_3 = 10.00m$；$Y_3 = 0.00m$。

O_2 坐标：$X_2 = 0.00m$；$Y_2 = 12.10m$。

A 点坐标：$X_A = 3.0m$；$Y_A = 2.0m$。

E 点坐标：$X_E = 7.0m$；$Y_E = 10.1m$。

B 点坐标：$X_B = 7.0m$；$Y_B = 6.5m$。

仪器：GPS、全站仪、电子经纬仪、皮尺一把。

（2）任务安排。GPS 由教师指导定出水准点 BM_2，每小组一套全站仪测设建筑方格网和建筑基线，每小组用电子经纬仪或全站仪一套、皮尺一个测设两居室。

叙述测设建筑方格网和建筑基线控制网的过程，两居室的测设方法及步骤。

2）任务二

（1）任务描述。模拟施工现场依据原有建筑或道路红线进行拟建建筑物的定位放线。

（2）任务要求如下。

① 以教学楼或图书楼、办公楼，宿舍的横、纵墙为依据进行拟建建筑物的定位放线，如图 50 所示。

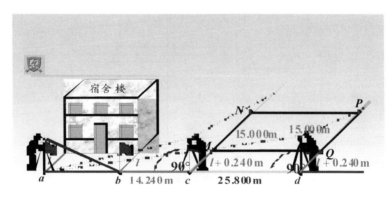

图 50　建筑物定位放线

② 拟建建筑物与原有建筑物南立面相平齐，楼距 14m，墙厚 370mm。

③ 模拟施工现场拟建建筑物 15m×25.8m。

④ 叙述测设建筑物定位方法及步骤。

3）任务三

（1）任务描述。

① 在实训场地上或在操场上，如图 51 所示，以班级为单位测设（8m×11m）、（6m×11m）、（10m×11m）的建筑方格网，在建筑方格网里再测设（6.0m×9m）、（8.0m×9m）教室。

② 仪器：GPS 、全站仪、光学经纬仪、电子经纬仪。

③ 实训要求：GPS 由教师指导测定水准点 BM_0（或全站仪引测），有班级指定 2 个小组各领全站仪测设建筑方格网，其余每小组以建筑方格网为基准，用光学经纬仪和电子经纬仪、皮尺，测设两间教室。

主要测试班级协作、组织能力，由指导教师检查测设精度为成绩及检查对仪器的操作熟练程度。

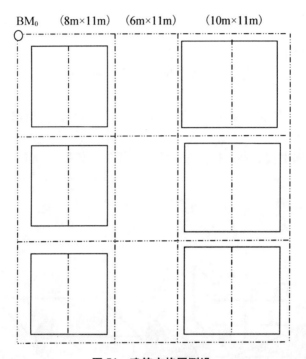

图 51　建筑方格网测设

（2）简答题如下。

① 建筑方格网定位组织方法及具体安排。

② 建筑方格网定位步骤及测设过程。

③ 建筑物两居室定位放线的步骤及操作过程。

实训报告四　基坑恢复轴线和基坑抄平

1. 实训的性质和目的

工程应用实训是根据建筑工程技术专业人才培养目标，对学生进行综合能力培养的主要实践性教学环节；也是学生应用所学的专业知识，分析解决工程实际问题的综合性训练。

实训的目的如下。

(1) 掌握基础施工测量。

(2) 掌握基础平面图的恢复。

(3) 掌握基坑标高控制网测设。

实训的要求如下。

小组长要分配好实训任务，做到每个人都有任务并能相互交叉作业，模拟施工中的施工组织安排，同时为满足每个学生都能操作不同的岗位，还要做到轮换操作，真正做到每一个学生都与实际工程零距离接触，达到实训目的。

2. 实训的任务及内容

1) 任务一，基础施工

(1) 如图 52 所示，在基底测设轴线控制桩，同时测设基底相互垂直的主控轴线，恢复基底平面轴线图。

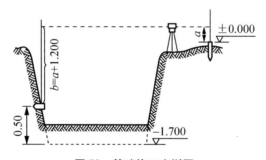

图52　基础施工实训图

① 仪器。全站仪±2″，电子经纬仪或光学经纬仪±2″。

② 精度要求。一测回角值±20″，角度闭合差±40″。

(2) 基坑抄平，如图 53 所示。

① 浅基坑抄平(测设已知水平桩)。

② 由施工现场控制桩上的±0.000 标高线，测设基坑里的 0.5m 或 1m 水平控制桩。

③ 从拐角开始每隔 3～5m 测设一个水平桩。

④ 仪器。DS$_3$ 水准仪。

⑤ 精度要求。单点测设 ±2mm 并相互校核，较差控制在 ±3mm，水平闭合差 ±10mm。

(3) 简答题如下。

① 基坑恢复轴线组织协调过程。

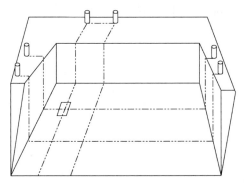

图 53　基坑抄平

② 基坑恢复轴线测设步骤及操作过程。

③ 基坑抄平组织协调过程。

④ 基坑抄平测设步骤及操作过程。

⑤ 简答测设水平桩的作用。

2）任务二

（1）任务描述。深基坑，高层建筑地下一层车库、二层车库。模拟施工现场，如图 54 所示，通过高程控制点的联测，在向基坑内引测标高。为保证竖向控制的精度，对所需的标高临时控制点即水平桩（又称腰桩）必须正确投测，腰桩的距离一般从角点开始每隔 3～5m 测设一个，比基坑底计标高高出 0.5～1.0m，并相互校核，较差控制在 ±3mm，既为满足要求。

已知基坑深 10.8m，试采用高程传递的方法，设计通过地面水准基点（±0.000m 标高点），测设基坑水平桩的方法及步骤，绘制基坑高程控制测设过程示意图。

（2）详细叙述测设方法。

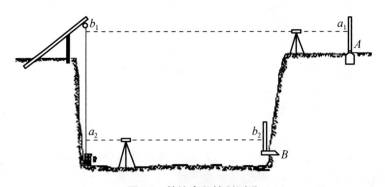

图 54　基坑高程控制测设

3）任务三

（1）任务描述。如图 55 所示，为了利用高程为 15.400m 的水准点测设设计高程为 12.000m 的水平控制桩 B，在基坑的上边缘设了一个转点 C。水准仪安置在坑底时，前、后视点处的水准尺均需倒立。

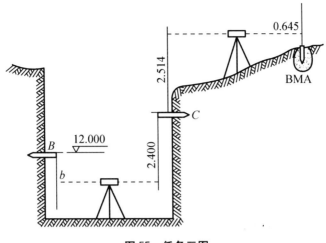

图 55　任务三图

（2）实训要求如下。

① 依据图 55 中所给定的尺读数，试计算尺读数 b 为何值时 B 尺的尺底在 12.000m 的高程位置上。

② 叙述具体测设方法。

实训报告五　主体施工和高层建筑内控制网

1. 实训的性质和目的

基础工程验收完成后，要建立主体施工控制网。如主体施工控制网建立的不详细会直接影响施工进度，主体施工精度及质量安全。

实训的目的如下。

(1) 掌握墙体施工控制网的测设方法。

(2) 掌握主体施工内控桩的测设方法。

(3) 掌握基础外侧高程控制网的测设方法。

实训的要求如下。

模拟施工中的施工组织安排，相互配合，要求每位学生分别进行控制测量和建筑物内控桩的测设，真正做到每一个学生都与实际工程零距离接触，达到实训目的。

2. 实训的任务及内容

1) 任务一，主体结构施工测量

(1) 主体结构外立面、墙体顶面投测轴线。

(2) 要求。如图 56 所示，在测量实训场地上根据平面控制网，校测平面轴线控制桩后，使用经纬仪将轴控线投测到主体结构外立面上，划上红三角。再拉墨线引弹至墙顶。并弹出外墙大角－0.1m 控制线。

(3) 详细叙述测设过程。

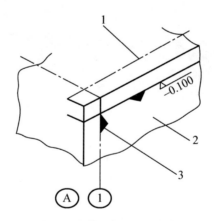

图 56　主体结构施工测量图

2) 任务二，内控制桩及内控网的测设

如图 57 所示，要求如下。

(1) 模拟工程在教学楼一层测设出控制桩和建筑物的主控轴线。

(2) 在一层楼地面上测设出内主控桩，依据平面控制网的主控轴线进行施测，并在桩上划出交叉线，交叉点作为标志，作为上部结构轴线垂直控制点。

(3) 采用内控点传递法，在二层布设传递孔。模拟工程在二层探出一号图版丁字尺，在一层内控点上安置垂准仪将内控点投测到二层丁字尺上，移动丁字尺使丁字尺端头接受垂准仪激光点，并旋转垂准仪 360°看激光点是否离开尺子端点，回量 1.0m 定下二层主控轴线，丈量轴线间距定下其他房间轴线。每一个施工段内设置 4 个内控点，组成自成体系的矩形控制方格，控制点编号见内控点平面图。

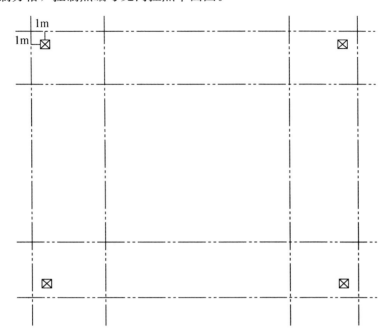

图 57　内控制桩及内控网的测设图

（4）详细叙述内控桩的测设过程及内控网的建立。

实训报告六　高程传递

1. 实训的性质和目的

工程应用实训是根据建筑工程技术专业人才培养目标，对学生进行综合能力培养的主要实践性教学环节，也是学生应用所学的专业知识，分析解决工程实际问题的综合性训练。

实训的目的如下。

(1) 掌握主体施工高程控制测量，测设 0.5m 或 1.0m 线的测设方法。

(2) 掌握高程传递的测设方法与步骤。

2. 实训的任务及内容

1) 任务一

(1) 任务描述。模拟施工现场：如图 58 所示，主体施工控制标高，测设 0.5m 标准线及抄平，传递工程。

(a)

(b)

图 58　模拟施工现场

柱子的钢筋笼箍绑扎完后要测设高于楼地面 0.5m 的水平墨线，作为控制楼层标高、门窗、过梁、钢筋绑扎标高、模板标高、地面施工及装修时标高控制线——＋50 标高线，即采用水准测量的方法，测设一条高出室内地坪线 0.5m 的水平线。

(2) 实训内容如下。

① 由控制桩上的±0.000 标高，引测施工现场的 0.5m 标准线并抄平 0.5m 标准线。

② 其他各层传递高程。要求在建筑物指定的对角标准柱子上画出中线，在柱子上打出

中线墨线。沿墨线用钢尺直接从下层的 0.5m 标高线向上量该层层高，作标记；用水准仪测设该层的 0.5m 的水平线，并一定要在该层将 0.5m 的水平线胶圈校核，如图 59 所示。

③ 模拟工程施工。欲从教学楼小院或楼前路面上，假设地面控制桩点为±0.000 标高，用测设已知高程方法，引测施工现场的 0.5m 标准线至教学楼柱子上，再有柱子上的 0.5m 标准线进行抄平至其他柱子上的 0.5m 标准线，并在该层将 0.5m 的水平线胶圈校核。

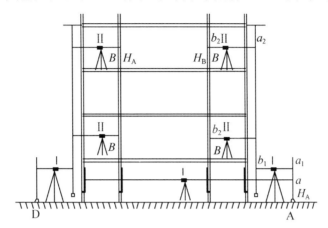

图 59　高程传递实训图

（3）简答题如下。

① 叙述 0.5m 标准线的测设及抄平方法。

② 叙述高程传递过程。

2）任务二

（1）模拟施工现场工程质量检查验收，如图 60 所示。

① 由高程控制网验收楼层各层标高及总标高。

② 抽查验收楼层门窗洞口标高。

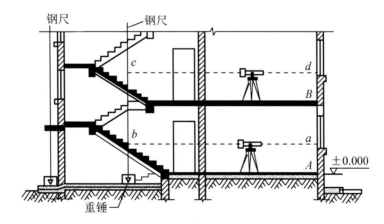

图 60　模拟施工现场工程质量检查验收

（2）简答题如下。

① 层高及总标高验收过程。

② 抽查验收楼层门窗洞口标高过程。

3）任务三

（1）任务描述。模拟施工现场：已知坡度线的测设。

如图 61 所示，施工现场测设地下停车场坡道，已知坡道水平距离为 10.4m，坡度为 1/8，试采用测设已知高程的方法，在地面上标定出坡道坡面上的点，至少 5 个点。

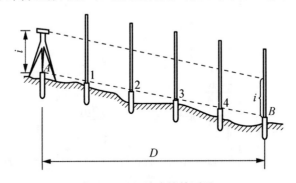

图 61　已知坡度线的测设

● 特 别 提 示 ....

坡道可分为室外坡道和室内坡道，室外坡道常使用于公共建筑的小入口处（以供车辆行驶直接到达建筑入口），或有障碍设计要求的建筑出入门。室内坡道常用于：地下车库、地下停车场、医院门诊楼等建筑。坡道坡度一般控制在 15°以下，室内坡道的坡度不应大于 1/8，室外坡度不应大于 1/10，用于残疾人轮椅的坡度不宜大于 1/12。如果坡道较长，宜设置休息平台和矮挡墙，以利于轮椅使用方便。

....

（2）叙述测设方法。

表 38　测设已知坡度观测记录

点号	坡度	距离	高程/m	高差/m	后视读数/m	前视应读/m	备注
BM$_A$							已知
BM$_1$							
BM$_2$							
BM$_3$							
BM$_4$							
BM$_5$							

实训报告七　小地区控制测量

1. 实训的性质和目的

以控制测量、碎部测量及视距测量为主绘制大比例尺地形图的综合性教学实训，能使每个学生熟悉控制测量、碎部测量及视距测量外业与内业作业的全过程，掌握根据测量规范，利用各种手段和技术进行数据采集与数据处理的基本方法与技能。本项实训进一步锻炼学生对水准仪、经纬仪及全站仪等各种测量仪器的操作能力，使学生更加熟练掌握各种测量仪器在测量工作中的应用和使用方法。本项综合性实训可在专门的实习场地进行，也可视具体情况结合生产实习进行。

本项实训的主要目的有以下几点。

（1）巩固和加深课堂所学理论知识，培养学生理论联系实际和动手能力。

（2）熟练掌握常用测量仪器（小平板仪、经纬仪、全站仪）的使用。

（3）掌握常用仪器的简单必要检校方法。

（4）掌握导线测量、碎部测量、四等水准测量的观测和计算方法。

（5）了解数字测图的基本程序及相关软件的应用。

（6）通过完成测量实际任务的锻炼，提高学生独立从事测绘工作的计划、组织与管理能力，培养学生良好的专业品质和职业道德，达到培养学生综合素质的教学目的。

2. 实训任务

以控制测量、碎部测量及视距测量为主绘制大比例尺地形图的综合性教学实训（如图 62 所示），需完成以下实训任务。

（1）采用导线测量完成小地区平面控制测量。

（2）采用普通水准测量完成小地区高程控制测量。

（3）采用碎部测量的方法完成小地区碎部点的观测。

（4）整理外业工作数据，完成内业计算。

（5）根据内业计算成果，绘制小地区大比例尺地形简图。

（6）整理实训材料，提交实训报告。

3. 实训安排及工具

（1）安排。每实习小组由 4～5 人组成，1 人为组长，负责全组的实训安排和管理。

（2）每个实训小组设备有全站仪 1 套，经纬仪 1 套，小平板仪 1 套，水准仪 1 套，钢尺 1 把，水准尺 2 根，花杆 2 根，垂球 1 个。自备有关的记录、计算表和图纸。

4. 教学要求

（1）为保证实训的质量，要求教师在布置实训任务时，要根据实训场地的特点有差异地布置实训任务。

（2）根据实训任务的内容，要求学生的计算书内容应清晰完整。包括测量数据整理及导线内业计算；导线测量小地区平面控制测量、小地区高程控制测量、小地区碎部点的观测、完成内业计算、绘制小地区大比例尺地形简图各种施测简图、测量过程及计算记录。最后填写好实训报告，上交实训指导教师。

（3）要保实习质量。要求各项实训数据满足各自的精度要求。

（4）要求实训在教师指导下进行，并要注意开发和调动学生的创新能力，培养学生对所学的相关专业知识的综合应用能力和独立工作能力。

（5）每小组由组长负责小组成员的安全。保护好仪器，按时交还仪器。

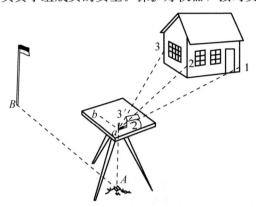

图 62　小地区控制测量实训图

5. 任务安排

1）任务一，碎部测量

选择观测场地内比较有代表性的建筑物 3～4 个进行碎部测量，并观测场地内地貌：道路、草坪、广场、花园、池塘等。利用导线测量所测得的控制点作为测站点，观测至少 5 个测站，每个测站周围 5 个碎部点。记录观测数据，整理碎部测量观测手簿，见表 39。

【提示】　①视距不宜过长；②碎部点的密度要适当；③测图各环节要勤检查。

表 39　地形碎部点测量手簿

测站 1　后视点_____　仪器高 $i=$_____ m；　测站高程 $H_1=$_____

点号	尺间隔/m	中丝读数/m	竖盘读数	竖直角	初算高差/m	改正数/m	改后高差/m	水平角	水平距离/m	测点高程/m
1										
2										
3										
4										
5										

测站 2　后视点_____　仪器高 $i=$_____ m；　测站高程 $H_2=$_____

点号	尺间隔/m	中丝读数/m	竖盘读数	竖直角	初算高差/m	改正数/m	改后高差/m	水平角	水平距离/m	测点高程/m
1										
2										
3										
4										
5										

测站3 后视点_____ 仪器高 $i=$_____ m；　　测站高程 $H_2=$_____

点号	尺间隔/m	中丝读数/m	竖盘读数	竖直角	初算高差/m	改正数/m	改后高差/m	水平角	水平距离/m	测点高程/m
1										
2										
3										
4										
5										

测站4 后视点_____ 仪器高 $i=$_____ m；　　测站高程 $H_2=$_____

点号	尺间隔/m	中丝读数/m	竖盘读数	竖直角	初算高差/m	改正数/m	改后高差/m	水平角	水平距离/m	测点高程/m
1										
2										
3										
4										
5										

测站5 后视点_____ 仪器高 $i=$_____ m；　　测站高程 $H_2=$_____

点号	尺间隔/m	中丝读数/m	竖盘读数	竖直角	初算高差/m	改正数/m	改后高差/m	水平角	水平距离/m	测点高程/m
1										
2										
3										
4										
5										

2）任务二，绘制大比例尺地形简图

要求绘制 A2 图幅地形图，比例为 1∶100～1∶500。按要求认真绘制观测场地的建筑物、道路、河流、草地及地面高低起伏情况。图纸要清晰整洁，图线要粗细均匀，图例准确，大小适中。